高职高专艺术设计类专业规划教材

SHUZI MEITI
ZHIZUO XIANGMU JIAOCHENG

数字媒体制作项目教程

主　编　刘晓东
副主编　张邦凤
参　编　尹敬齐

重庆大学出版社

图书在版编目(CIP)数据

数字媒体制作项目教程 / 刘晓东主编. --重庆：
重庆大学出版社，2017.7
高职高专艺术设计类专业规划教材
ISBN 978-7-5689-0072-0
Ⅰ.①数… Ⅱ.①刘… Ⅲ.①数字技术—多媒体技术
—高等职业教育—教材 Ⅳ.①TP37

中国版本图书馆CIP数据核字（2016）第196074号

高职高专艺术设计类专业规划教材
数字媒体制作项目教程
SHUZI MEITI ZHIZUO XIANGMU JIAOCHENG
主 编 刘晓东
副主编 张邦凤
策划编辑：蹇 佳 席远航 张菱芷
责任编辑：杨 敬 版式设计：蹇 佳
责任校对：邹 忌 责任印制：赵 晟
*
重庆大学出版社出版发行
出版人：易树平
社址：重庆市沙坪坝区大学城西路21号
邮编：401331
电话：（023）88617190 88617185（中小学）
传真：（023）88617186 88617166
网址：http://www.cqup.com.cn
邮箱：fxk@cqup.com.cn（营销中心）
全国新华书店经销
重庆升光电力印务有限公司印刷
*
开本：787mm×1092mm 1/16 印张：12.25 字数：362千
2017年7月第1版 2017年7月第1次印刷
ISBN 978-7-5689-0072-0 定价：45.00元

序

电影电视媒体已经成为当前颇为大众化、颇具影响力的媒体形式。从好莱坞电影所创造的幻想世界，到电视新闻所关注的现实生活，再到铺天盖地的电视广告，无不深刻地影响着我们的世界。过去，影视节目的制作只是专业人员的工作，似乎还笼罩着一层神秘的面纱。

数字技术全面进入影视制作过程，计算机逐步取代了许多原有的影视设备，在数字制作的各个环节发挥着重要的作用。随着个人计算机性能的显著提升以及价格上的不断降低，数字制作从以前专业等级的硬件设备逐渐向个人计算机平台上转移，原先身价极高的专业软件逐步移植到个人计算机平台上，价格也日益大众化。同时，数字制作的应用也从专业的电影电视领域扩大到计算机游戏、多媒体、网络、家庭娱乐等更为广阔的领域。

作为国家示范性高职院校的重庆电子工程职业学院，秉承“厚德强能、求实创新”的校训，积极开展传媒艺术类专业建设，开设了数字媒体艺术、广播影视节目制作、影视编导、影视动画等专业。在传媒艺术学院的教学实践中，项目市场化教学、现代学徒制、导师制、工作室模式等逐年深化，涌现出众多优秀的学生影像作品，在各级媒体和社会各界广受好评，获得了许多奖项。

目前，高职院校的广播影视节目制作专业建设方兴未艾，新型数字制作教材亟待更新与完善。为此，重庆电子工程职业学院专门组织刘晓东、张邦凤、尹敬齐教师主持编写数字媒体制作项目教程。经过大家的共同努力，这本全新的《数字媒体制作项目教程》即将交付重庆大学出版社正式出版。我相信这本书的出版，对我国广播影视节目制作等专业的建设、对高等职业技术人才的培养、对影视节目制作的推广都将发挥重要的作用。

全国广播影视职业教育教学指导委员会委员
陈丹教授
2017年1月

前言

数字媒体技术是信息技术的重要发展方向之一，也是推动计算机新技术发展的强大动力。目前，随着计算机硬件性能的不断提高和多媒体软件开发工具的迅速发展，数字媒体技术得到了广泛的应用，并已渗透到人类社会生活的各个领域，发挥着重要作用。它让计算机走下高不可攀、仅由少数人掌握的圣殿，将人带入一个有声有色、充满无限活力、多姿多彩的互动世界。数字媒体技术与知识紧密相连，它是一片知识的海洋，让你在声音、图像、动画等众多领域任意翱翔。数字媒体技术与创意紧密相连，创意是灵魂，也是挑战，假如你渴望挑战，这里有发挥你想象力的无限空间，数字媒体技术已深入计算机应用的诸多领域。

全书在内容的叙述上力求通俗易懂，注重基本技术和基本方法的介绍。同时，列举了较多有代表性的实例，以图文并茂的方式编排，具有很强的可操作性和实用性，有助于提高读者的实际动手能力。

本书既可作为各类高职高专学校数字媒体技术专业、计算机专业、传媒专业及相关专业数字媒体制作课程教材，也可作为影视多媒体爱好者的学习参考书及培训教材。

本书由重庆电子工程职业学院刘晓东主编，张邦凤副主编，尹敬齐参编。本书在编写和出版过程中，始终得到了同行的大力支持和热情帮助，在此表示衷心的感谢。

由于数字媒体技术是一门发展迅速的新兴技术，新的思想、方法和系统不断出现，加之编者的水平有限，书中难免有疏漏之处，敬请专家和广大读者批评指正。

作　者

2017年7月

目录

项目3 数字视频的处理

项目4 影视片头设计

参考文献

预备知识
多媒体基础知识

【要点】

· 多媒体、多媒体技术的概念

· 多媒体中的主要元素及特点

· 多媒体关键技术、主要应用领域和发展方向

· 多媒体数据中的冗余以及几种主要压缩方法

多媒体技术是一门迅速发展的综合性电子信息技术。20多年前，人们曾经把几张幻灯片配上同步的声音称为“多媒体”。今天，随着微电子、计算机、通信和数字化音像技术的高速发展，给多媒体技术赋予了全新的内容。现在，世界各国都投入了大量的人力、物力和财力研究多媒体技术。与此同时，多媒体技术和应用已遍及国民经济与社会生活的各个角落，正在对人类的生产方式、工作方式乃至生活方式带来巨大的变革。

在这一章，我们将讨论多媒体技术的定义、特征、各类媒体的特点、多媒体的应用和发展及多媒体的关键技术等基础知识。

0.1 多媒体的基本概念

0.1.1 多媒体

多媒体一词的核心是媒体，媒体在计算机领域有两种含义：一是指存储信息的实体，如磁盘、光盘、磁带、半导体存储器等，一般称为“媒质”；二是指表示和传播信息的载体，如字符、声音、图形和图像等，常称为“媒介”。多媒体技术的媒体指的是后者。以上有关“媒体”的概念比较窄，通常“媒体”概念的范围是相当广泛的，可分为以下5种类型：①感觉媒体，指能够直接作用于人的感觉器官，从而使人能直接产生感觉的一类媒体。比如，各种声音、音乐、文字、图形、静止和运动的图像等，这也是本书中我们所指的媒体。②表示媒体，指为了加工、处理和传输感觉媒体而人为地研究、构造出来的一种媒体。借助这种媒体，能够更有效地将感觉媒体从一地向另一地传送，便于加工和处理。表示媒体包括各种编码方式，如语言编码、文本编码、静止和运动图像编码等。③显示媒体，指用于通信中使电信号和感觉媒体之间产生转换的一类媒体。显示媒体又分为两种：一种是输入显示媒体，如键盘、鼠标器、话筒等；另一类是输出显示媒体，如显示器、喇叭、打印机等。④存储媒体，用于存放表示媒体的一种媒体，也就是存放感觉媒体数字化代码的媒体，如磁盘、磁带、光盘等。⑤传输媒体，用来将媒体从一处传送到另一处的物理载体。即它是通信的信息载体，如电话线、同轴电缆、光纤等。

人们现在常说的“多媒体”不是指其本身，而主要是指处理和应用它的一整套技术。因此，“多媒体”实际上常被当作“多媒体技术”的同义语。另外，由于计算机的数字化和交互式处理能力极大地推动了多媒体技术的发展，通常又把多媒体看作是先进的计算机技术与视频、音频和通信技术融为一体而形成的新技术和新产品。

0.1.2 多媒体技术及其特性

多媒体技术是指文字、音频、视频、图形、图像、动画等多种媒体信息通过计算机进行数字化采集、获取、压缩 / 解压缩、编辑、存储等加工处理，再次以单独或合成形式表现出来的一体化技术。多媒体技术的特性主要包括信息载体的多样化、集成性和交互性3个方面，这是多媒体的主要特性，此外还有非循环性、非纸张输出形式等。

信息载体的多样化是相对于计算机而言的，有时也称信息媒体的多样化。这一特性使计算机变得更加人性化。在人类对信息的接收和产生的5个感觉（视、听、触、嗅、味）空间中，前三者占了95％以上的信息量。借助这些多感觉形式的信息交流，人类对信息的处理可以说是得心应手。但是，计算机以及与之相类似的所谓智能设备都远没有达到人类的水平，在许多方面都必须要把人类的信息进行变形之后才可以使用。信息只能按照单一的形态才能被加工处理，只能按照单一的形态才能被理解。可以说，目前计算机在信息交互方面还处于初级水平，而多媒体技术就是要把计算机处理的信息多样化或多维化，使人与计算机的交互具有更广阔、更加自由的空间。通过对多维化的信息进行变换、组合和加工，可以大大丰富信息的表现力和增强信息的表现效果。

集成性是计算机在系统级的一次飞跃，主要表现在两个方面。一方面，是指信息媒体的集成，即将多种不同的媒体信息（如文字、图形、视频图像、动画和声音）有机地进行同步组合，使其成为一个完整的多媒体信息。尽管它们可能是多通道的输入或输出，但应该成为一体，多通道地统一获取并统一存储与组织。另一方面，集成性还表现在存储信息的实体（即设备）的集成。也就是说，多媒体的各种设备应该集成在一起，成为一个整体。从硬件来说，应该具有能够处理多媒体信息的高速及并行的CPU系统，大容量的存储器，适合多媒体多通道的输入输出的接口电路及外设、宽带的网络接口等。对于软件来说，应该有集成一体化的多媒体操作系统、适合信息管理和使用的软件系统和创作工具、高效的各类应用软件等。

交互性是多媒体技术的关键特征，它将更加有效地为用户提供控制和使用信息的手段，也为多媒体技术的应用开辟了更加广泛的领域。交互性不仅增加了用户对信息的理解，延长了信息的保留时间，而且交互活动本身也作为一种媒体加入了信息传递和转换的过程，从而使用户获得更多的信息。另外，借助交互活动，用户可参与信息的组织过程，甚至可以控制信息的传播过程，从而可使用户研究、学习自己感兴趣的东西，获得新的感受。

综上所述，信息载体的多样化、集成性和交互性是多媒体技术的3个主要特征。其中“交互性”是多媒体技术的关键特征，从这个角度就可以初步判断哪些不是“多媒体”。如电视不具备像计算机一样的交互性，不能对内容进行控制和处理，它就不是“多媒体”。

0.1.3　多媒体中的媒体元素及特征

多媒体中的媒体元素是指多媒体应用中可显示给用户的媒体成分。

1）文本（Text）

文本指各种文字，包括各种字体、尺寸、格式及色彩的文本。文本是计算机文字处理程序的基础。通过对文本显示方式的组织，多媒体应用系统可以使显示的信息更容易被理解。文本数据可以先用文本编辑软件（如Word等）制作，然后再输入多媒体应用程序，也可以直接在制作图形的软件或多媒体编辑软件中一起制作。多媒体应用中使用较多的是带有各种文本排版信息的文本文件，称为格式化文件，如“.doc”文件，该文件中带有段落格式、字体格式、文章的编号、专栏、边框等格式信息。

2）图形（Graphic）

图形是指从点、线、面到三维空间的黑白或彩色几何图，一般指用计算机绘制的画面。由于在图形文件中只记录生成图的算法和图上的某些特征点（几何图形的大小、形状及其位置、维数等），因此称为矢量图。图形的格式就是一组描述点、线、面等几何元素特征的指令集合。绘图程序就是通过读取图形格式指令，并将其转换为屏幕上可显示的形状和颜色而生成图形的软件。在计算机上显示图形时，相邻的特征点之间的曲线用诸多段小直线连接形成。若曲线围成一个封闭的图形，也可用着色算法来填充颜色。

矢量图形的最大优点在于可以分别控制处理图中的各个部分，如图形的移动、旋转、放大、缩小、扭曲而不失真，不同的物体还可在屏幕上重叠并保持各自的特征，必要时仍然可以分开独立显示。因此，图形主要用于表示线框形的图画、工程制图、美术字等。由于图形数据只保存其算法和特征点，所以相对于图像的大数据量来说，它占用的存储空间较小。但是，每次在屏幕上显示时，它都需要经过重新计算，故显示速度没有图像快。

3）图像（Image）

图像是指由输入设备捕捉的实际场景画面，或以数字化形式存储的任意画面。静止的图像可用矩阵来描述，其元素代表空间的一个点，称为像素（Pixel），整幅图像就是由一些排成行列的像素点组成的。因此，这种图像也称为位图。位图中的位用来定义图中每个像素点的颜色和亮度。对于黑白线条图常用1位值表示，对于灰度图常用4位（16位灰度等级）或8位（256种灰度等级）表示该点的亮度，而彩色图像则有多种描述方法并需由硬件（显示卡）合成显示。位图适合表现层次和色彩比较丰富，包含大量细节的图像，具有灵活和富于创造力等特点。

图像的关键技术是图像的扫描、编辑、压缩、快速解压和色彩一致性再现等。进行图像处理时一般要考虑以下3个因素。

（1）分辨率

①屏幕分辨率。这是计算机的显示器在显示图像时的重要特征指标之一。它表明计算机显示器在横向和纵向上具有的显示点数。多媒体PC标准定义是800×600，它表明在这种分辨率下，显示器在水平方向上最多显示800个像素点，在垂直方向上最多显示600个像素点。

②图像分辨率。这是位图的一项重要指标，常用的单位是“dpi”，表示每英寸长度图像上像素点的数量。位图图像是二维的，它有长度也有宽度。图像的分辨率对于位图图像在长和宽两个方面上的量度保持一致。这就是说，一幅1英寸×1英寸的位图图像，在长和宽的方向上具有同样的分辨率，如果它的分辨率是100 dpi，则说明这幅位图图像上一共有100×100个像素。使用显示器观看数字图像时，显示器上每一个点对应数字图像上一个像素。假如使用800×600屏幕分辨率显示具有600×600个像素的图像，那么在垂直方向上600个像素正好被600个显示点显示，在水平方向上还剩200个点无图像。

③像素分辨率。指像素的宽和高之比，一般为1：1。

（2）图像深度与显示深度

图像深度（或称图像灰度）是数字图像的另外一个重要指标，它表示数字位图图像中每个像素上用于表示颜色的二进制数字位数。如果一幅数字图像上的每个像素都使用24位二进制数字表示这个像素的颜色，那么这幅数字图像的深度就是24位。在具有24位颜色的数字图像上，每个像素能够使用的颜色是2^{24}= 16777216（16 M）种，这样的图像称为真彩色图像。简单的图画和卡通可用16色，而自然风景图则至少用256色。

显示深度是计算机显示器的重要指标，它表示显示器上每个点用于显示颜色的2进制数字位数。一般的多媒体PC都应该配有能够达到24位显示深度的显示适配卡和显示器，具有这种能力的显示适配卡和显示器称为真彩色卡和真彩色显示器。

使用显示器显示数字图像时，应当设显示器的显示深度大于或等于数字图像的深度，这样显示器可以完全反映数字图像中使用的全部颜色。如果显示器的显示深度小于数字图像的深度，就会使数字图像颜色的显示失真。在Windows 操作系统中，读者可以使用“控制面板”中的“显示”对话框，自行设定显示的深度。

（3）图像数据的容量

一幅数字图像保存在计算机中要占用一定的存储空间，这个空间的大小就是数字图像文件的数据量大小。图像中的像素越多，图像深度就越大，则数字图像的数据量就越大，当然其效果就越贴近真实。

一幅未经压缩的数字图像的数据量大小可按下式估算：

$$\text{图像数据量大小}=\text{图像中的像素总数}\times\text{图像深度}\div 8 \quad (0.1)$$

比如，一幅具有800×600像素的24位真彩色图像，它保存在计算机中占用的空间大约为

$$800\times600\times24\div8\approx1.37\text{ MB}$$

图像文件的大小影响图像从硬盘或光盘读入内存的传送时间，为了减少该时间，应缩小图像尺寸或采用图像压缩技术。在多媒体设计中，一定要考虑图像文件的大小。图形与图像在读者看来是一样的，而对多媒体制作者来说是完全不同的。同一幅图，如一个圆，若采用图形媒体元素，其数据记录的信息是圆心坐标点（x，y）、半径r及颜色编码；若采用图像媒体元素，其数据文件则记录在哪些坐标位置上有什么颜色的像素点。所以，图形的数据信息要比图像数据更有效、精确。

随着计算机技术的飞速发展，图形和图像之间的界限已越来越小，它们互相融会贯通。例如，文字或线条表示的图形在扫描到计算机时，从图像的角度来看，均是一种由最简单的二维数组表示的点阵

图。在经过计算机自动识别出文字或自动跟踪出线条时，点阵图就可形成矢量图。目前汉字手写体的自动识别、图文混排的印刷体的自动识别等，也都是图像处理技术借用了图形生成技术的内容。而在地理信息和自然现象的真实感图形表示、计算机动画和三维数据可视化等领域，在三维图形构造时又都采用了图像信息的描述方法。因此，现在人们已不过多地强调点阵图和矢量图之间的区别，而更注意它们之间的联系。

4）视频（Video）

若干有联系的图像数据连续播放，便形成了视频。计算机视频是数字形式的，视频图像可来自录像带、摄像机等视频信号源的影像，这些视频图像使多媒体应用系统功能更强、更精彩。由于上述视频信号的输出大多是标准的彩色全电视信号，要将其输入计算机中，不仅要有视频信号的捕捉，将其实现由模拟信号向数字信号的转换，还要有压缩和快速解压缩及播放的相应硬、软件处理设备配合；同时，在处理过程中免不了受到电视技术的各种影响。

模拟视频（如电影）和数字视频都是由一序列静止画面组成的，这些静止的画面称为帧。一般来说，帧率低于15帧/秒，连续运动视频就会有停顿的感觉。我国采用的电视标准是PAL制，它规定视频每秒25帧（隔行扫描方式），每帧扫描625行。当计算机对视频进行数字化时，就必须在规定的时间内（如1/25 秒内）完成量化、压缩和存储等多项工作。视频文件的存储格式有AVI 、MPG 、MOV等。

在视频中有以下几个技术参数。

（1）帧速

指每秒钟顺序播放多少幅图像。根据电视制式的不同，有30帧/秒、25帧/秒等。

（2）数据量

如果不经过压缩，数据量的大小是帧速乘以每幅图像的数据量。假设一幅图像为1 MB ，帧速为25帧/秒，则每秒所需数据量将达到25 MB。但经过压缩后，可减小几十倍甚至更多。尽管如此，数据量仍太大，使得计算机显示跟不上速度，可采取降低帧速、缩小画面尺寸等来降低数据量。

（3）图像质量

图像质量除了原始数据质量外，还与对视频数据压缩的倍数有关。一般来说，压缩比较小时对图像质量不会有太大影响，而超过一定倍数后，将会明显看出图像质量下降。所以，数据量与图像质量是相互矛盾的，需要折中考虑。

5）音频（Audio）

声音是携带信息极其重要的媒体。声音的种类繁多，如人的语音、乐器声、动物发出的声音、机器产生的声音以及自然界的雷声、风声、雨声、闪电声等。这些声音有许多共同的特性，也有它们各自的特性。在用计算机处理这些声音时，一般将它们分为波形声音、语音和音乐3类。波形声音实际上已经包含了所有的声音形式，它可以把任何声音都进行采样量化后保存并恰当地恢复出来，相应的文件格式是“.WAV”文件或“.VOC”文件，人的说话声音虽是一种特殊的媒体，但也是一种波形，所以和波形声音的文件相同。音乐是符号化了的声音，乐谱可转化为符号媒体形式，对应的文件格式是“.MID”文件和“.CMF”文件。

声音通常用一种模拟的连续波形表示。波形描述了空气的振动，波形最高点（或最低点）与基线间的距离为振幅，表示声音的强度。波形中两个连续波峰间的距离称为周期。波形频率由1秒内出现的周期数决定，若每秒1000个周期，则频率为1 KHz。通过采样，可将声音的模拟信号数字化，即在捕捉声音时以固定的时间间隔对波形进行离散采样。这个过程将产生波形的振幅值，以后这些值可重新生成原始波形。

影响数字声音波形质量的主要因素有3个。

（1）采样频率

采样频率指波形被等分的份数，份数越多（既采样频率越高），质量越好。

（2）采样精度

采样精度即每次采样的信息量。采样通过模/数转换器（A/D）将每个波形垂直等分，若用8位A/D 等分，可把采样信号分为256等份；而用16位A/D ，则可将其分为65536等份。显然，后者比前者音质好。

（3）通道数

声音通道的个数表明声音产生的波形数，一般分为单声道和立体声道。单声道产生一个波形，立体声道则产生两个波形。采用立体声道声音丰富，但存储空间占用较大。由于声音的保真与节约存储空间是有矛盾的，因此要选择平衡点。

采样后的声音以文件方式存储后，就可进行处理了。对于声音的处理，主要包括编辑声音和不同存储格式的声音转换。计算机音频技术主要包括声音的采集、无失真数字化、压缩/解压缩以及声音的播放。但多媒体应用设计者往往只需掌握声音文件的采集与制作即可。

6）动画（Animation ）

动画是活动的图画，实质是一幅幅静态图像的连续播放。"连续播放"既指时间上的连续，也指图像内容上的连续，即播放的相邻两幅图像之间内容相差不大。计算机动画是借助计算机生成一系列连续图像的技术，动画的压缩和快速播放也是其要解决的重要问题。计算机设计动画方法有两种：一种是造型动画，另一种是帧动画。前者是对每一个运动的主体（称为角色）分别进行设计，赋予每个动元一些特征，如大小、形状、颜色等，然后用这些动元构成完整的帧画面。造型动画每帧由图形、声音、文字、调色板等造型元素组成，而角色的表演和行为是由脚本控制的。帧动画则是由一幅幅位图组成的连续画面，就像电影胶片或视频画面一样，分别设计每屏要显示的画面。

计算机制作动画时，只要做好主动作画面，其余的中间画面可由计算机内插来完成。不运动的部分直接拷贝过去，与主动作画面保持一致。当这些画面仅是二维的透视效果时，就是二维动画。如果通过CAD形式创造出空间形象的画面，就是三维动画。如果使其具有真实的光照效果和质感，就成为三维真实感动画。

在各种媒体的创作系统中，创作动画的软硬件环境都是较高的，它不仅需要高速的CPU、较大的内存，并且制作动画的软件工具也较复杂、庞大。高级的动画软件除具有一般绘画软件的基本功能外，还提供了丰富的画笔处理功能和多种实用的绘画方式，如平滑、滤边、打高光等，调色板支持丰富的色彩，美工人员所需要的特性可谓应有尽有。

上述各种媒体元素在屏幕上显示时，可以以多种组合同时表现出来。例如，图形、文字、图像均可以用全画面、部分画面、重叠画面及明暗交错、淡化、拉幕等特殊效果表现形式呈现。而媒体元素显示时可为静态，也可为动态，即除动画、影像外，文字、图、声等数据也可以以动态方式呈现，如上下、左右跳动，相互靠拢，前景背景互相交错，与音响配合等。各种媒体元素既可以自己制作，也可从现成的数据库中获取。

0.2 多媒体技术的应用与发展

0.2.1 多媒体技术的应用

目前的多媒体硬件和软件已经能将数据、声音以及高清晰度的图像作为窗口软件中的对象去作各式各样的处理。所出现的各种丰富多彩的多媒体应用，不仅使原有的计算机技术锦上添花，而且将复杂的事物变得简单、把抽象的东西变得具体。

1）在教育与培训方面的应用

多媒体技术对教育产生的影响比对其他领域的影响要深远得多。多媒体技术将改变传统的教学方式，使教材发生巨大的变化，使其不仅有文字、静态图像，还具有动态图像和语音等。在教育中应用多媒体技术是提高教学质量和普及教育的有效途径，它能使教育的表现形式多样化，可以进行交互式远程教学。同时，还有传统的课堂教学方法不具备的其他优点。利用多媒体计算机的文本、图形、视频、音频和其交互式的特点，可以编制出计算机辅助教学软件，即课件。课件具有生动形象、人机交流、即时反馈等特点，能根据学生的水平采取不同的教学方案，根据反馈信息为学生提供及时的教学指导，能创造出生动逼真的教学环境，从而改善学习效果。由于有人—机对话功能，使师生的关系发生了变化，改变了以教师为中心的教学方式，也使得学生在学习中担当更为主动的角色。学生可以参与控制以调整自己的学习进度，通过自己的思考进行学习，能取得良好的学习效果。

2）在通信方面的应用

多媒体通信有着极其广泛的内容，如可视电话、视频会议等已逐步被采用，而信息点播和计算机协同工作CSCW系统将给人类的生活、学习和工作产生深刻的影响。

信息点播包括桌上多媒体通信系统和交互电视ITV。通过桌上多媒体信息系统，人们可以远距离点播所需信息，如电子图书馆、多媒体数据的检索与查询等。点播的信息可以是各种数据类型，其中包括立体图像和感官信息。用户可以按信息表现形式和信息内容进行检索，系统根据用户需要提供相应服务。交互式电视主要由网络传输、视频服务器和电视机机顶盒构成。用户通过遥控器进行简单的点按操作就可对机顶盒进行控制。交互式电视还可提供如交互式教育、交互式游戏、数字多媒体图书、杂志、电视采购、电视电话等，从而将计算机网络与家庭生活、娱乐、商业导购等多项应用密切地结合在一起。

计算机协同工作CSCW是指在计算机支持的环境中，一个群体协同工作以完成一项共同的任务。其应用相当广泛，从工业产品的协同设计制造，到医疗上的远程会议；从科学研究应用，即不同地域位置的同行们共同探讨、学术交流，到师生进行协同学习。在协同学习环境中，老师和同学之间、学生与学生之间可在共享的窗口中同步讨论，修改同一多媒体文档，还可利用信箱进行异步修改、浏览等。此外，还有应用在办公自动化中的桌面电视会议，可实现异地的人们一起进行协同讨论和决策。

“多媒体计算机＋电视＋网络”将形成一个极大的多媒体通信环境，它不仅改变了信息传递的面貌，带来通信技术的大变革，而且计算机的交互性、通信的分布性和多媒体的现实性相结合，将构成继电报、电话、传真之后的第四代通信手段，向社会提供全新的信息服务。

3）多媒体技术在其他方面的应用

多媒体技术给出版业带来了巨大的影响，其中近年来出现的电子图书和电子报刊就是应用多媒体技术的产物。电子出版物以电子信息为媒介进行信息存储和传播，是对以纸张为主要载体进行信息存储与传播的传统出版物的一个挑战。用CD-ROM代替纸介质出版各类图书是印刷业的一次革命。电子出版物具有容量大、体积小、成本低、检索快、易于保存和复制、能存储音像图文信息等优点，因而前景乐观。

利用多媒体技术可为各类咨询提供服务，如旅游、邮电、交通、商业、金融、宾馆业等。使用者可通过触摸屏进行独立操作，在计算机上查询需要的多媒体信息资料，用户界面十分友好，用手指轻轻一触，便可获得所需信息。

多媒体技术还将改变未来的家庭生活，多媒体技术在家庭中的应用将使人们在家中上班成为现实。人们足不出户，便能在多媒体计算机前办公、上学、购物、打可视电话、登记旅行、召开电视会议等。多媒体技术还可使烦琐的家务随着自动化技术的发展而变得轻松、简单，家庭主妇坐在计算机前便可操作一切。

综上所述，多媒体技术的应用非常广泛，它既能覆盖计算机的绝大部分应用领域，同时也拓展了新的应用领域，它将在各行各业中发挥出巨大的作用。

0.2.2　多媒体技术的发展方向

目前，多媒体主要从以下几个方向发展。①多媒体通信网络环境的研究和建立，将使多媒体从单机单点向分布、协同多媒体环境发展，在世界范围内建立一个可全球自由交互的通信网。对该网络及其设备的研究和网上分布应用与信息服务研究将是热点。未来的多媒体通信将朝着不受时间、空间、通信对象等方面的任何约束和限制的方向发展，其目标是“任何人、在任何时刻、与任何地点的任何人、进行任何形式的通信”。人类将通过多媒体通信迅速获取大量信息，反过来又以最有效的方式为社会创造更大的社会效益。②利用图像理解、语音识别、全文检索等技术，研究多媒体基于内容的处理、开发，能进行基于内容处理的系统是多媒体信息管理的重要方向。③多媒体标准仍是研究的重点。各类标准的研究将有利于产品规范化，应用更方便。因为，以多媒体为核心的信息产业突破了单一行业的限制，涉及诸多行业，而多媒体系统集成特性对标准化提出了很高的要求；所以，必须开展标准化研究，它是实现多媒体信息交换和大规模产业化的关键所在。④多媒体技术与相邻技术相结合，提供了完善的人机交互环境。同时，多媒体技术继续向其他领域扩展，使其应用的范围进一步扩大。多媒体仿真、智能多媒体等新技术层出不穷，扩大了原有技术领域的内涵并创造出新的概念。⑤多媒体技术与外围技术构造的虚拟现实研究仍在继续进展。多媒体虚拟现实与可视化技术需要相互补充，并与语音、图像识别、智能接口等技术相结合，建立高层次虚拟现实系统。将来，多媒体技术将向着以下6个方向发展。

①高分辨化，提高显示质量。②高速度化，缩短处理时间。③简单化，便于操作。④高维化，三维、四维或更高维。⑤智能化，提高信息识别能力。⑥标准化，便于信息交换和资源共享。

其总的发展趋势是具有更好、更自然的交互性，更大范围的信息存取服务，为未来人类生活创造出一个在功能、空间、时间及人与人交互上更加完美的崭新世界。

0.3 多媒体的关键技术

在开发多媒体应用系统中，它的关键技术是要解决数据压缩/解压缩、专用芯片生产、大容量信息存储等问题。下面，将作简要介绍。

1）多媒体专用芯片技术

专用芯片是多媒体计算机硬件体系结构的关键。因为要实现音频、视频信号的快速压缩、解压缩和播放处理，需要大量的快速计算。而实现图像的许多特殊效果（如改变比例、淡入淡出、马赛克等）、图形的处理（图形的生成和绘制等）、语音信号处理（抑制噪声、滤波）等，也都需要较快的运算和处理速度。因此，只有采用专用芯片，才能取得满意的效果。多媒体计算机专用芯片可归纳为两种类型：一种是固定功能的芯片，另一种是可编程的数字信号处理器（DSP）芯片。DSP芯片是为完成某种特定信号处理而设计的，在通用机上需要多条指令才能完成的处理，在DSP上可用一条指令完成。

最早出现的固定功能专用芯片是基于图像处理的压缩处理芯片，即将实现静态图像的数据压缩/解压缩算法做在一个芯片上，从而大大提高其处理速度。以后，许多半导体厂商或公司又推出了执行国际标准压缩编码的专用芯片。例如，支持用于运动图像及其伴音压缩的MPEG标准芯片，芯片的设计还充分考虑到MPEG标准的扩充和修改。由于压缩编码的国际标准较多，一些厂家和公司还推出了多功能视频压缩芯片。另外，还有高效可编程多媒体处理器，其计算能力可望达到2 Bips（Billion Instructions Per Second）。这些高档的专用多媒体处理器芯片，不仅大大提高了音频、视频信号处理速度，而且在音频、视频数据编码时可增加特技效果。

2）大容量信息存储技术

多媒体的音频、视频、图像等信息虽经过压缩处理，但仍然需要相当大的存储空间。而且，硬盘存储器的盘片是不可交换的，不能用于多媒体信息和软件的发行。大容量只读光盘存储器（CD-ROM）的出现，解决了多媒体信息存储空间及交换问题。

光盘机以存储量大、密度高、介质可交换、数据保存寿命长、价格低廉以及应用多样化等特点，成为多媒体计算机中必不可少的设备。利用数据压缩技术，在一张CD-ROM光盘上能够存取70多分钟全运动的视频图像或者十几个小时的语音信息或者数千幅静止图像。在CD-ROM基础上，还开发了CD-I和CD-V，即具有活动影像的全动作与全屏电视图像的交互式可视光盘。在只读CD家族中还有称为“小影碟”的VCD，可录式光盘CD-R，高画质、高音质的光盘DVD以及用数字方式把传统照片转存到光盘，使用户在屏幕上可欣赏高清晰度照片的Photo CD。DVD（Digital Video Disc）是1996年年底推出的新一代光盘标准，它使得基于计算机的数字视盘驱动器将能从单个盘片上读取4.7~17 GB的数据量，而盘的尺寸与CD相同。

3）影视多媒体输入/输出技术

多媒体输入/输出技术包括媒体变换技术和媒体识别技术。

①媒体变换技术是指改变媒体的表现形式，如当前广泛使用的视频卡、音频卡（声卡）都属媒体变换设备。

②媒体识别技术是对信息进行“一对一”的映像过程。例如，语音识别是将语音映像为一串字、词或句子；触摸屏是根据触摸屏上的位置识别其操作要求。

4）影视多媒体软件技术

多媒体软件技术主要包括多媒体操作系统、多媒体素材采集与制作技术、多媒体编辑与创作技术、多媒体应用程序开发技术、多媒体数据库管理技术等。

（1）多媒体操作系统

多媒体操作系统是多媒体软件的核心。它负责多媒体环境下多任务的调度，保证音频、视频同步控制以及信息处理的实时性，提供多媒体信息的各种基本操作和管理，具有对设备的相对独立性与可扩展性。要求该操作系统要像处理文本、图像文件一样，方便灵活地处理动态音频和视频；在控制功能上，要扩展到录像机、音响、MIDI等声像设备以及CD-RW、DVD-RW光盘存储设备等上面。多媒体操作系统要能处理多任务，易于扩充；要求数据存取与数据格式无关；提供统一的友好界面。为支持上述要求，一般是在现有操作系统上进行扩充。Windows、OS/2和Macintosh操作系统都提供了对多媒体的支持。在我国，目前在PC机上开发多媒体软件用得较多的是Windows操作系统，而本书所使用的操作系统为Windows XP。

（2）多媒体素材采集与制作技术

素材的采集与制作主要包括采集并编辑多种媒体数据，如声音信号的录制、编辑和播放，图像扫描及预处理，全动态视频采集及编辑，动画生成编辑，音频、视频信号的混合和同步等。同时还涉及相应的媒体采集、制作软件的使用问题。

（3）多媒体编辑与创作工具

多媒体编辑创作软件又称多媒体创作工具，是多媒体专业人员在多媒体操作系统之上开发的，供特定应用领域的专业人员组织编排多媒体数据并把它们连接成完整的多媒体应用系统的工具。高档的创作工具可用于影视系统的动画制作及特技效果，中档的用于培训、教育和娱乐节目制作，低档的可用于商业简介、家庭学习材料的编辑。

5）多媒体数据压缩技术

多媒体计算机技术是面向三维图形、立体声和彩色全屏幕运动画面的处理技术。多媒体计算机面临的是数字、文字、语音、音乐图形、动画、静态图像、电视视频图像等多种媒体承载的，由模拟量转换为数字量的吞吐、存储和传输的问题。数字化了的视频和音频信号的数据量是非常大的。例如，一幅分辨率为640×480的真彩色图像（24 B / 像素），它的数据量约为7.37 MB 。若要达到每秒25帧的全动态显示要求，每秒所需的数据量为184 MB，而且要求系统的数据传输率必须达到184 MB/s。对于数字化的声音信号，若采样精度为16 Bits样本，采样频率为44.1 kHz，则双声道立体声声音每秒将有176 KB的数据量。以上例子可见，数字化信息的数据量是非常大的，给数据的存储、信息的传输以及计算机的运行速度都增加了极大的压力。这也是多媒体技术发展中首先要解决的问题，不能单纯地用扩大存储容量、增加通信干线的传输率的办法来解决。数据压缩技术是个行之有效的方法。通过数据压缩手段把信息数据量降下来，以压缩形式存储和传输，既节约了存储空间，又提高了通信干线的传输效率。

（1）多媒体数据的冗余类型

人们研究发现，图像数据表示中存在着大量的冗余。通过去除那些冗余数据，可以使原始图像数据极大地减少，而图像数据压缩技术就是研究如何利用图像数据的冗余性来减少图像数据量的方法。因此，数据压缩的起点是分析其冗余性。常见的图像数据冗余有以下几种类型。

①空间冗余，一幅图像记录了画面上可见景物的颜色。同一景物表面上各采样点的颜色之间往往存在着空间连贯性，基于离散像素采样来表示物体表面颜色的像素存储方式可利用空间连贯性，达到减少数据量的目的。例如，在静态图像中有一块表面颜色均匀的区域，在此区域中所有点的光线、色彩以及饱和度都是相同的，因此数据有很大的空间冗余。

②时间冗余，运动图像一般为位于一时间轴区间的一组连续画面，其中的相邻帧往往包含相同的背景和移动物体，只不过移动物体所在的空间位置略有不同。所以，后一帧的数据与前一帧的数据有许多共同的地方。这种共同性是由于相邻帧记录了相邻时刻的同一场景画面，所以称为时间冗余。同理，语音数据中也存在着时间冗余。

③视觉冗余，事实表明，人类的视觉系统对图像场的敏感度是非均匀的。但是，在记录原始的图像数据时，通常假定视觉系统是近似线性的和均匀的，对视觉敏感和不敏感的部分同等对待，从而产生比理想编码（即把视觉敏感和不敏感的部分区分开来的编码）更多的数据，这就是视觉冗余。

此外，还有结构冗余、知识冗余、信息冗余等。随着对人类视觉系统和图像模型的进一步研究，人们可能会发现更多的冗余性，使图像数据压缩编码的可能性越来越大，从而推动了图像压缩技术的进一步发展。

（2）数据压缩方法

数据压缩是多媒体技术中的一项十分关键的技术，因为一方面，多媒体数据的容量很大，如果不进行处理，计算机系统几乎无法对它进行存储和交换；而另一方面，图像、声音这些媒体又确实具有很大的压缩潜力。以常见的位图图像存储格式为例，在这种形式的图像数据中，像素与像素之间无论在行方向还是在列方向都具有很大的相关性，因而整体上数据的冗余度很大，在允许一定限度失真的前提下，能够对图像数据进行很大程度的压缩。这里所说的失真一般都是在人眼允许的误差范围内，压缩前后的图像如果不作细致的对比是很难察觉出两者之间的差别的。压缩处理一般是由两个过程组成：一是编码过程，即将原始数据进行压缩，以便于存储与传输；二是解码过程，此过程对编码数据进行解码，还原为可以使用的数据。

衡量一种数据压缩技术的好坏有3个重要的指标：一是压缩比要大，即压缩前后所需的信息存储量之比要大；二是实现压缩的算法要简单，压缩、解压缩速度快，尽可能地做到实时压缩/解压缩；三是恢复效果要好，要尽可能地恢复原始数据。

数据压缩可分为两种类型，一种叫作无损压缩，另一种叫作有损压缩。前者对解压缩后的数据与原始数据完全一致（无失真）。一个很常见的例子是磁盘文件的压缩，一般可把普通文件的数据压缩到原来的1/4～1/2。后者解压缩后的数据与原来的数据有所不同，但不影响人对原始资料所要表达的信息造成误解。例如，图像和声音的压缩就可以采用有损压缩，因为其中包含的数据往往多于我们的视觉系统和听觉系统所能接收的信息，丢掉一些数据而不至于对声音或图像所表达的意思产生误解，但可以大大地提高压缩比。

①无损压缩。

无损压缩常用在原始数据的存档，如文本数据、程序以及珍贵的图片和图像等。其原理是统计压缩数据中的冗余（重复的数据）部分。常用的有RLE行程编码、Huffman编码、算术编码和LZW编码等。

A.行程编码（RLE），将数据流中连续出现的字符用单一记号表示。

例如，字符串“AAAABBCDDDDDDDDBBBBB”可以压缩为“4A2BC8D5B”。

RLE编码对背景变化不大的图像文件有较好的压缩比，该方法简单直观、编码解码速度快，因此许多图形和视频文件，如BMP、TIFF及AVI等格式文件的压缩均采用此方法。

B.Huffman编码，一种对统计独立信源能达到最小平均码长的编码方法。其原理是，先统计数据中各字符出现的概率，再按字符出现频率高低的顺序分别赋予由短到长的代码，从而保证了文件整体的大部分字符是由较短的编码构成的。

C.算术编码，其方法是将被编码的信源消息表示成实数轴0～1的一个间隔，消息越长，编码表示它的间隔就越小，表示这一间隔所需的二进制位数就越多。信源中连续符号根据某一模式生成概率的大小来缩小间隔，可能出现的符号要比不太可能出现的符号缩小范围少，只增加了较少的比特。该方法实现较为复杂，常与其他有损压缩结合使用，并在图像数据压缩标准（如JPEG）中扮演重要角色。

D.LZW 编码，使用字典库查找方案。它读入待压缩的数据，并与一个字典库（库开始是空的）中的字符串对比，如有匹配的字符串，则输出该字符串数据在字典库中的位置索引，否则将该字符串插入字典中。

LZW压缩法兼有效率高、实现简单的优点，许多商品压缩软件如ARI、PKZIR、ZOO、LHA等都采用了该方法。另外，GIF和TIF格式的图形文件也是按这一文件存储的。

②有损压缩。

图像或声音的频带宽、信息丰富，人类的视觉和听觉器官对频带中某些频率成分不大敏感，有损压缩以牺牲这部分信息为代价，换取了较高的压缩比。实验证明，一般情况下损失的部分信息对理解原图像或声音基本上没有影响。因此，该方法广泛应用于数字、声音、图像以及视频数据的压缩。

常用的有损压缩方法有PCM（脉冲编码调制）、预测编码、变换编码、插值与外推等。新一代的数据压缩方法，如矢量量化和子带编码，基于模型的压缩、分形压缩及小波变换等已经接近实用水平。活动图像的最新压缩标准MPEG4就采用基于分形的压缩方法。

③混合压缩。

混合压缩是利用了各种单一压缩的长处，以求在压缩比、压缩效率及保真度之间取得最佳折中。该方法在许多情况下被应用，如下面要介绍的JPEG和MPEG标准就采用了混合编码的压缩方法。

6）编码的国际标准

（1）音频编码

音频的编码方式可分为波形编码、参数编码和混合编码3种。

①波形编码，对于音频信号，通常采用波形编码方法。波形编码的算法简单，易于实现，可获得高质量的语音。常见的有以下3种波形编码方法。

脉冲编码调制（PCM），实际为直接对声音信号作A/D转换。只要采样频率足够高，量化位数足够多，就能使解码后恢复的声音信号有很高的质量。差分脉冲编码调制（DPCM），即只传输声音预测值和样本值的差值以此降低音频数据的编码率。自适应差分编码调制（ADPCM），是DPCM方法的进一步改进，通过调整量化步长，对不同频段设置不同的量化字长，使数据得到进一步的压缩。

②参数编码，参数编码方法通过建立起声音信号的产生模型，将声音信号用模型参数来表示，再对参数进行编码，在声音播放时根据参数重建声音信号。参数编码法算法复杂，计算量大，压缩率高，但还原声音的质量不高。

③混合编码，是把波形编码的高质量和参数编码的低数据率结合在一起，取得了较好效果。

（2）静止图像压缩标准

静止图像压缩具有广泛的应用。新闻图片、生活图片、文献资料等都是静止图像，静止图像也是运动图像的重要组成部分。因此，极其需要一种标准的图像压缩算法，使不同厂家的系统设备可以相互操作，上述的应用得到更大的发展，而且各个应用之间的图像交换更加容易。国际标准化组织（ISO）和国际电报电话咨询委员会（CCITT）联合成立的“联合照片专家组”JPEG（Joint Photographic Experts Group）于1991年提出了“多灰度静止图像的数字压缩编码”（简称JPEG标准），这是一个适应于彩色和单色多灰度或连续色调静止数字图像的压缩标准，可支持很高的图像分辨率和量化精度。它包含两部分：第一部分是无损压缩，基于差分脉冲编码调制（DPCM）的预测编码，不失真，但压缩比很小。第二部分是有损压缩，基于离散余弦变换（DCT）和Huffman编码，有失真，但压缩比大，通常压缩20～40倍时，人眼基本上看不出失真。

（3）运动图像压缩标准MPEG

视频图像压缩的一个重要标准是MPEG（Moving Picture Experts Group）于1990年形成的一个标准草案（简称MPEG标准），它兼顾了JPEG标准和CCITT专家组的H.261标准。其中于1992年通过的MPEG-1标准是针对传输速率为1~1.5 MB/s的普通电视质量的视频信号的压缩。MPEG-2的目标则是对每秒25帧的720×576分辨率的视频信号进行压缩；在扩展模式下，MPEG-2可以对分辨率达1440×1152高清晰电视

（HDTV）的信号进行压缩。MPEG标准分成MPEG视频、MPEG音频和MPEG系统三大部分。MPEG视频是面向位速率为1.5 MB/s的视频信号的压缩；MPEG音频是面向通道速率为64 KB/s、128 KB/s和192 KB/s的数字音频信号的压缩；MPEG系统则要解决对音频、视频多样压缩数据流的复合和同步的问题。

MPEG算法除了对单幅图像进行编码外（帧内编码），还利用图像序列的相关特性去除帧间图像冗余，大大提高了视频图像的压缩比。在保持较高的图像视觉效果的前提下，压缩比可达到60～100倍。MPEG压缩算法复杂、计算量大，其实现一般要有专门的硬件或软件支持。

习题及答案

项目1
数字音频的处理

【技能与知识目标】

· 能应用计算机录制声音，添加声音效果，进行声音的格式转换和翻唱歌曲的制作等。

· 了解数字音频在计算机中的实现，了解数字音频的常用格式。

· 掌握声音的录制、声音的编辑及声音的保存。

· 掌握添加声音效果以及噪声处理的技巧。

· 掌握翻唱歌曲、卡拉OK伴音的制作。

【课前导读】

声音是携带信息的重要媒体，是多媒体技术和多媒体开发的一个重要内容。计算机只能处理数字信号，自然界中的各种声音信号需要经数字化后方可输入计算机进行处理。我们把声音的录制及翻唱歌曲当作一个任务来讲解。

声音是一种很重要的媒体，要制作一个电视片，首先要录音、对声音的特效进行处理、转换音频格式以适应需求。我们可以将数字音频处理分成几个任务来处理，第一个任务是数字音频在计算机中的实现，第二个任务是音频的采集与制作，第三个任务是项目实训：制作翻唱歌曲。

1.1 数字音频在计算机中的实现

声音是多媒体数据中重要数据之一，而在计算机中，所有信息均以数字形式表示。因此，要使计算机具有声音处理能力，需经历音频数字化、音频编码、音频解码等一系列过程。从产品的角度来看，这一系列过程均由声卡来完成。

1.1.1 音频数字化

计算机内的音频必须是数字形式的，或者说音频必须数字化。何为音频数字化呢？把拟音频信号转换成有限个数字表示的离散序列，即音频数字化。音频数字化需经历采样、量化、编码3个过程。

1）采样

音频信号事实上是连续信号，或称连续时间函数x（”。用计算机处理这些信号首先必须对连续信号进行采样，即按一定的时间间隔（T）取值，得到x（nT）（n为整数）。T称为采样周期，1 / T称为采样频率，x（nT）称为离散信号。

采样过程事实上是一个抽样过程。离散信号x（nT）是从连续信号x（t）上取出一部分，那么用x（nT）能够唯一地恢复出x（t）吗?一般是不行的，但在满足采样定理条件下是可以的。

采样定理：若连续信号x（t）的频谱为x（f），按采样时间间隔T采样取值得到x（nT）。当$f \geqslant 2fc$时，则可以由离散信号x（nT）唯一地恢复出x（t）。其中，fc是截止频率。

在计算机中，常用的音频采样频率有8 kHz、11025 kHz、22.05 kHz、16 kHz、24 kHz、32 kHz、44.1 kHz和48 kHz。其中，11.025 kHz、22.05 kHz和44.1 kHz分别是3种标准音频信号AM、FM和CD音频的采样频率。

2）量化

由于计算机中只能用0和1两个数值表示数据，连续信号x（t）经采样变成离散信号x（nT）仍需用有限个0和1的序列来表示x（nT）的幅度。用有限个数字0和1表示某一电平范围的模拟电压信号称为量化。

量化过程是一个A/D转换的过程。在量化过程中，一个重要的参数就是量化位数，它不仅决定声音数据经数字化后的失真度，而且决定声音数据量的大小。

声卡的位数是指量化过程中每个样值的比特位数，主要有16位、32位两个等级。一般而言，16位声卡从量化的角度可获得满意的效果。

3）编码开格式化

模拟音频信号经采样、量化，已经变成数字音频信号，可供计算机处理。但在实际中，任何数据必须以一定格式存放在计算机的内存或硬盘中。因此，经采样、量化后的数字音频数据需要经编码并格式化后才能存储、处理。由于媒体的种类不同，它们所具有的格式也不同。只有对这种格式有了正确定义，计算机才能对其进行正确处理，才能区别哪些数据是数值数据、哪些数据是数字音频数据。在实际使用中，主要有Microsoft公司为Windows操作系统定义的Wave数字音频格式、MIDI规范定义的MIDI标准等。总之，模拟音频信号经数字化后总是以某种格式存放在计算机中，由于音频数据的数据量极大（除MIDI音频外），因此在格式化前总是对其进行编码。

1.1.2 数字音频的输出

音频信号经数字化以后，以文件形式存放于计算机中，当需要声音时计算机将其反格式化并输出。在计算机中，数字音频可分为语音和音乐。音乐是符号化的声音，它有两种表现形式：乐谱和波形音频。乐谱可转变为媒体符号形式，对应的文件格式是MIDI或CMF文件。波形音频实际上已经包含了所有的声音形式，它可以把任何声音都进行采样、量化并恰当地恢复出来，相对应的文件格式是WAV。人的说话声虽是一种特殊的媒体，但它事实上是波形音频的一种，只是因为语音地位重要且具有其独特的处理算法才单独列出。

波形音频是对声音进行直接数字化处理所得到的结果，是对外界连续声音波形进行采样并量化的结果。

1）计算机产生声音的方法

在计算机中，产生声音有两种方法：一是录音 / 重放，二是声音合成。若采用第一种方法，首先要把模拟语音信号转换成数字序列，编码后暂存于存储设备中（录音），需要时再经解码，重建声音信号（重放）。用这种方法处理产生的声音称为波形音频，可获得高音质的声音并能保留特定人或乐器的特色。美中不足的是，其所需的存储空间较大。

第二种方法是一种基于声音合成的声音产生技术，包括语音合成、音乐合成两大类。语音合成又称为“文—语转换”，它能把计算机中的文字转换成连续自然的语音流。若采用这种方法进行语音输出，应先建立语音参数数据库、发音规则库。需要输出语音时，系统按需求先合成语音单元，再按语音学规则（或语言学规则）连接成自然的语流。一般而言，语音参数数据库不随发音时间的增长而加大，但发音规则库却随语音质量的要求而加大。音乐合成与语音合成类似。

显然，第二种方法是解决计算机声音输出的最佳方案，但其涉及多个科技领域，走向实用有很多难点。目前普遍应用的是音乐合成，但音乐合成技术难以处理语音。文—语转换是目前研究的热门，目前世界上已经研制出汉、英、日、法、德等语种的文—语转换系统，并在许多领域得到广泛应用。

2）计算机中声音文件的格式

目前，计算机中有以下5种常见的声音文件格式。

（1）WAV文件

Windows所用的标准数字音频称为波形文件，文件的扩展名是“.WAV”，它记录了对实际声音进行采样的数据。它可以重现各种声音，包括不规则的噪声、CD音质的音乐等。但产生的文件很大，不适合长时间记录，必须采用硬件或软件方法进行声音数据的压缩处理。采用的软件压缩方法主要有ACM和PCM等。

为了减少数据量，要针对不同类型的声音选择合适的采样率和量化级，如人的讲话声使用8位量化级、11.025 kHz 采样率就能较好地还原。CD音质需要16位量化级、44.1 KHZ的采样率。由于波形文件记录的是数字化音频信号，因此可由计算机对其进行处理和分析。

（2）MIDI文件

MIDI文件的扩展名为“.MID”。它与波形文件不同，记录的不是声音本身，而是将每个音符记录为一个数字，因此比较节省空间，可以满足长时间记录音乐的需要。

MIDI标准规定了各种音调的混合及发音，通过输出装置就可以将这些数字重新合成为音乐，它的主要限制是缺乏重现真实自然的能力。此外，MIDI只能记录标准所规定的有限乐器的合成，回放质量受声音卡上合成芯片的严重限制。采用波表法进行音乐合成的声卡可以大大提高MIDI音乐的质量。

（3）CD-DA光盘

CD-DA（Compact Disk-Digital Audio）即数字音频光盘。它是光盘的一种存储格式，专门用来记录和存储音乐。CD光盘也是利用数字技术（采样技术）制作的，只是CD唱盘上不存在数字声波文件的概念，而是利用激光将0，1数字位转换成微小的信息凹凸坑制作在光盘上，通过CD-ROM驱动器的特殊芯片读出其内容，再经过D/A 转换，把它变成模拟信号输出播放。

（4）MP3文件

MP3是互联网上最流行的音乐格式，最早起源于1987年德国一家公司的EU147数字传输计划。它利用MPEG Audio Layer3的技术，将声音文件用1∶12左右的压缩率压缩，变成容量较小的音乐文件，使传输和储存更为便捷，更利于互联网用户在网上试听或下载到个人计算机。

现在，使用者能够将喜欢的音乐从光盘文件转换为MP3文件，然后将其存储在电脑里。以前，由于音乐文件占用的空间非常大，所以根本不可能在电脑中存储多少音乐文件。例如，以前一首普通歌曲大约占40 MB，而用MP3格式压缩同一首歌曲却只有大约3 MB。

（5）WMA文件

WMA的全称是Windows Media Audio，它是微软公司推出的与MP3格式齐名的一种新的音频格式。

由于WMA在压缩比和音质方面都超过了MP3，即使在较低的采样频率下也能产生较好的音质，再加上WMA有微软的Windows Media Player做其强大的后盾，所以一经推出就赢得一片喝彩。

网上的许多音乐纷纷转向WMA，许多播放器软件也纷纷开发出支持WMA格式的插件程序。估计用不了多长时间，WMA就会成为网络音频的主要格式。

综上所述，数字音频在计算机中实现需经历音频数字化、数字音频在计算机中输出两个过程。在这个实现过程中，声卡是完成此过程的关键。

1.1.3 声卡

处理音频信号的PC插卡是音频卡（Audio Card），又称声音卡（简称声卡）。声卡一般由Wave合成器、MIDI合成器、混音器、MIDI电路接口、CD-ROM接口、DSP数字信号处理器等组成。第一块声卡是在1987年由Adlib公司设计制造，当时主要用于电子游戏，它作为一种技术标准，几乎为所有电子游戏软件采用。随后，新加坡Creative公司推出了音频卡系列产品，广泛为世界各地PC机产品选用，并逐渐形成一种新的标准，如图1-1所示。声卡是多媒体计算机的关键设备之一，它有力地推动着多媒体计算机技术的发展。

1）声卡的功能

声卡是处理音频信号的PC插卡，声卡处理的音频媒体有数字化声音（WAV）、合成音乐（MIDI）、CD音频。声卡的分类主要根据数据采样量化的位数来分，通常可分为8位、16位、32位等几个等级。位数越高，量化精度越高，音质越好。声卡的主要功能：音频的录制与播放、编辑与合成、MIDI接口、文语转换、CD-ROM接口及游戏接口等，如图1-2所示。

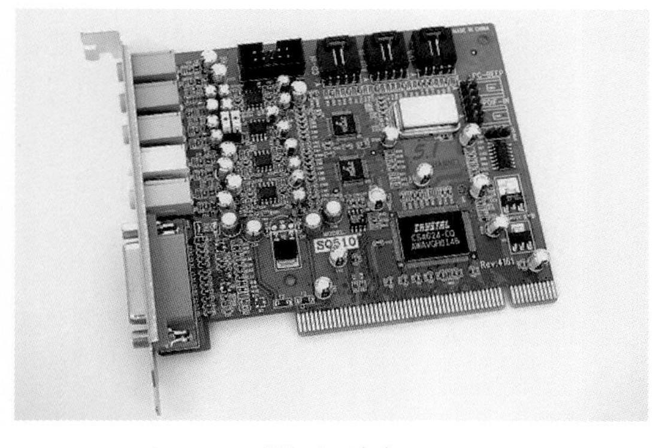

图1-1 声卡

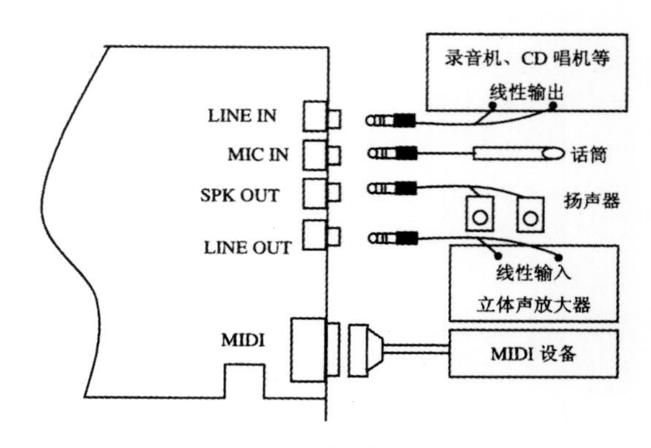

图1-2 声卡的接口

（1）音频的录制与播放

波形音频是计算机中最基本的声音媒体，音频的录制与播放是在计算机中实现波形音频的基本途径。人们可以将外部的声音信号通过声卡录入计算机，并以文件的形式进行保存，在需要播放时，只需调出相应的声音文件。在Windows XP环境下，音频卡一般以WAVE声音格式文件录制波形音频。

声卡的音频录制事实上便是前面所述的音频数字化过程。音频录放的主要指标与功能如下。

①数字化音频采样频率范围：8~48 kHz 量化位：8位→16位→32位通道数；单声道→立体声→环绕立体声。②编码与压缩：基本编码方法为PCM。③音频录放的自动滤波。④录音声源：麦克风、立体声线路输入、CD。⑤输出功率放大器、直接驱动扬声器，且输出音量可调。

（2）音频文件的编辑与合成

一般来说，在声音录制完成以后，总有美中不足或不尽如人意的地方。声卡生产厂商作为数字音频处理专业厂商，一般对其支持的录制声音文件格式提供编辑与合成，可以对声音文件进行多种特殊效果处理，包括倒播、增加回音、剪裁、静噪、淡入和淡出、往返放音、交换声道以及声音由左向右移位或由右向左移位等。这些对音乐爱好者来说是非常有用的。

（3）MIDI接口和音乐合成

MIDI是指乐器数字接口，是数字音乐的国际标准。MIDI接口所定义的MIDI文件事实上是一种记录音乐符号的数字音频，为声卡支持的三种声音之一。很显然，MIDI给出了另外一种得到音乐声音的方法，但计算机产生MIDI音乐需先解析MIDI消息即音乐符号，然后根据所对应的音乐符号进行音乐合成。

声卡提供了对MIDI设备的接口及对MIDI音频文件的计算机声音输出。音乐合成功能和性能依赖于合成芯片。对不同的声卡，MIDI音乐合成方法有两种：FM音乐合成、波形表。

（4）文语转换和语音识别

有些音频卡在出售时，还捆绑了文语转换和语音识别软件。

①文—语转换软件。文—语转换就是把计算机内的文本转换成声音。一般音频卡都提供了文—语转换软件，如Sound Blaster。另外，清华大学计算机系开发的汉语文—语转换软件，能将计算机内的文本文件或字符串转换成普通话。②语音识别软件。有些音频卡还提供了语音识别软件，可利用语音控制计算机或执行Windows下的命令。

2）声卡的种类

现在的声卡一般有板载声卡和独立声卡之分。板载声卡不用去单独购买，型号和功能主要取决于板载的声卡芯片，但板载声卡与独立声卡的性能会有一定的差距。那我们应该如何根据自己的需要来选择呢?

板载声卡一般都标有“AC'97”字样， AC'97的全称是Audio CODEC 97，这是一个由Intel、Yamaha等多家大厂商联合研发并制定的一个音频电路系统标准，并非实实在在的声卡型号。目前AC'97最新的版本已经达到了2.3。现在我们在市场上看到的大部分声卡的CODEC，都是符合AC'97标准的。如果用符合CODEC的标准来衡量声卡的话，那么大部分常见声卡都可以叫作AC'97声卡，无论它是独立声卡还是板载声卡。

板载声卡有两个缺点：其一，占用过多的CPU资源，这也是板载声卡的主要缺点之一。为了节省成本，板载声卡大多数是集成的软声卡，在处理音频数据时需要占用部分CPU资源。随着CPU频率的增高，这方面的影响不太明显了。但对于要求性能的DIY来说这，一点点性能也是不舍得浪费的。其二，“音质”问题也是板载软声卡的一大弊病，比较突出的就是信噪比较低。其实，这个问题并不是因为板载软声卡对音频处理有缺陷造成的，主要是因为主板制造厂商设计板载声卡时的布线不合理以及用料做工等方面过于节约成本造成的。当然，反过来也是独立声卡的优点，但独立声卡的缺点就是性价比低，并会占用一个PCI插槽。

板载声卡对音质要求不太高，在目前CPU主频较高的情况下，板载集成的声卡就完全能满足需求了，没有太大必要购买独立声卡。但如果你是一位对“音质”要求较高的人，且不在乎性价比的话，高端独立声卡将是必需的选择，目前SB Audigy 2 系列性能非常出众。而对于很多3D游戏玩家来说，适合使用多声道中档次独立声卡，如创新Sound Blaster Live系列、德国坦克剧场版、承启AV710等。

1.2

数字音频编辑技术

Windows系统“录音机”的编辑功能是很有限的，一般可录一分钟的声音片段。在多媒体软件中有不少专门用于声音编辑的软件，如Audition CS6声音编辑器，它非常流行，而且具有音高调整、片段剪贴、静音设置等功能。Audition CS6是一个功能强大的音乐编辑软件，能高质量地完成录音、编辑、合成等多种任务。它可以从多种音源设备录制，如CD、话筒等。另外，在录制的同时，还可以进行降噪、扩音、剪接处理，添加立体环绕、淡入/淡出、3D回响等音效，并制作成为音频文件。使用Audition CS6除了可以将制作的音乐作品保存为传统的WAV、SND和VOC等格式外，还可以直接压缩为MP3或RM格式，当然，还可以刻录到CD上长久保存。另外，随着DVD的不断普及和应用，还可以利用Audition CS6制作更高品质的DVD音频格式文件。 Audition CS6不但适合专业的音乐制作人士，而且还为广大的普通音乐发烧友提供了很多“傻瓜”功能，使新手也能很快制作出自己的音乐作品。快捷的操作方式，更使其具有无限的魅力。

在桌面上双击 图标，打开Audition CS6主界面，如图1-3所示。

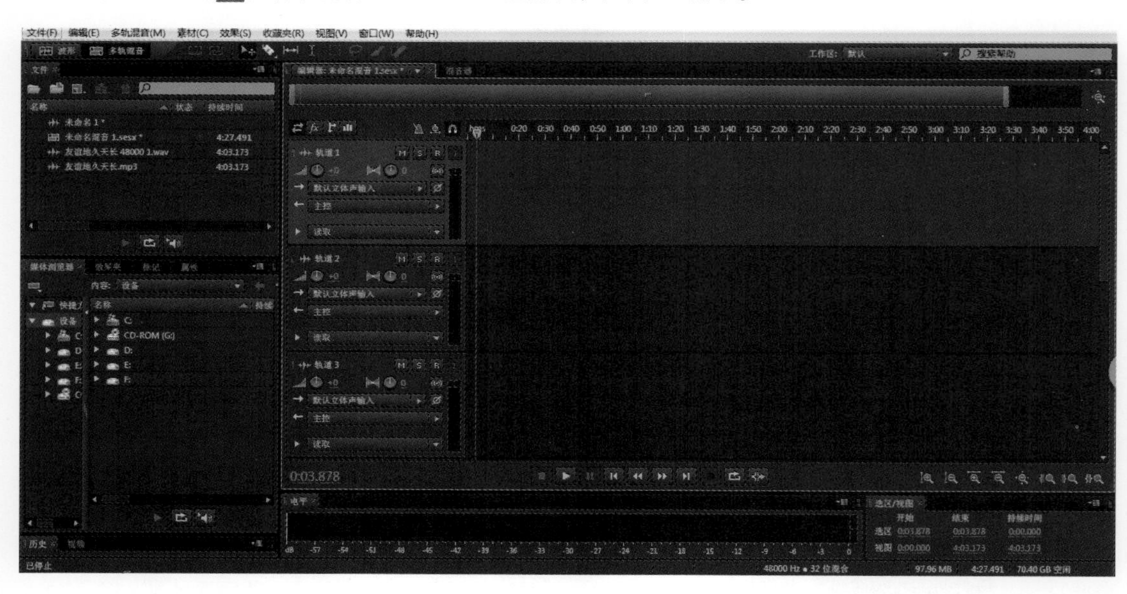

图1-3 Audition CS6主界面

1）单轨录音

①单击“波形” 按钮，打开“新建音频文件”对话框，设定好文件名、采样率（48000）、声道（立体声）和位深度（16）等相关参数，单击“确定”按钮。

②单击“录音”按钮，如果出现“音频输入采样频率与输出设备不匹配,音频不能被录制工具校正”如图1-4所示的对话框时，单击“确定”按钮。

图1-4 不匹配提示框

③单击右下角的喇叭图标，从弹出的快捷菜单中选择“播放设备”，打开“声音”对话框。双击“扬声器”图标，打开“扬声器属性”对话框，单击“高级”选项卡，单击“测试”左边的小三角形按钮，选择“16位，44100 Hz（CD音质）”，如图1-5所示，单击“确定”按钮。

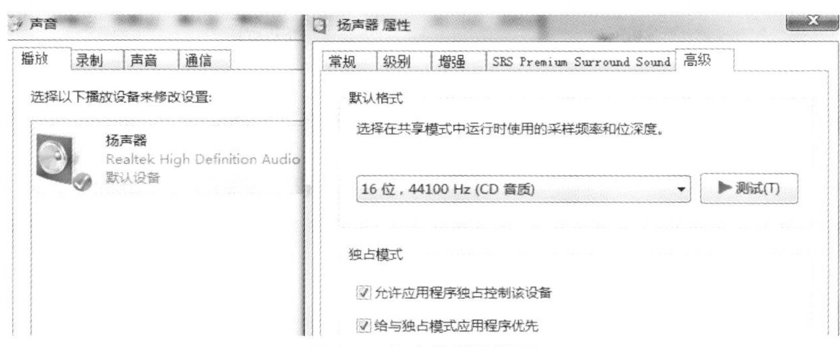

图1-5　扬声器属性设置

④单击“录制”选项卡，双击“麦克风”图标，打开“麦克风属性”对话框，单击“高级”选项卡，单击右边的小三角形按钮，选择“2通道，16位，44100 Hz（CD音质）”，如图1-6所示，单击“确定”按钮。

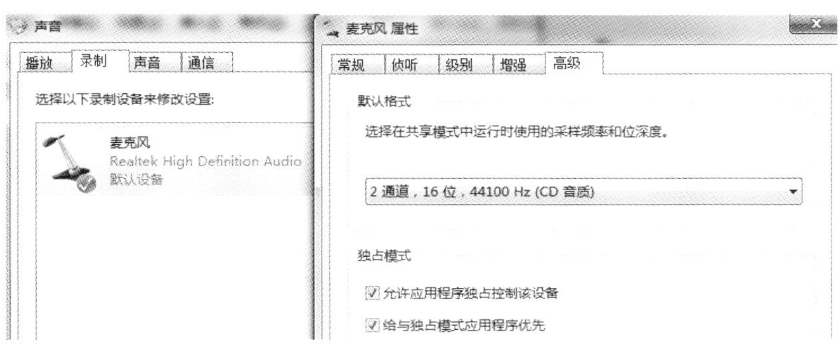

图1-6　麦克风属性设置

⑤重新启动Audition CS6，单击“波形”按钮，打开“新建音频文件”对话框，设定好文件名、采样率（44100）、声道（立体声）和位深度（16）等相关参数，如图1-7所示，单击“确定”按钮。

⑥单击红色“录音”按钮就可以开始录音了。此时即可拿起话筒录音，如果要停止录音可以单击“停止”按钮。完成录音后，将在主界面中出现刚录制文件的波形图，单击“播放”按钮即可回放。如图1-8所示。

图1-7　新建波形

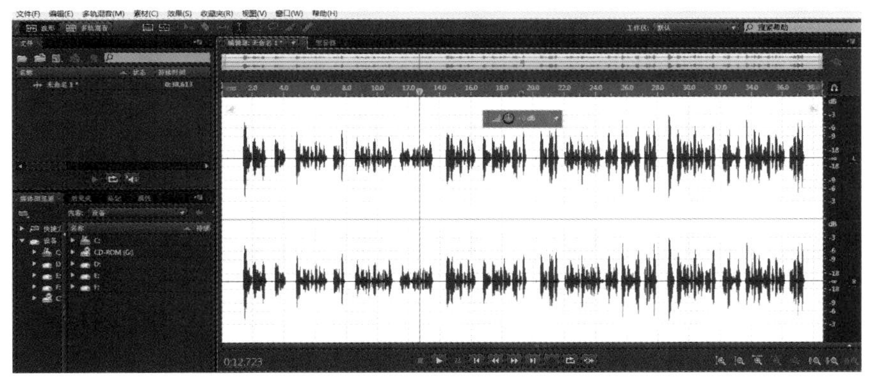

图1-8　Audition CS6主界面

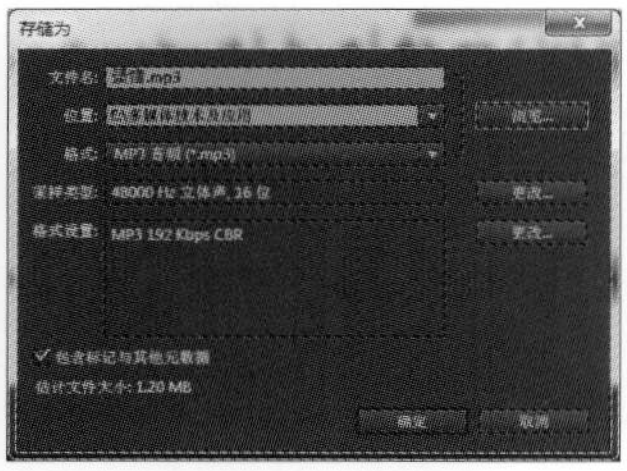

⑦最后，还需要将录制好的音频文件保存起来，执行菜单命令“文件”→“另存为”，打开“存储为”对话框，如图1-9所示。单击“浏览”按钮，打开“另存为”对话框，选择文件的保存路径，并为音频文件指定一个文件名称，单击“保存”按钮。在“格式”下拉列表中选择音频文件的保存格式，这里选择保存为MP3格式，单击“确定”按钮完成录制。

图1-9　存储为对话框

2）多轨录音

单击“多轨混音” 多轨混音 按钮，打开“新建多轨混音”对话框，设置好的录音参数如图1-10所示。单击“确定”按钮，切换为多轨界面，每一轨都有“R” R、“S” S 和“M” M 三个按钮，“R”是录音按钮，“S”是独奏按钮（按下这个按钮，其他音轨都不出声），“M”是静音按钮（按下它，该音轨不出声）。

图1-10　新建多轨混音

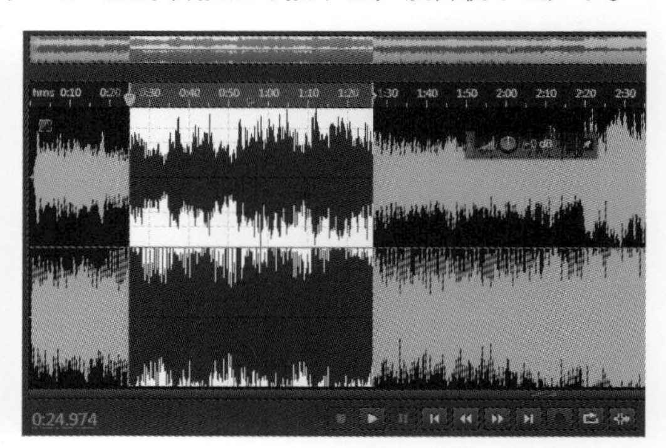

图1-11　选择波形

在多轨模式下，第一轨放入伴奏，第二轨以下都可以录人声。以第二轨为例，选择“R”按钮，再单击下面的红色“录音”录音按钮，就能边听伴奏边把人声录在这个音轨上。这个的好处是不用再费心思去对齐，它录完后就是跟伴奏对齐的。然后可以双击进入单轨模式编辑。

1.2.1　Audition单轨中的基本编辑

Audition CS6的功能非常强大，如对音频波形的截取、裁剪、复制、粘贴等。

1）选取波形

①使用键盘选取一段波形。首先，在选择区域的开始时间处单击鼠标，然后按住Shift键，在选择区域的结束时间处单击鼠标，这样在两次单击鼠标处之间的波形呈现出高亮效果，如图1-11所示，表示是选取波形的部分。在需要调整选择区域的边界时，再次按住Shift键，结合左右方向键，使选择区域向左或向右扩展或缩进，从而达到满意状态。

②使用鼠标选取一段波形。在选择区域的开始时间处拖曳鼠标，直到结束点松开鼠标，呈现高亮效果的波形部分就是被选取的波形，如图1-12所示。在需要调整选择区域的边界时，可以用鼠标拖曳移动“选取区域边界调整点”来调整选区的大小。

选取区域边界调整点

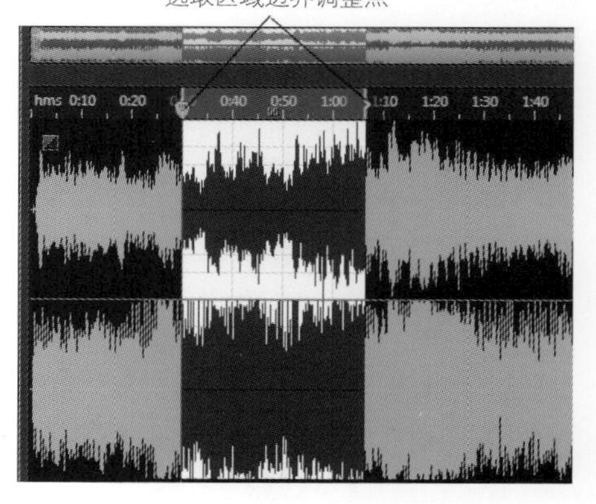

图1-12　选取区域边界调整点

③使用时间精确选择波形。首先，执行菜单命令“窗口”→“选区 / 视图控制”，将“选区 / 视图”窗口显示出来，然后在“选区 / 视图”窗口中输入准确的开始时间和结束时间，也可以输入开始时间和时间长度，最后在空白处单击或按Enter键完成选取。例如，图1-13中选择了从1分30秒开始到2分结束的一段30秒长的音频波形。

图1-13　选区/视图

2）选取某个声道的波形

使用键盘选取波形的方法如下。

①先将鼠标定位至要选择波形的开始位置，然后同时按住Shift键和左 / 右的方向键进行选择波形。

②按向上方向键，则选择左声道。

③按向下方向键，则选择右声道。

3）选取全部波形

如果要选择全部波形进行编辑，可以使用以下方法中的任意一种。

①使用鼠标拖曳的方法，从头至尾选取全部波形。

②执行菜单命令“编辑”→“选择”→“全选”，可以选取全部波形。

③使用快捷菜单。即用鼠标右键单击要选择的波形，从弹出的快捷菜单中选择“全选”菜单项，可以选取全部波形。

④使用组合键<Ctrl+A>，也可以选取全部波形。

⑤在波形文件上双击鼠标左键，可以选择全部波形。

⑥在某处单击鼠标，不选取任何区域，系统默认编辑全部波形。

4）删除波形

如果音频波形中，如果一段声音是不需要的，可以将其删除。

（1）使用菜单中的“删除”命令

首先，选择一段要删除的音频波形，然后执行菜单命令“编辑”→“删除”，所选区域的波形即被删除。删除该段波形后，后面的波形会自动提前，整个音频波形文件的长度变短，如图1-14与图1-15显示了删除前后波形的变化。

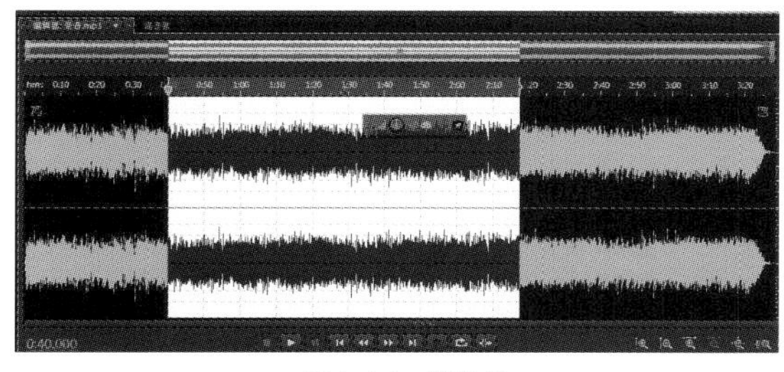

图1-14　删除前

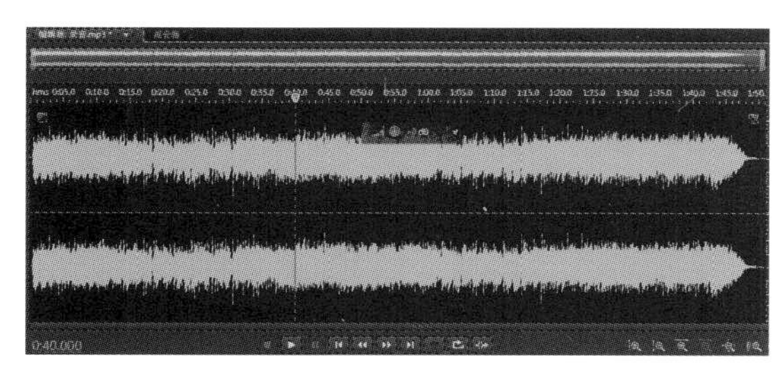

图1-15　删除后

（2）使用键盘上的Delete键

首先，选择一段要删除的音频波形，然后按键盘上的Delete键，所选区域的波形即被删除。

5）裁切波形

裁切波形是指将选取区域的波形保留，而其他未选取区域的波形被删除，也称为修剪波形。当要截取一个音频文件中的某一段波形时，可以使用裁切波形的功能。裁切波形有下面4种方法可以实现。

（1）使用菜单中的“修剪”命令

首先，选择一段要截取的音频波形，执行菜单命令“编辑”→“修剪”，所选区域之外的波形被删除，而所选区域的波形被保留。注意其与删除命令的效果不同，图1-16与图1-17显示了修剪前后波形的变化。

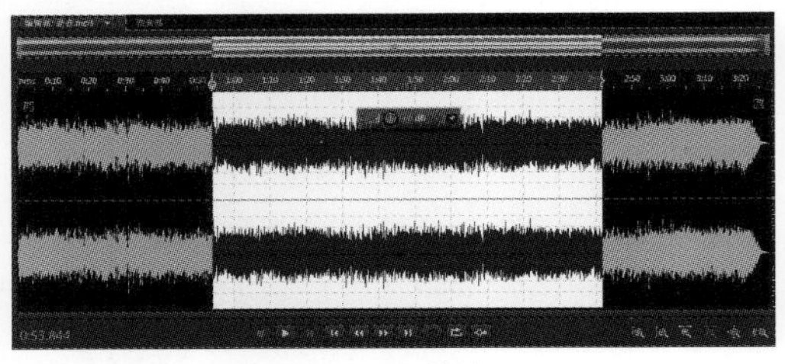

图1-16　修剪前

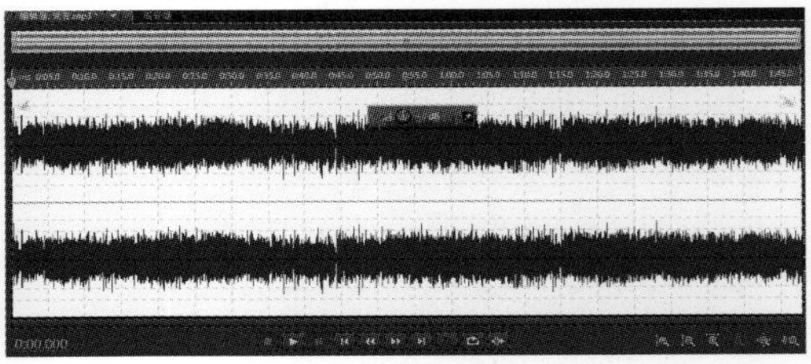

图1-17　修剪后

（2）使用快捷菜单中的“修剪”命令

首先，选择一段要截取的音频波形，然后在该段波形上单击鼠标右键，在弹出的快捷菜单中选择“修剪”命令，即可将所选区域的波形保留，而所选区域之外的波形被删除。

（3）使用组合键<Ctrl+T>

首先，选择一段要截取的音频波形，然后同时按下键盘上的<Ctrl+T>组合键，即完成了裁切操作。

6）复制波形

在Audition中，可以将音频波形中的某段音频波形复制到剪贴板，也可以将其复制到一个新的音频文件中。

（1）复制波形到剪贴板

要复制一段音频波形，首先要选中所要复制的音频波形，然后使用以下3种方法之一即可完成复制操作。

①执行菜单命令“编辑”→“复制”。②用鼠标右键单击该段波形，从弹出的快捷菜单中选择“复制”菜单项。③使用组合键<Ctr1+C>。以上几种方法都可以完成把选取区域的波形复制到剪贴板中，但目前还看不到效果，只有执行了粘贴操作，才会看到效果。

（2）复制到新文件

复制到新文件是指把选取区域的波形复制，并将所复制的波形生成新的文件。这样，不用使用粘贴命令，就可以看到复制效果。而且，使用复制到新文件功能可以生成一个新的音频波形文件。复制到新文件的方法如下。

①使用菜单“复制为新文件”命令。

首先，选择一段音频波形，执行菜单命令“编辑”→“复制为新文件”，就会生成一个新的音频波形文件，文件内容就是刚刚所选择的那段音频波形。

例如，打开一首歌曲文件“歌曲.mp3”，选择其前面一部分音频波形，如图1-18所示。

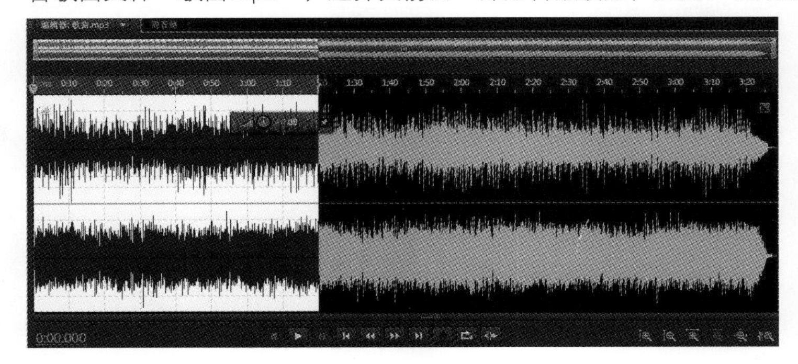

图1-18　所选声音

执行菜单命令“编辑”→“复制为新文件”，会发现左面的“文件”窗口中多了一个“未命名2＊”文件，这个文件即是刚刚新生成的音频文件，其波形已经显示在了右面的“主窗口”中，如图1-19所示。可以看到，此段波形就是我们刚才所选择的那段音频波形。

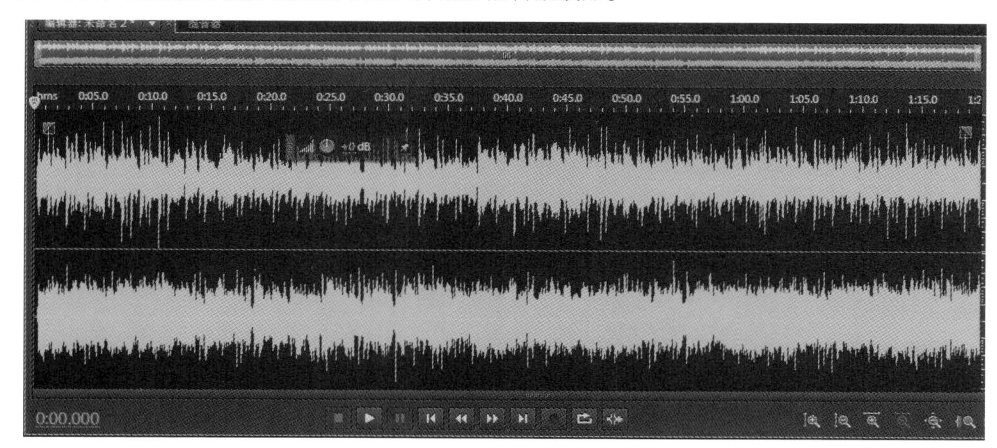

图1-19　复制生成的新文件

②使用快捷菜单中的“复制为新文件”命令。

首先，选择一段音频波形，然后用鼠标右键单击该段波形，从弹出的快捷菜单中选择“复制为新文件”菜单项，同样可以完成复制到新文件的工作，效果与方法一相同。

7）剪切波形

复制波形可以将所选区域的波形复制到剪贴板中，同时源波形仍然存在。而剪切波形是指将选取区域的波形存储到剪贴板中，同时选取区域的源波形被删除。剪贴板中存储的波形可以通过粘贴操作再次显示在其他区域。

要剪切一段音频波形，首先要选中所要剪切的音频波形，然后使用以下3种方法之一来完成剪切操作。

①执行菜单命令“编辑”→“剪切”。

②用鼠标右键单击该段波形，从弹出的快捷菜单中选择“剪切”菜单项。

③使用组合键<Ctrl+X>。

以上3种方法都可以完成剪切操作。通过剪切和粘贴波形操作，可以实现音频波形的移动操作。

8）粘贴波形

粘贴是指把剪贴板中暂存的内容添加到新的区域。

要粘贴剪贴板中的音频波形，首先，将一段波形复制或剪切到剪贴板中；然后，将光标定位到需要插入音频波形的位置，接着使用以下3种方法之一来完成粘贴操作。

①执行菜单命令“编辑”→“粘贴”。

②用鼠标右键单击该段波形，从弹出的快捷菜单中选择“粘贴”菜单项。

③使用组合键<Ctrl+V>。

以上3种方法都可以完成粘贴操作，剪贴板中的波形就被粘贴到新的区域了。通常，粘贴的内容是用户最后一次执行复制或剪切操作时的内容。

事实上，在Audition中为用户提供了5个剪贴板和1个Windows剪贴板，供用户选择要使用哪个剪贴板中的内容。用户可以执行菜单命令“编辑”→“设置当前剪贴板”，选择需要使用的剪贴板。如图1-20所示，前面加“.”的表示当前选择的剪贴板，剪贴板后面没有“空闲”字时，表示存放有数据信息。Audition提供的剪贴板将只能在Audition中使用，而Windows剪贴板则可以在其他音频处理软件之间进行数据的复制与粘贴。

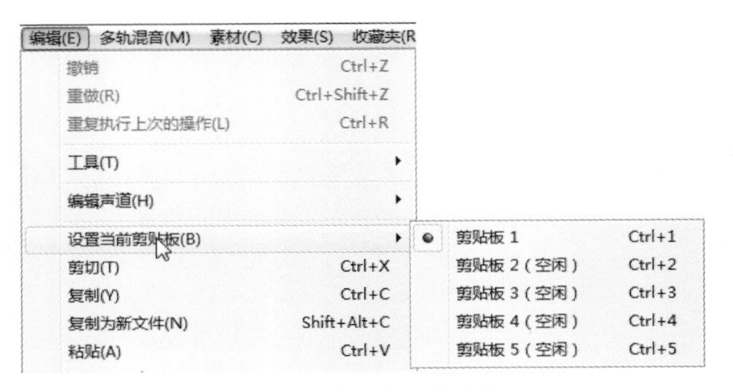

图1-20　设置当前剪贴板

9）粘贴到新文件

将一段波形粘贴到新文件是指把剪贴板中的内容粘贴到新建的文件中。以下两种方法都可以实现粘贴到新文件的功能。

（1）执行菜单命令“编辑”→“粘贴到新建文件”

首先，将一段波形复制或剪切到剪贴板中，然后执行菜单命令“编辑”→“粘贴到新建文件”，这样，一个新的文件就会建立，并且其波形内容就是剪贴板中的波形。

（2）使用组合键<Ctrl+Alt+V>

首先，将一段波形复制或剪切到剪贴板中；然后，同时按下键盘上的<Ctr+Alt+V>组合键，同样也可以完成粘贴到新文件的功能。

10）混合式粘贴

前面使用的粘贴功能，都是将剪贴板中的内容插入到当前光标所在的位置，光标后原来的内容自动后移。而我们知道波形是可以叠加的，因此，两段音频波形也可以进行叠加混合，这就需要使用混合粘贴功能。

混合粘贴可以将剪贴板中的波形内容，与当前光标所在位置之后的波形内容混合在一起；也可以将某个音频文件中的波形内容，与当前光标所在位置之后的波形内容混合在一起。混合粘贴与粘贴的区别主要在于：混合粘贴的效果是当前光标之后的波形并不向后移动，而是与粘贴内容混为一体（“插入”方式除外）；粘贴的效果是当前光标之后的波形向后移动。

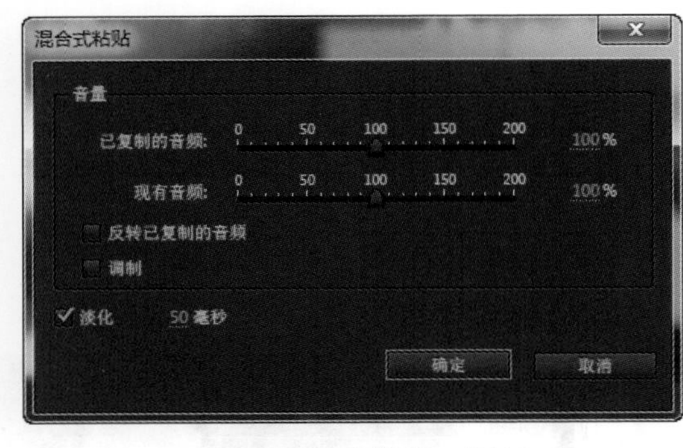

图1-21　“混合粘贴”对话框

要实现混合粘贴功能，首先，将一段波形复制或剪切到剪贴板中；然后，将光标定位到需要混合音频波形的位置；接着，使用以下3种方法之一都将打开“混合粘贴”对话框，如图1-21所示。

①执行菜单命令“编辑”→“混合式粘贴”。

②单击鼠标右键，从弹出的快捷菜单中选择“混合式粘贴”菜单项。

③使用组合键<Ctrl+Shift+V>。

1.2.2　Audition单轨界面的音频效果处理

施加音效是音频处理的一个重要环节。在Audition中，对声音效果的处理可以通过自带的效果器来完成，它的种类非常多，有延迟、混响、均衡、降噪、变速、变调等。利用这些音频效果器可以得到效果丰富、逼真的音频。

1）改变波形振幅

振幅是描述音频波形大小的参量，振幅的增益和衰减直接影响音量的大小，如果一个声音的音量太大或太小，可以使用Audition中的振幅和压限类效果器，调整声音音量的大小，使音量适中。

使用“增幅”效果器可以改变音频波形的振幅，即可改变声音音量的大小，如图1-22所示。

图1-22　增幅

执行菜单命令“效果”→“振幅和压缩”→“增幅”，在打开的“增幅”对话框中选择一种预设效果，或自己调节参数，试听满意后单击“确定”按钮即可。

（1）左声道

控制左声道的音量改变，改变音量的方法可以使用以下3种方法之一。

①使用“音量滑块”改变音量：向右拖曳“音量滑块”可以增大声音音量；相反，向左拖曳“音量滑块”可以减小声音音量。

②使用鼠标在后面的音量数字处左右拖曳，改变音量大小。

③在音量大小数字处双击鼠标，直接输入音量值后回车确定即可。

（2）右声道

控制右声道的音量改变，调节方法和左声道相同。

链接滑块：勾选此复选框，则左右声道音量同时调整至相同的音量。

▶ 预览播放 / 停止按钮：单击该按钮可进行播放试听，再次单击停止播放。

2）渐变

渐变效果可以使音量逐渐变大或变小，往往应用在声音的开头和结尾，使其过渡自然。一般分为淡入效果和淡出效果两种。

①淡入效果：使声音的音量由小逐渐变大。

②淡出效果：使声音的音量逐渐变小。

执行菜单命令“效果”→“振幅和压限”→“淡化包络”，打开“淡化包络”对话框，如图1-23所示。在“预设”中选择一种预设效果，如图1-24所示。试听满意后单击“确定”按钮即可。

图1-23　淡化包络

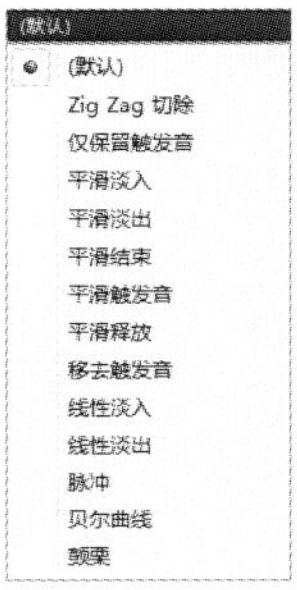

(默认)
Zig Zag 切除
仅保留触发音
平滑淡入
平滑淡出
平滑结束
平滑触发音
平滑释放
移去触发音
线性淡入
线性淡出
脉冲
贝尔曲线
颤栗

图1-24　预设效果

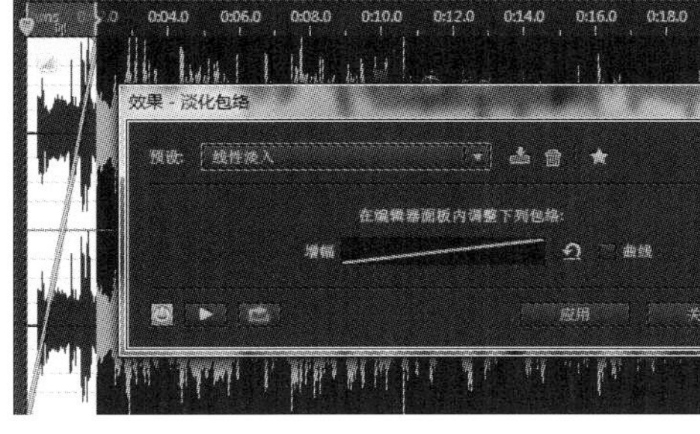

图1-25　线性淡入

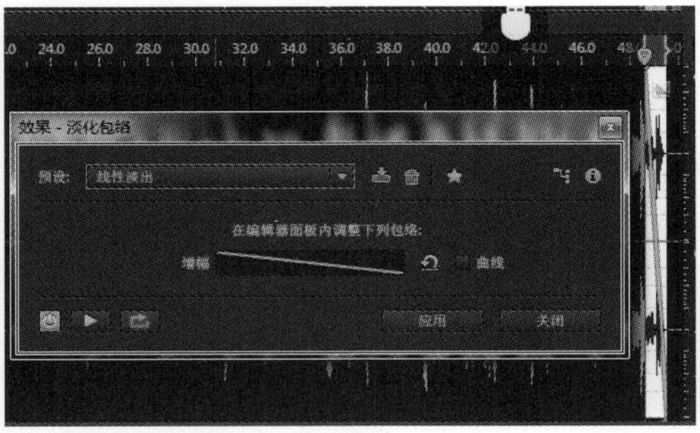

图1-26　线性淡出

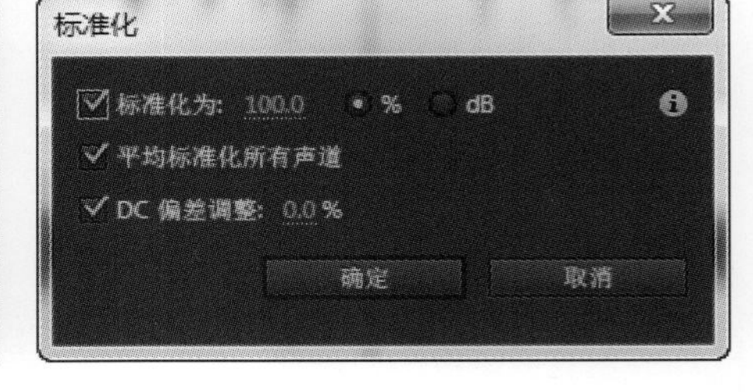

图1-27　“标准化”对话框

3）音量标准化

用这个功能可以快速把素材音量调整到某个指定水平，即快捷地将当前波形或选定的波形振幅值的最大值调整到最大电平0 dB的规定值内。用这个功能可以将音频信号电平调到最大而不至于削波。这是现代音乐制作中一个常用的处理手法，通常用来补偿录制音频电平量过低的瑕疵。其原理是：应用标准化过程效果器，将会自动侦测整个音频素材的最大音量电平。然后，用最大化数值减去侦测到的最大电平数，利用得出的差值对音频素材进行提升或衰减。

执行菜单命令“效果”→“振幅和压限”→“标准化”，在打开的“标准化”对话框中设置好参数，如图1-27所示。单击“确定”按钮即可。

（1）标准化

标准化为选定和最大可能振幅对应的最高峰值的百分比。选中该复选框，在其右侧的参数框内可以设置对声音电平有所提升的数值，通常使用100％，使声音电平的峰值达到100％，得到最大的动态范围。大于100％的值可能引发削波而使音质变差，一般仅用于特殊情况。

（2）平均标准化所有声道

使用立体声或环绕波形的所有声道来计算振幅量，如果此选项被取消，振幅量就会在每个声道里分别计算，并可能会一个声道的振幅量比另一个声道的要多。

（3）DC偏差凋节

让使用者可以调整波形在波形显示中的位置，某些录制硬件可能会引进DC偏差，从而造成录制波形在波形显示的常规中心线上方 / 下方。若要居中波形，可将百分比设成零；若要将整个选定波形倾斜至中心线上方或下方，可指定一个正值 / 负值百分比。

4）降低噪声

在声音录制阶段，由于环境或硬件的因素，很可能会导致录制的声音中夹杂一些噪声，可以使用Audition中的“修复”效果器进行降噪处理来将噪声减弱。但应注意的是，降低噪声是一种破坏性的操作，过度的降噪处理会导致声音质量严重受损；而且，降低噪声也只能在一定范围内进行，无法完全消除噪声。因此，不能依赖降噪处理来提高声音质量，而要在录音阶段取得质量较好的声音素材。

“降噪”是最常用的噪声降低器，能够将录音中的本底噪声最大程度地消除。它采用采样降噪的方法，其原理是，首先采集噪声音频剪辑获得噪声样本，再通过分析获得的噪声样本得到噪声特征，最后利用分析结果去降低夹杂在音乐中的噪声。

（1）降噪步骤

首先，选择一段噪声波形。一般在录音时会有一些停顿的时间，原则上在停顿期间录制的波形应该是平直的。然而，实际录音时会有噪声，则在停顿期间本应平直的音频波形就变得不平直了，这些波形就可以认为是噪声波形。也可以在录音时先录取一段没有人声的波形作为噪声样本。

①在“波形编辑器”窗口中，选定至少半秒长的只包含噪声的范围。

②执行菜单命令“效果”→“降噪/修复”→“捕捉噪声样本”。

③执行菜单命令“效果”→“降噪/恢复”→“降噪”，打开“降噪”对话框。单击“捕捉噪声样本”按钮，采集噪声样本。

④在“波形编辑器”窗口，选择想移除噪声的范围，设置降噪参数，如图1-28所示。设置好后，单击“确定”按钮即可。

（2）详解“降噪”对话框

“降噪”对话框如图1-28所示，其主要参数含义如下。

①捕捉噪声样本：在选定范围内提取噪声剖面，但仅表示背景噪声。Adobe Audition 会收集关于背景噪声的统计数据，这样它就能将噪声从残留的波形中移除。

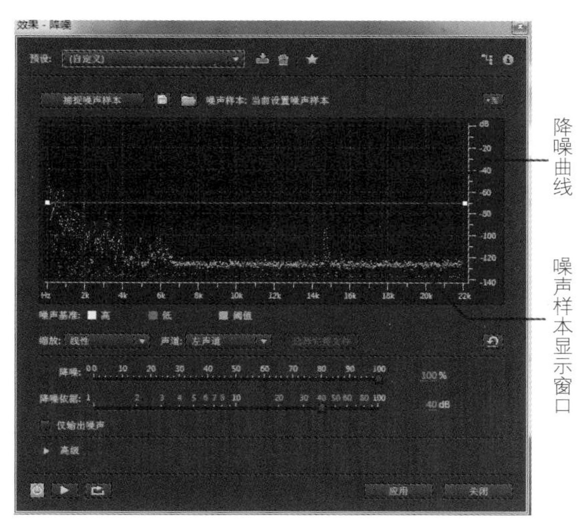

图1-28　降噪

注意：若要把重点放在本底噪声，可点击图表右上方的菜单按钮，并取消“显示控制曲线”和“在曲线图上显示工具提示”。

②噪声基准：“高”显示每个频率中检测到的噪声的最高振幅；“低”显示最低振幅；“阈值”显示降噪发生下方的振幅。

注意：噪声基准的3个部分可以重叠。若要更好地区分它们，点击菜单按钮，并选择“显示噪声基准”选项。

③缩放：决定频率沿水平X轴的排列方式。对于对低频的出色控制来说，可选择“对数”。一个对数缩放和人们听到的声音相似。对于精细的、频率里平均间隔的高频工作，可选“线性”。

④声道：显示图表里选定的声道。降噪量对所有声道来说通常都是一致的。

⑤降噪：控制输出信号里的降噪百分比。在预览音频中达到最小劣音的最大降噪时的最佳化设定。

⑥降噪依据：决定检测到的噪声的振幅削减。6~30 dB 范围内的值会很好奏效。若要削减“噗噗”声似的劣音，应输入更低的值。

⑦仅输出噪声：仅预览噪声，这样使用者就能决定应用的效果会不会移除了自己需要的音频信号。

5）修复限幅失真

“修复限幅失真”效果通过用新的音频信号填满失真区域来修复失真的波形。失真会在音频振幅超过当前位深下最大电平时发生。通常来说，限幅失真是由于录音点评太高造成的。可以在录音或重放时通过查看电平表来监视限幅失真；当限幅失真发生时，电平表靠右端就会变红。

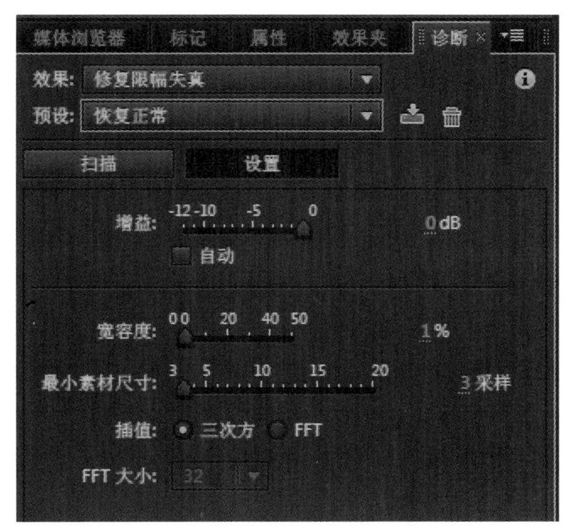

图1-29　修复限幅失真

①首先，选择存在破音的波形，即超过电子上限的音频波形。

②执行菜单命令“效果”→“诊断”→“修复限幅失真”，在其中设置好“增益”等参数值后，单击“确定”按钮即可。

③说明。“修复限幅失真”对话框如图1-29所示，其参数含义如下。

A.增益：指定处理前的衰减量。点击“自动”来将增益环境奠基在平均振幅上。

B.宽容度：指定限幅失真区域内的振幅变化。

一个0%值只会在最大振幅的极端水平线上检测限幅失真；1%值会检测在低于最大振幅1%的起始端的限幅失真，以此类推。（1%值能够检测最多的限幅失真）

C.最小素材尺寸：指定要修复的最短延伸的限幅失真采样的长度。更低的值能修复更高百分比的限幅失真采样；更高的值只能修复领先或跟随其他限幅失真采样的限幅失真采样。

D.插值："三次方"选项会使用样条曲线来重建限幅失真了的音频的频率内容。此途径在大部分情况下都会更快解决，但是会引进伪造的新频率。"FFT"选项使用快速傅氏变换来重建限幅失真了的音频。此途径通常来说会比较慢，但对限幅失真严重的音频来说最好。在"FFT 大小"菜单中，选择要评估或替换的频段的数字。

6）变速变调

在歌曲的录制中，可能经常遇到走调的情况，如音调偏低或偏高等，这可以通过"时间与变调"→"伸缩与变调"效果组中的命令来进行修复。另外，也能完成男声变女声等声音变化效果，还能改变语速。

变速效果的作用是使声音的速度变快或者变慢。变调效果的作用是使声音的音调变高或者变低。其操作如下。

①选择要改变速度的音频波形。

②执行菜单命令"效果"→"时间与变调"→"伸缩与变调"，在打开的"伸缩与变调"对话框中包括"伸缩"与"变调"两个参数，可以分别使声音以恒定的速度变化或以不断变化的速度变化。使用者可根据自己的需要选择其一并进行参数设置，最后试听满意后，单击"确定"按钮即可。

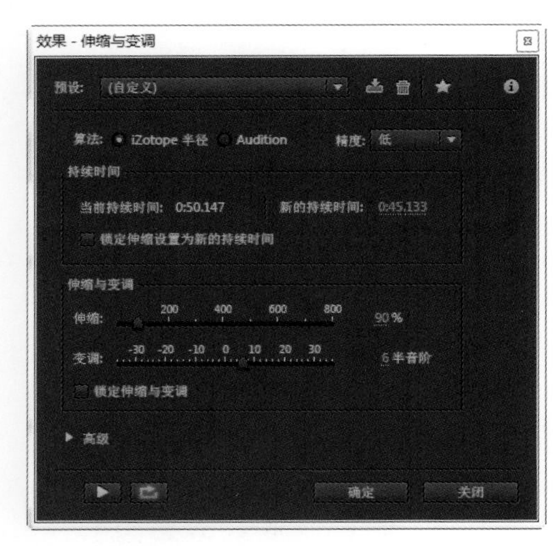

图1-30　伸缩与变调

"伸缩与变调"对话框中的内容如图1-30所示，其中各参数的含义如下。

A.算法：选择"iZotope 半径"来同时伸缩音频及提升音高，或"Audition"来随时改变伸缩或音高。"iZotope 半径"对数要求更长的处理时间，但是会引进更少的劣音。

B.精度：更高的设定会产生更好的质量，但是要求更多的处理时间。

C.新的持续时间：显示在时间延展后的音频的长度。可以调整直接调整"新持续时间"或通过"伸缩"百分比来间接调整。

D.锁定伸缩设置为新的持续时间：覆盖自定义或预设"伸缩"设置，替换计算持续时间调整。

E.伸缩：缩短或延伸现有音频。例如，若要缩短音频到原来持续时间的一般，指定"伸缩"值为50%即可。

F.变调：将音频调子提升或降低。每个半音程等于键盘上的半音。

G.锁定伸缩与变调：伸缩音频来反映音高变化，反之亦然。

7）延迟与回声

延迟和回声效果可以将输出信号的一部分反馈回输入端，使之再进入延时的循环中去，得到一种重复的回声效果。延迟在声音制作中，可以用于营造空间感和增加现场感。

（1）延迟

"延迟"效果器是通过对原始声音的重复播放，产生回声感和声场感。

①选择要添加延迟效果的音频波形。

②执行菜单命令“效果”→“延迟和回声”→“延迟”，在打开的“延迟”对话框中根据需要进行参数设置。最后试听满意后，单击“确定”按钮即可。

“延迟”对话框如图1-31所示，其参数含义如下。

A.延迟时间：决定延迟产生的时间。值为正数时，为延迟效果；值为负数时，处理后的声音将比原始信号提前出现，从而与另一个声道形成延迟效果。

B.混合：用于控制原始干声与处理后的湿声的比值。值越大，原始干声越少，延迟声越多。

C.反相：勾选此选项可以将当前进行处理的音频波形剪辑反转，使用它可以得到一些特殊效果。

D.延迟时间单位：可以选择“时间”“节拍”或“采样”为计量单位。默认单位是“时间”，以毫秒（ms）为单位。

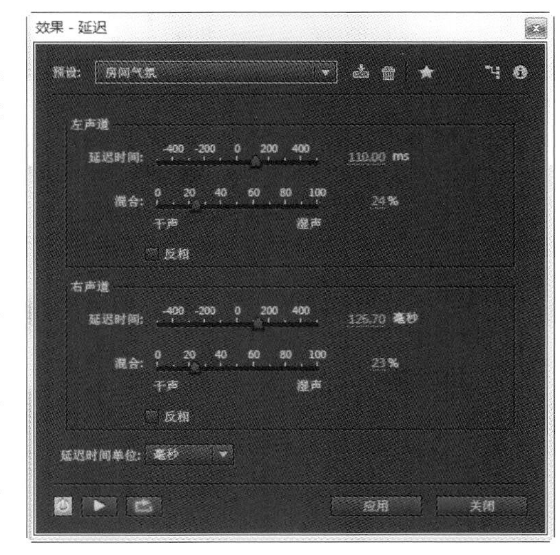

图1-31　延迟

（2）回声

“回声”效果器本质上是整合多个普通延迟，以不同的延迟时间量形成特殊的回声效果。

①选择要添加回声效果的音频波形。

②执行菜单命令“效果”→“延迟和回声”→“回声”，在打开的“回声”对话框中设置延迟时间、回馈、回声电平等参数。试听满意后，单击“确定”按钮即可为声音添加回声效果。

“回声”对话框如图1-32所示，其参数含义如下。

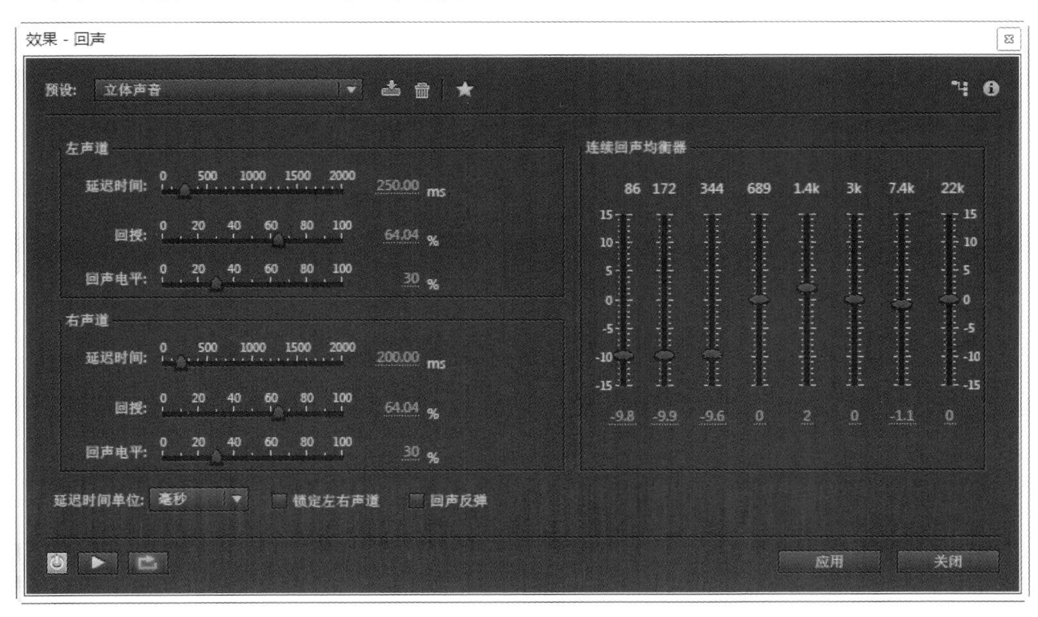

图1-32　回声

A.延迟时间：延迟声产生的时间。

B.回授：决定延迟声量。数值越大表示延迟越多。过大的回馈量会使音乐混浊不清。

C.回声电平：决定处理后的回声量。数值越大回声越多，回声感越强；与回馈量比较，回声量产生的影响要小一些。同一数值的回馈量产生的混浊感将比同一数值的回声量大。

D.锁定左右声道：将衰减、延迟和初始回升音量的滑块绑定，并保持每个声道的相同设定。

E.回声反弹：让回声在左右声道来回反弹。如果使用者想创建左右声道来回反弹的回声，请选择一个声道的100%的初始回声音量和另一声道的0%初始回声音量。否则每个声道的设定会反弹到另一声道，从而创建每个声道有两组回声。

F.连续回声均衡器：通过八频段均衡器让每个连续回声在期间穿行，从而模仿室内自然吸音作用。

8）卷积混响

混响是室内声音的一种自然现象。室内声源连续发声，当达到室内被吸收的声能等于发射的声能时关断声源，在室内仍然留有余音，此现象被称为混响。混响是由于声音的反射引起的，混响效果是用来模拟声音在声学空间中的反射。灵活地运用混响效果可以使录制出的“干声”更具音场感，更饱满动听。因此，混响效果是音乐处理过程中常用的一种方法。Audition CS6中提供的混响效果有卷积混响、混响、室内混响、完全混响和环绕声混响5种效果，下面以卷积混响为例，来讲解混响效果的使用方法。

卷积混响效果器可以模拟在一个封闭的空间内演奏的效果，给人以立体感与空间感。利用该效果器，可以实现日常生活中难以得到的特殊的回旋混响效果。

①选择要添加卷积混响效果的音频波形。

②执行菜单命令“效果”→“混响”→“卷积混响”，在打开的“卷积混响”对话框中自己设置好各项参数。试听满意后，单击“确定”按钮即可为声音添加回旋混响效果。

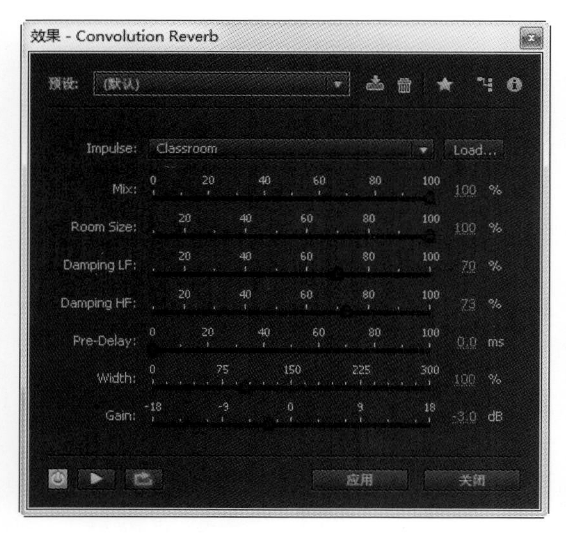

图1-33　卷积混响

“卷积混响”对话框如下图1-33所示，其参数含义如下。

A.Impulse：在该下拉列表框中，可以选择模拟的空间，如Large Bathroom（大浴室）、Classroom（教室）、Hall（大厅）等。

B.Mix：控制混响比率的大小。

C.Room Size：用于设置房间的大小。

D.Damping LF：用于减小低频率的混响，使声音更清晰。

E.Damping HF：用于减小高频率的混响，去除粗糙、刺耳的声音。

F.Pre-Delay：用于设置回旋混响的延迟时间，以毫秒为单位。

G.Width：用于设置回旋混响效果的立体声宽度，较高的数值会使混响后的声音变得更加宽广。

H.Gain：用于对处理后的声音进行增益或衰减。

9）和声

合唱效果器的作用是在原来的声音基础上，叠加一些由计算机产生的类似的声音样本，并和原始声相叠加，听起来像合奏或合唱。其原理是先复制当前音频，形成多个副本，再将副本与原音频进行一定程度的时间对位差错处理，同时也使多个副本之间产生时间差，最后与原音频同时播放，以达到在听觉上像是很多人在一起合唱。

①选择要添加合唱效果的音频波形。

②执行菜单命令“效果”→“调制”→“和声”，在打开的“和声”对话框中设置好各项参数。试听满意后，单击“确定”按钮即可为声音增加合唱效果。

“和声”对话框如图1-34所示，其参数含义如下。

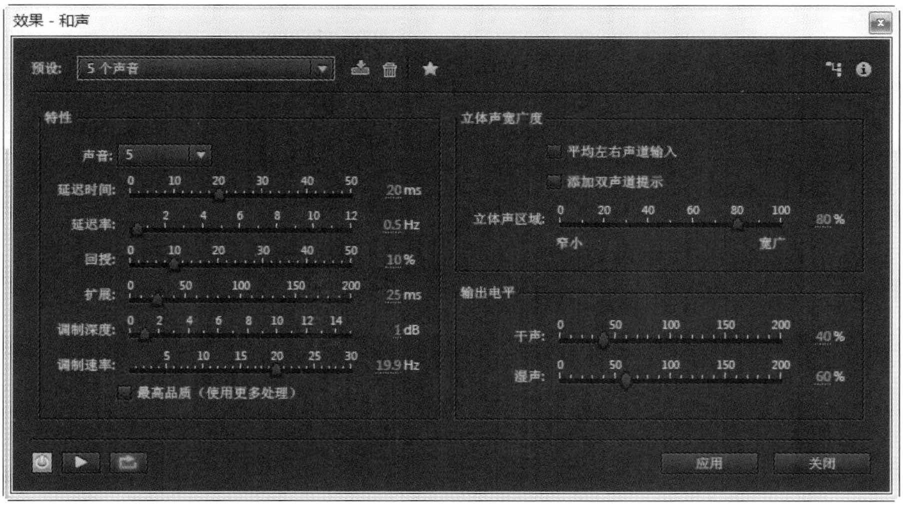

图1-34　和声

A.声音：表示同时发声的声音数量，决定着合唱效果器复制的声音副本数量。数值越大，同时发声的声部数量就越多，声音听起来更加厚实，但过大的数值可能对音乐造成影响。

B.延迟时间：表示声音副本的最大延迟时间。该数值越小，合唱越整齐；数值越大，合唱感越强。

C.延迟率：表示延迟的速率，决定着延迟从无延迟到最大延迟的时间，同时它影响着音频复制副本数量的音高。该参数值越小，则复制合唱音的音高变化越不明显；该数值越大，则复制合唱音的音高变化越明显。

D.回授：该参数可以调整合唱效果反馈量的大小，反馈越多，回声和混响效果越明显。

E.扩散：该参数值决定着每一个音频复制合唱音的延迟程度。数值越大，各音频副本的起始时间差距越大。

F.调制深度：该参数用于增加颤音，设置颤音的深度。

G.调制速率；该参数用于调整颤音的速率。

H.最高品质：选中该复选框将以最高的处理精度进行处理，以得到最好的效果，但预览和处理所消耗的时间会增加。

I.平均左右声道的输入：选中此复选框，将左右声道的输入进行平衡，可以使立体声音频的左右声道一同处理。

J.添加立体声提示：选中该复选框，将分别对左右声道加入不同的延迟效果，产生从左到右来回变化的合唱效果，使听者产生多个演唱者在不同方位上同时演唱的感觉。

K.干声：用来控制不添加效果的声音所占的比例。

L.湿声：用来控制添加效果的声音所占的比例。

10）中置声道提取

“中置声道提取”效果是保留或移除左/右声道的常见频率，换句话说，就是中置声场的声音。人声、低音和主流乐器通常都是以这种方式录制。可以使用此效果来提出人声、低音或剔除鼓声，或可以移除它们中的任一个来创建卡拉OK混音。

①选择要进行中置声道提取操作的音频文件。

②执行菜单命令“效果”→“立体声声像”→“中置声道提取”，在打开的“中置声道提取”对话框中自己设置好各项参数。试听满意后，单击“确定”按钮即可。

“中置声道提取”对话框如图1-35所示，其参数含义如下。

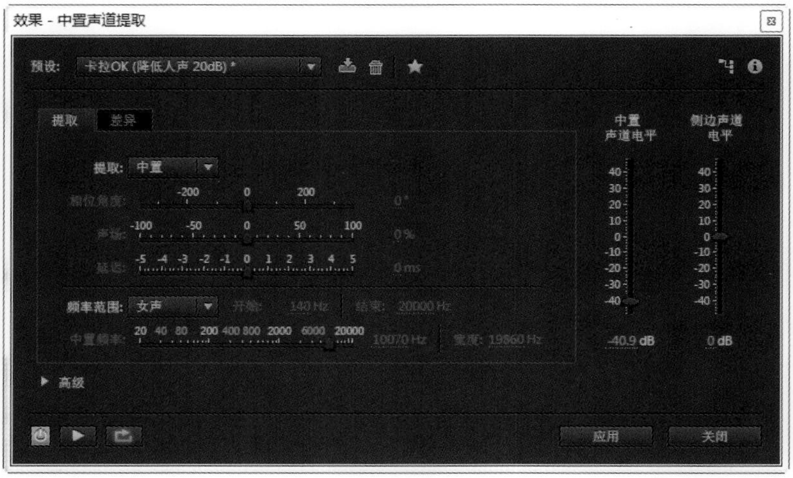

图1-35　中置声道提取

A.预设：单击该下拉列表框可以从中选择预设效果，包括“人声移除”“卡拉OK（降低人声20 dB）”“扩大人声6 dB”“提取中置声道低音”“提高人声10 dB”“跟唱（降低人声6 dB）”和“阿卡贝拉（无伴奏和声）”。

B.提取：单击该下拉列表框可以从中选择提取的声音相位，包括“中置”“左声道”“右声道”“环绕”和“自定义”，其中“自定义”可以自定义相位角度、声场和延迟。

C.频率范围：用来设置被提取声音的频率，包括“男声”“女声”“低”“全频谱”和“自定义”5个选项。

D.中置/侧边声道电平：该参数用来设置被选定相位和频率的声音的处理，包括增强与衰弱。滑块位于中心位置的0 dB，电平不变。向上拖曳滑块，电平增益；向下拖曳滑块，电平衰减。

11）滤波与均衡

滤波器的功能就是允许某一部分频率的信号顺利地通过，而另一部分频率的信号则受到较大的抑制，它实质上是一个选频电路。

在滤波器中，经常提到以下3个概念，它们的含义如下。

A.通带：指信号能够通过的频率范围。

B.阻带：指信号受到很大衰减或完全被抑制的频率范围。

C.截止频率：指通带和阻带之间的分界频率。

Audition CS6提供了4种滤波器:FFT滤波器（即快速傅立叶变换滤波器）、图示均衡器、陷波滤波器、参数均衡器。下面以其中两个为例，说明其使用方法。

（1）图示均衡器

图示均衡器是一个可以对音频各频率段进行增益或衰减的工具。

①选择要进行均衡处理的音频文件。

②执行菜单命令“效果”→“滤波与均衡”→“图示均衡器（10段）”，在打开的“图示均衡器（10段）”对话框中调节各频段滑块的位置，即调节各频段的增益。试听满意后，单击“确定”按钮即可。

“10频段”“20频段”“30频段”：可将整体频率分为指定段的频段个数。在默认状态下，整体频率分为10个频段，并有10个频段增益滑块来控制。频段越多，界面中可调节的滑块就越多，均衡后的效果就越精细。

“图示均衡器”对话框如图1-36所示，其中主要参数含义如下。

A.频段增益滑块：通过向上或向下拖曳不同频率段的滑块，可以实现对当前频率段进行增益或衰减，以达到频率均衡的作用。滑块越靠顶部，增益越大；滑块越靠底部，衰减越大。

B.范围：定义滑块控制的范围。输入1.5~120 dB的任意值。（比较而言，普通硬件均衡器会有12~30 dB的范围）

C.精度：设定均衡器的精度水平。更高精度会给出更加高的范围频率回应，但是需要更多的处理时间。如果只需要均衡更高频率，可以使用更低精度水平。

D.主控增益：表示对经过均衡处理后的音频总体音量进行提升或衰减。默认值0 dB表示没有主控增益调整。

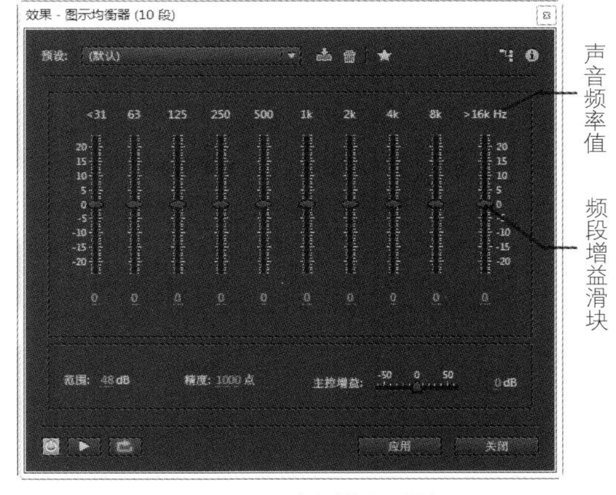

图1-36　图示均衡器（10段）

（2）参数均衡器

参数均衡器是一个快捷有效的滤波器，用于对声音进行粗略的滤波处理。

①选择要进行滤波处理的音频文件。

②执行菜单命令“效果”→“滤波和均衡”→“参数均衡器”，在打开的“参数均衡器”对话框中自己设置好各项参数。试听满意后，单击“确定”按钮即可。

“参数均衡器”对话框如图1-37所示，其中主要参数含义如下。

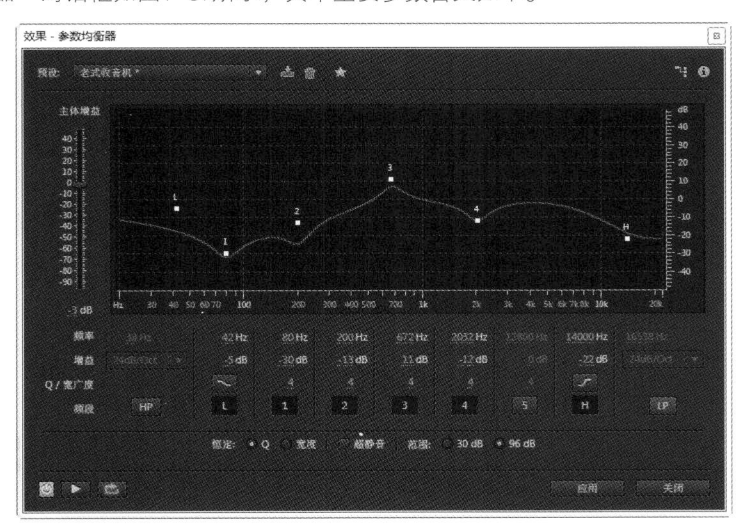

图1-37　参数均衡器

A.预置：预置列表中提供了“常规低通”“重金属吉他”“老式收音机”“常规高通”等效果，可以快速选择其中的一个效果。

B.频率：为1—5频段设定中心频率，为带通和倾斜型滤波器设定转交频率。

C.增益：设定为频段增强或削减和带通滤波器的每个八度的斜率。

D.Q/宽广度：控制受影响频段的宽广度。低的Q值会影响大范围的频率。特别高的Q值（接近100）会影响非常窄的频段，对陷波滤波器移除个别频率，像60 Hz“嗡嗡”声，也是理想的。

E.频段：让多达5个中间频段，连同高通、低通和倾斜型滤波器，给使用者均衡曲线的极佳控制。点击频段按钮来激活上面的相应设定。

F.低和高倾斜型滤波器提供斜率按钮（~，⌐）来调整低和高倾斜到12 dB每八度，而不是默认的6 dB每八度。

12）插件

Audition内置效果数量是有限的，如有特殊需要，可从网上下载一些外挂效果器，这些效果器称为插件。下面以Waves v9为例，进行说明。

Waves v9 插件安装说明。

①解压压缩包内的文件，用虚拟光驱加载Waves v9.iso 打开加载了安装镜像的光驱，双击“setup.exe”开始安装。

②路径选择选择在“C:\Program Files （x86）\Adobe\Adobe Audition CS6\Plug-Ins”主程序文件夹。

③选择完路径后，会出现一个插件列表让使用者选择需要安装的插件，建议全选，开始安装。

④安装完成后，点击压缩包内解压出来的“Crack.exe”进行安装。第二步可以全选，开始安装。

⑤安装过程会弹出两次寻找路径的对话框，均选择“C:\Program Files （x86）\Adobe\Adobe Audition CS6\Plug-Ins”主程序文件夹。

⑥在Audition的单轨界面中，执行菜单命令“效果”→“音频插件管理器”，打开“音频插件管理器”对话框，单击“添加”按钮。

⑦打开“选择一个插件文件夹”对话框，选择“C:\Program Files （x86）\Adobe\Adobe Audition CS6\Plug-Ins\VST3”文件夹，单击“确定”按钮。

⑧在“音频插件管理器”对话框中，选择“C:\Program Files （x86）\Adobe\Adobe Audition CS6\Plug-Ins\VST3”文件夹，单击“插件扫描”按钮，如图1-38所示。单击“确定”按钮。

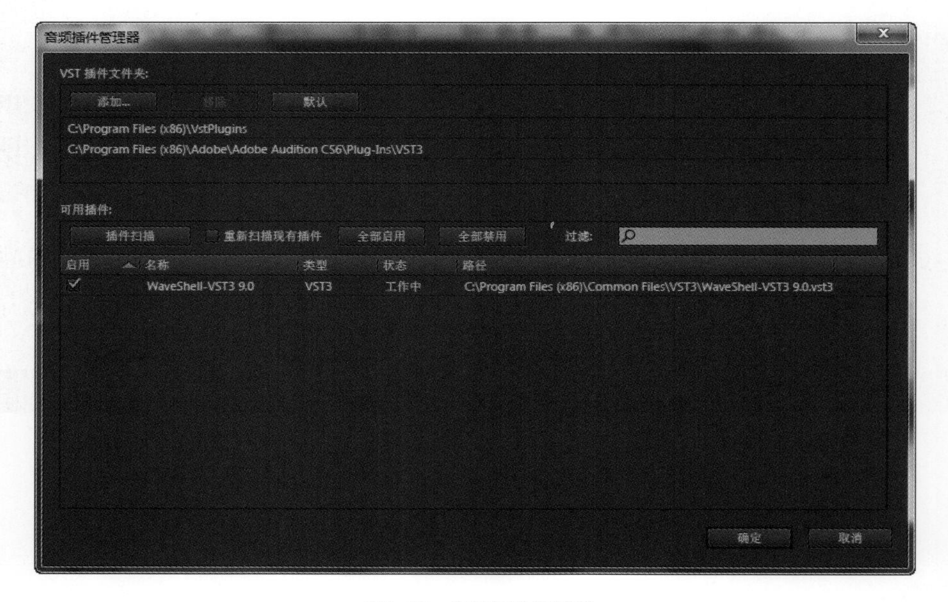

图1-38 音频插件管理器

1.2.3 Audition多轨界面混音基础

1）多轨混音概述

在多轨视图下，可以将多个音频和MIDI素材片段进行混合，形成分层音轨，以创建音乐作品。在Audition中可以录制并混合多个音轨，在每个轨道上都可以插入若干不同的音频文件、MIDI、视频文件和视频中的声音。这些音频、视频素材在多轨工程中叫作素材。

当多个素材放在一起时，各素材的音量、位置等可能不是很协调，需要分别对其进行编辑。

Audition的多轨界面是一个非常灵活的、实时编辑的环境，每个素材都可以进行单独的非破坏性调整，而不影响其他的素材。在多轨视图下，可以使不同的素材同时发声或不同时发声，可以单独调整每个素材的音量等，可以为每个素材添加各种各样的音效，并且立即监听其效果。当对它们整体的效果感到满意后，可以将它们生成一个单独的音频文件，这个过程就称为“混缩”。在多轨视图中，任何编辑操作的影响都是暂时的、非破坏性的，如果对混音效果不满意，可以对原始文件进行重混合，自由地添加或移除相关的效果，以改变音质。

在多轨视图编辑完毕进行保存时，会将源文件的信息和混合设置保存到工程文件中。Audition的工程文件保存的信息是关于源文件的文件名、路径名和它们混音时设置的各种参数，并不保存具体的音频波形内容，所以占空间相对较小。

2）基本轨道控制

（1）轨道的类型

在Audition的多轨视图下，可以包含两种不同类型的轨道。

①音频轨道。音频轨道主要用于放置当前工程中导入的音频文件或素材。这些音频轨道提供最大范围的控制，用户可以具体指定输入/输出，可以对素材进行复制、删除等编辑操作，可以应用效果，可以自动混缩。在Audition多轨视图默认状态下，会显示6条音频轨道，如果不够还可以插入音轨。音频轨道如图1-39所示。

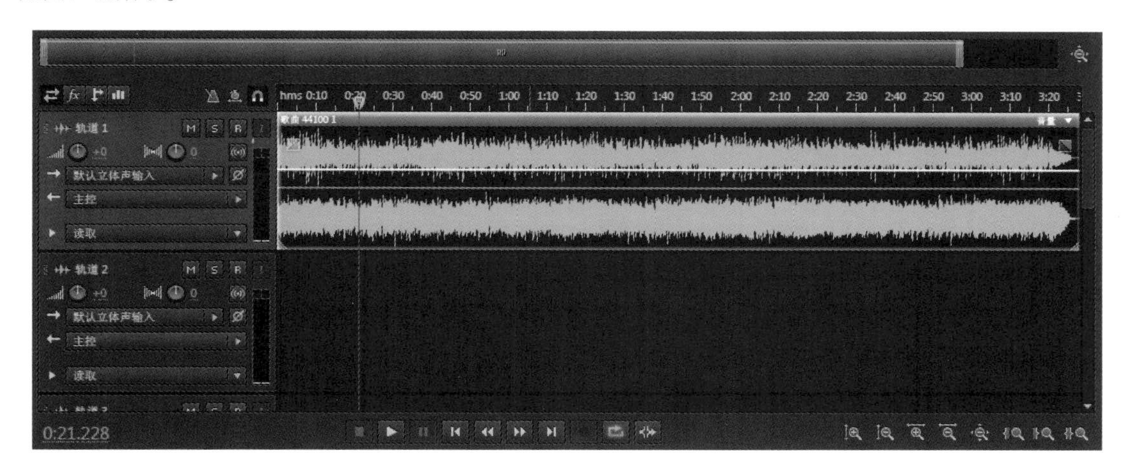

图1-39　音频轨道

②主控轨道。每个工程文件总是包含主控轨道。它可以合并多个音轨的输出并进行统一控制，由主控轨道直接输出到硬件输出设备。主控轨道不能与音频输入进行连接。主控轨道只有一条，且总位于底端，不能删除，如图1-40所示。音轨输出到主控轨，主控轨输出到声卡，最终就听到声音了。

图1-40　主控轨道

（2）轨道的编辑

在Audition用户可以增加、插入和删除轨道。但要注意主控轨道只有一条，不能再增加。

①插入轨道。

A.用鼠标右键单击音轨的空白处，从弹出的快捷菜单中选择“轨道”→“添加立体声轨”菜单项，如图1-41所示。即可在当前所选轨道之后插入一条音频轨。

B.按<Alt+A>组合键，也会在当前所选轨道之后插入一条音频轨。

②删除轨道。

A.选择要删除的轨道，用鼠标右键单击音轨的空白处，从弹出的快捷菜单中选择“轨道”→“删除已选择的轨道”菜单项。

B.选择要删除的轨道，按<Ctrl+Alt+Backspace>组合键。

③命名轨道。可以为轨道起不同的名称，以便更好地识别不同的轨道。为轨道命名的方法如下。

A.在多轨界面中的“主群组”面板中，单击轨道左侧的轨道名称，该轨道的名称进入编辑状态，如图1-42所示。直接输入新的轨道名称即可。

B.切换到“混音器”窗口，单击轨道上面的轨道名称，该轨道的名称进入编辑状态，直接输入新的轨道名称即可，如图1-43所示。

④移动轨道。也可以移动轨道，以便将有关联的一些轨道放在一起。移动轨道位置的方法如下。

A.在编辑器窗口中，将鼠标定位到轨道名称左侧，鼠标显示手形时进行拖曳，所选轨道即跟随移动，移动到指定位置时松开鼠标即可。

B.在混音器中，将鼠标定位到轨道名称左侧，鼠标显示手形时进行拖曳，所选轨道同样会跟随移动，移动到指定位置时松开鼠标即可。

⑤垂直缩放轨道。可以分别调整各个轨道的宽度，也可以同时调整所有轨道的宽度，其方法如下。

A.调整一个轨道的宽度：在轨道左侧的控制区，将鼠标定位到轨道的上边界或下边界，然后上下拖曳鼠标，该轨道将被垂直缩放。

B.同时调整所有轨道宽度：在“缩放”窗口中，使用“放大和缩小（振幅）”工具，可以使轨道同时垂直变宽或变窄。

（3）轨道的设置

①设置输出音量。

A.在“编辑器”窗口中设置输出音量。在“编

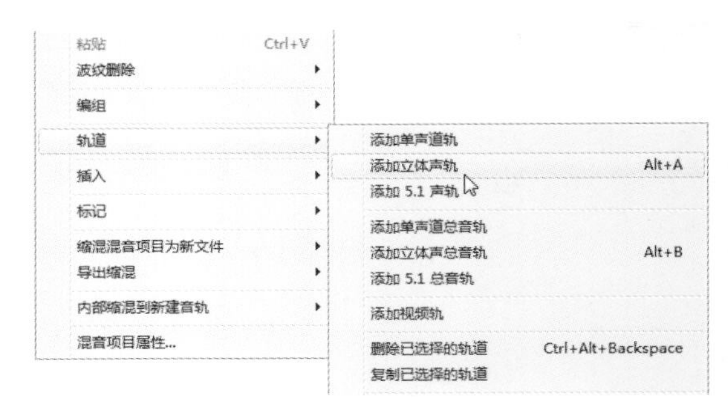

图1-41　添加轨道

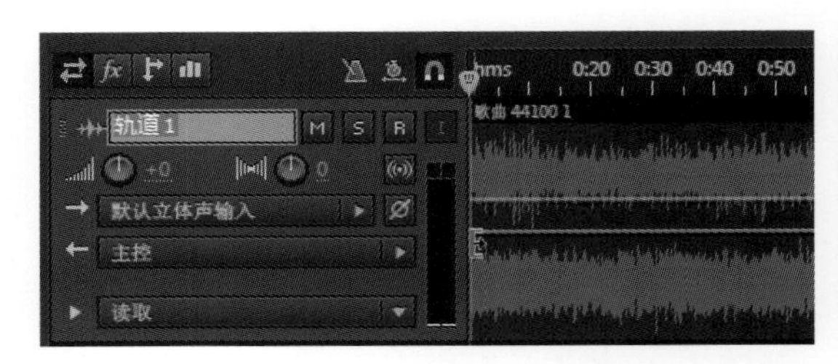

图1-42　在“主群组”中命名轨道

图1-43　在“混音器”中命名轨道

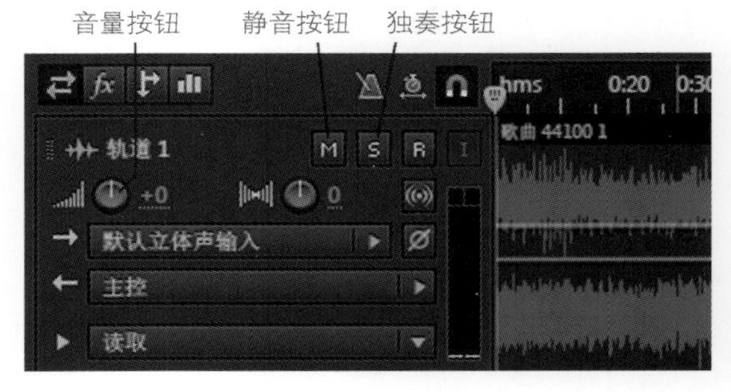

图1-44　音量按钮

辑器”窗口的轨道控制区的“音量”旋钮处，如图1-44所示，上下、左右地拖曳鼠标，就可以调整该轨道的音量。在调整时，还可以配合Shift或Ctrl键进行调整。

B.按Shift键，可以较大幅度地调整音量。

C.按Ctrl键，可以较细微地调整音量。

D.也可以直接双击“音量”旋钮后面的数值框，输入音量值。

②使轨道静音或单独播放。

在进行多轨混音时，有时需要单独播放某条轨道的声音，有时需要使某条轨道静音。这些操作在多轨视图下，是很容易实现的。

A.使某条轨道静音的方法：在“编辑器”窗口或“混音器”窗口的轨道控制区，单击“静音 M ”按钮，如图1-43所示。这样，在工程文件播放时，该轨道将不再发声。用同样的方法，也可以使其他若干轨道处于静音状态。

B.使某条轨道单独播放的方法：在“编辑器”窗口或“混音器”窗口的轨道控制区，单击“独奏 S ”按钮，如图1-43所示。这样，在工程文件播放时，该轨道将单独播放，其他的轨道都不发声。用同样的方法，也可以使其他轨道处于单独播放的状态。

③将相同设置应用于全部轨道。

在多轨混音下，可以将若干个设置同时应用于一个工程文件中的全部轨道。这样一来，工作效率将大大提高。其具体方法：按<Ctrl+Shift>组合键，然后执行一个设置，如静音、单独播放或录音等，这样，全部轨道都将应用此设置。

④复制轨道。

如果要完整地复制一个轨道中的所有素材、设置信息，就要复制此轨道。复制一个轨道的方法：选择要复制的轨道，执行菜单命令“多轨混音”→“轨道”→“复制已选择轨道”即可，如图1-45所示。

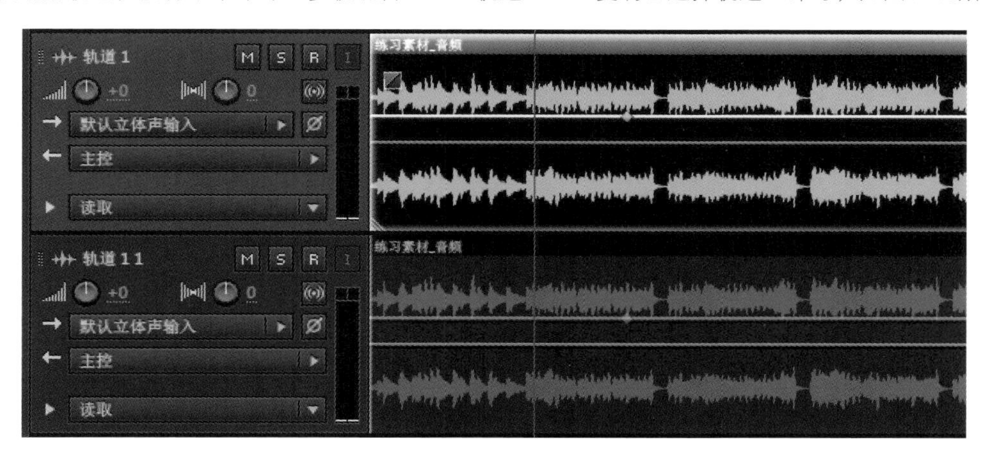

图1-45　复制轨道

3）插入素材

在Audition的多轨界面中，有音频轨道、视频轨道等多种轨道，可以在相应的轨道上插入音频、视频素材。

（1）插入音频

在多轨视图的音频轨道上可以插入音频，其方法如下。

①将光标定位到需要插入音频的位置，执行菜单命令“多轨混音”→“插入文件”，打开“导入文件”对话框，选择要插入的音频文件名称，单击“打开”按钮。这样一来，音频文件就成功地插入到轨道上了。

②执行菜单命令“文件”→“导入”，在打开的“导入文件”对话框中，选择要导入的音频文件，

然后单击“打开”按钮，就将要插入的音频文件导入到了文件窗口中，如图1-46所示。然后，在文件窗口中将该音频文件直接拖曳到要插入的轨道即可；也可以单击“文件”窗口中的“插入到多轨混音项目中”按钮，从弹出的快捷菜单中选择“未命名混音1”，将导入的音频插入到轨道上。

（2）插入视频文件

在Audition的视频轨道中可以插入视频文件。在多轨界面中，能够支持的视频格式主要有AVI、WMV、ASF和MOV。插入视频文件时，可以同时插入视频画面和声音。

插入视频文件的方法：首先，将光标定位到需要插入视频文件的位置。然后，执行菜单命令“多轨混音”→“插入文件”。在打开的“导入文件”对话框中，选择要插入的视频文件的名称，单击“打开”按钮，视频文件就成功插入了。

插入视频后，其视频画面将显示在视频轨道中。如果之前没有视频轨道，Audition会在插入视频的同时自动插入一条视频轨道，并自动显示出“视频参考”窗口，如图1-47所示。除了插入视频画面外，视频中的声音也将同时被插入到音轨中，如图1-46在插入视频的同时也将声音插入到了音轨1中。

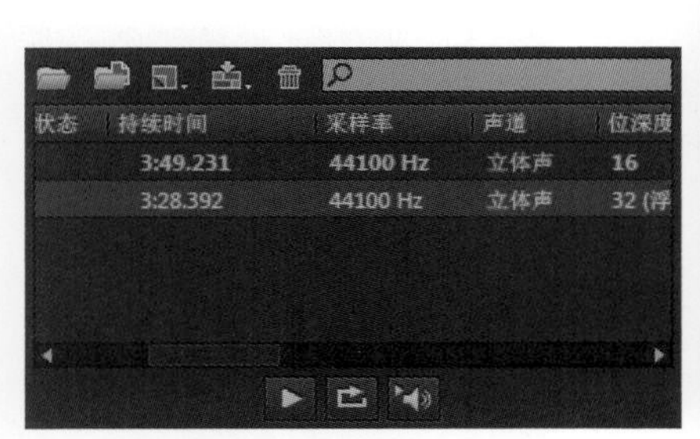

图1-46　导入音频

图1-47　插入视频后

4）排列素材

当在Audition中插入一个音频文件后，此文件就变成所选轨道上的一个素材。接下来，就可以通过调整素材的位置等操作，使各个素材在同时播放时能够达到我们需要的效果。下面就来学习有关素材的基本操作。

在对音频进行操作之前，首先要选中该素材。可以选择素材中的一段声音，也可以对素材进行整体选择，选择一个或多个素材。

（1）选择素材中的一段声音的方法

①单击工具栏中“时间选区工具”按钮，然后拖曳鼠标选择一段波形。所选波形呈高亮显示，如图1-48所示。

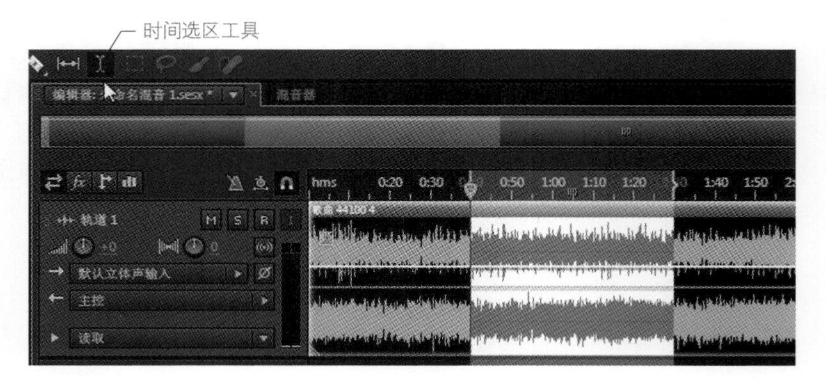

图1-48　用时间选区工具选取素材中的一段声音

②在要选择素材的开始位置，按住鼠标不放，拖动鼠标到结束位置，松开鼠标。

（2）选择单个素材的方法

单击要选择的素材，即可将该素材整个选中。此时，该素材呈现高亮，表示已被选中，如图1-49所示。

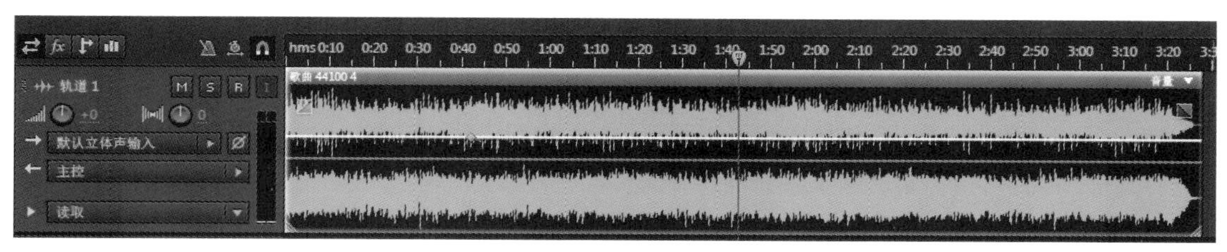

图1-49 选择单个素材

（3）选择多个素材的方法

按住Ctrl键的同时，单击所要选择的素材，即可同时选择多个素材，如图1-50所示。

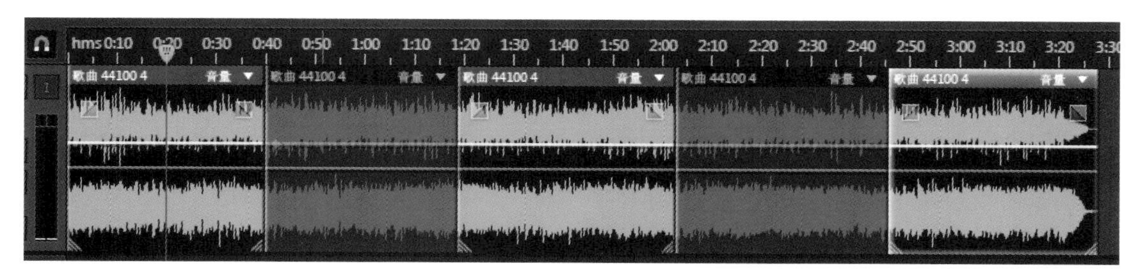

图1-50 选择多个素材

（4）选择同一轨道上的所有素材的方法

先选择轨道内的一个素材，再执行菜单命令“编辑”→“选择”→“所有已选定轨道内的素材”，可以选择该音轨上的所有素材。

（5）选择所有素材的方法

①执行菜单命令“编辑”→“选择”→“全选”命令，可以同时选择所有的素材。

②按快捷键<Ctrl+A>，也可以同时选择所有的素材。

（6）移动素材

①用鼠标右键按住鼠标不放，拖曳鼠标，那么，所选素材就会在当前轨道中前后移动位置，或者在不同轨道间移动位置。

②单击工具栏中“移动工具”按钮，然后拖曳鼠标，则移动所选素材。

（7）复制素材

在多轨视图中，如果要重复使用一段素材，可以对素材进行复制。复制素材的方法有以下3种。

①首先选中要复制的素材，然后执行菜单命令“编辑”→“复制”，接着定位到放素材的位置，最后再执行菜单命令“编辑”→“粘贴”，即可产生当前素材的一个副本。

②在要复制的素材上单击鼠标右键，从弹出的快捷菜单中选择“复制”菜单项，接着定位到放素材的位置。再单击鼠标右键，从弹出的快捷菜单中选择“粘贴”菜单项，可产生当前素材的一个副本。

③首先选中要复制的素材，按<Ctrl+C>组合键，接着定位到放素材的位置，按<Ctrl+V>组合键，可产生当前素材的一个副本。

（8）组合素材

在Audition的多轨视图中，如果要将两个或多个素材同时进行操作，保证它们的绝对时间保持不变时，就需要将这些素材进行组合之后再进行操作。反之，也可以把已经组合的素材取消组合。

①按Ctrl键的同时选择两块音频，然后执行菜单命令“素材”→“编组”→“编组素材”。此时，两个波形素材的颜色变成一样，同时在每个素材的左下角都出现了图标，表示这两个素材已经组合成了一个素材。在移动其中一个素材时，另一个素材也会同时移动，保持绝对位置不变，如图1-51所示。选中已被组合的素材，再次执行菜单命令“素材”→“编组”→“编组素材”，则取消组合，恢复为之前的两个素材。

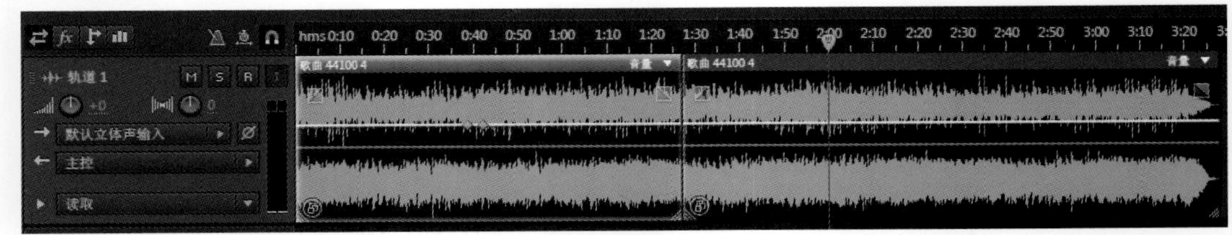

图1-51　编组后的素材

②同时选中两个音频波形素材后，用鼠标右键单击，从弹出的快捷菜单中选择“编组”→“编组素材”菜单项，也可以进行组合。如果选中被组合的任意一个素材波形，用鼠标右键单击，从弹出的快捷菜单中选择“编组”→“编组素材”菜单项，则取消组合。

（9）删除素材

删除素材是指将所选素材从轨道上删除，但其文件并不关闭。删除素材的方法有以下3种。

①首先选中要删除的素材，然后执行菜单命令“编辑”→“删除”。

②在要删除的素材上单击鼠标右键，从弹出的快捷菜单中选择“删除”菜单项。

③首先选中要删除的素材，然后执行菜单命令“编辑”→“波纹删除”→“已选择素材”。

（10）锁定素材

如果某些素材已经编辑完毕，为了避免由于误操作而遭到毁坏，可以将这些素材锁定。被锁定的素材不能进行移动等操作，因此可以减少很多误操作。

①选择要锁定的素材，执行菜单命令“素材”→“锁定时间”，被锁定的素材左下方会出现“锁定时间”标志。再次选择该命令，将取消锁定。如图1-52所示。

图1-52　锁定素材

②在要锁定的素材上单击鼠标右键，从弹出的快捷菜单中选择“锁定时间”菜单项，也可以锁定素材。再次选择该命令，将取消锁定。

5）编辑素材

在Audition的多轨界面中，可以对素材进行修剪、延长、切分或重组等编辑操作，以满足混音的需要。在多轨界面中对素材的编辑是无损的，也就是说对素材的编辑并不会对音频波形本身造成破坏，所以处理过的音频仍然可以随时恢复到最初状态。如果想永久改变素材，需要在单轨视图下进行操作。

（1）通过选区进行剪裁、扩展素材

①删除选区外的波形，保留选区内的波形（修剪）。

A.首先，在工具栏上选择“时间选区工具”，在轨道上选择一段需要保留的波形，执行菜单命令“素材”→“修剪时间选区”，就可以将选区外的波形删除，保留选区内的波形。如图1-53所示即为修剪后的波形。

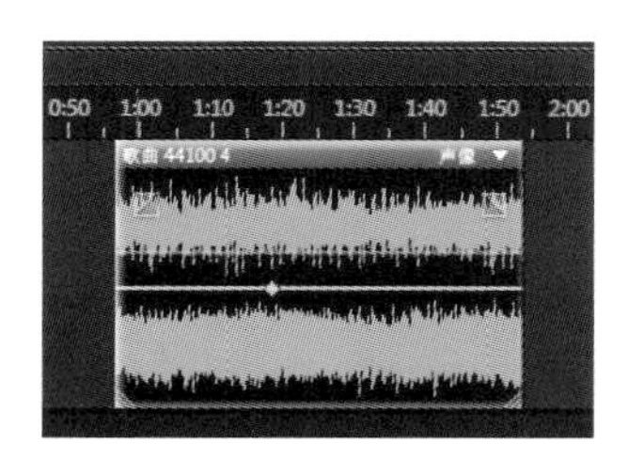

图1-53　修剪后

B.删除选区内的波形，并在时间上留有一段空白（删除）。如果要删除选取内的波形，并在时间上留有一段空白，选择要删除的波形，执行菜单命令“编辑”→“删除”，效果如图1-54所示。

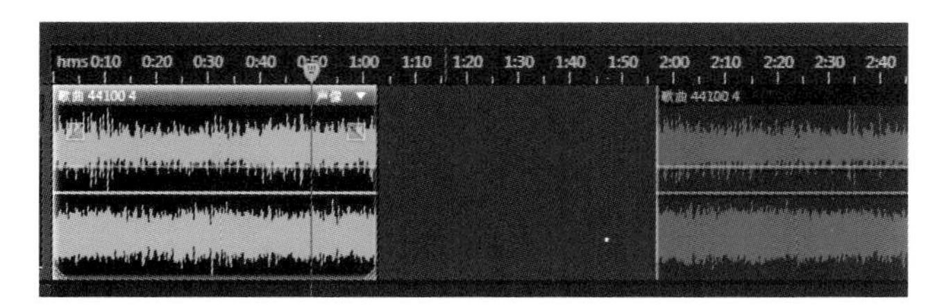

图1-54　删除后

C.删除选区内的波形，并删除此段时间（波纹删除）。如果要使删除的波形部分在特定时间上毁掉，选择要删除的波形，执行菜单命令“编辑”→“波纹删除”命令，效果如图1-55所示。

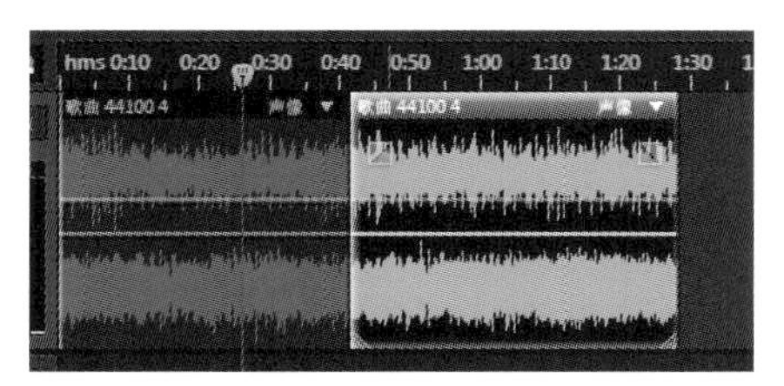

图1-55　波纹删除

②通过拖曳进行裁剪、扩展素材。

将鼠标放在所选素材波形的边界处，当鼠标显示为拖曳标志时，即可拖曳鼠标，素材的区域范围就会随之变化。

③移换已裁切的素材内容。

如果想让素材的边界不变，而其中的内容发生变化，即移换已裁切的素材内容，可以进行如下操作。

在工具栏单击“滑动工具”按钮，在按住Alt键的同时，用鼠标左键在素材范围内拖曳，将看到素材内的波形正在滑动着发生移换。

（2）切分、重组素材

如果一个素材时间较长，可以将其切分成多个素材，以便于对不同的素材进行不同的操作。

①将素材切分成两部分。

A.在素材上要切分的位置单击鼠标，确定切分点，执行菜单命令“素材”→“拆分”。这样一个素材就被分成了两个素材，并且可以分别进行不同的操作，如图1-56所示。

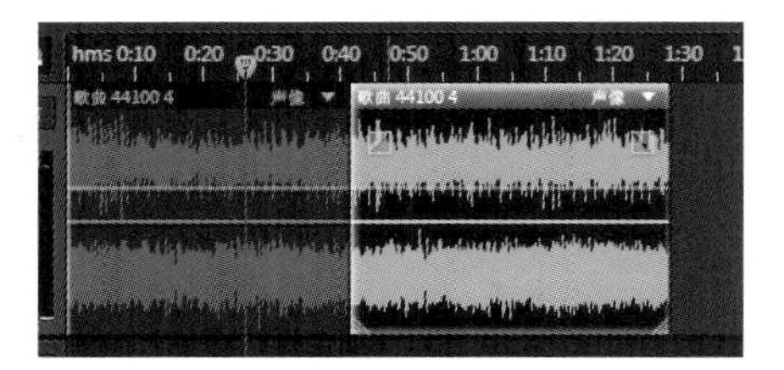

图1-56　分割后

B.在素材上要切分的位置单击鼠标，确定切分点，用鼠标右键单击之，从弹出的快捷菜单中选择“拆分”菜单项，这样也可以把一个素材分成两个素材。

C.在素材上要切分的位置单击鼠标，确定切分点，按<Ctrl+K>组合键也可以把一个素材分成两个素材。

②重组已切分的素材。

已切分过的几个素材也可以重新合并为一个素材。其操作方法：首先选择要组合的几个素材，用鼠标右键单击之，从弹出的快捷菜单中选择“编组”→“编组素材”菜单项（或按<Ctrl+G>组合键）。这样几个素材就可以合并成一个素材，如图1-57所示。

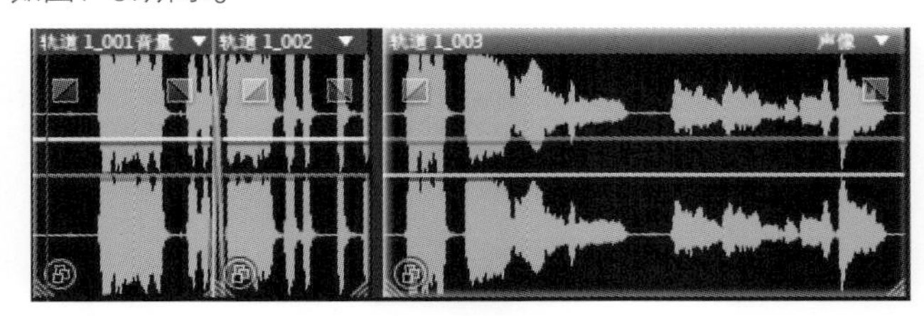

图1-57　重组后

（3）为素材添加淡变效果

在多轨视图中，可以在两段相邻的素材片段之间设置淡变效果进行转场，使前一段剪辑的结尾平滑地过渡到第二段素材的开端。素材上的淡变效果控制能够让读者直接观察和调整淡变的曲线和时间。

在素材的左上角或右上角，拖曳淡变控制图标 或 ，如图1-58所示。通过向内侧拖曳来设置淡变的长度，通过向上或向下拖曳可以调整淡变的曲线。

淡变控制图标

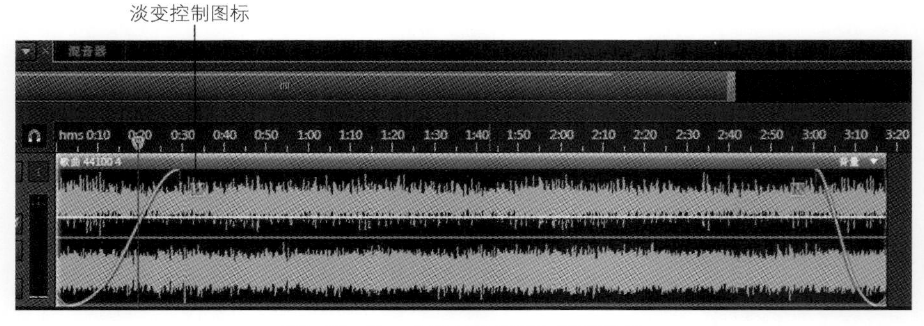

图1-58　为一个素材添加淡入/淡出效果

（4）设置时间伸展

时间伸展技术打破了传统的音频处理手法，可以分别独立地为各个素材处理声音的速度和音高。也就是说，可以将声音的音高改变，而不改变声音的速度；也可以将声音的速度改变，而不改变声音的音高。在多轨界面中对素材进行时间伸展非常方便，不必打开效果器，只需用鼠标拖曳音频波形就可以实现。

①执行菜单命令“素材”→“伸展”→“启用全局素材伸展”，即表示素材时间伸展已经启用。

②执行菜单命令“素材”→“伸展”→“伸展属性”，如图1-59所示。

③在伸展属性对话框中，“模式”为实时，

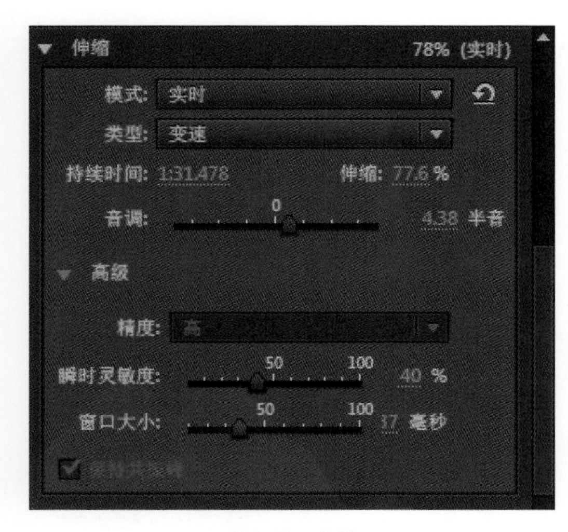

图1-59　伸缩

"类型"选择变速，并设置合适的变速选项等参数。变速选项有以下两个选项。

A.持续时间：适合伸缩和处理现有声音。

B.音调：将音频调子提升或降低。

④也可将鼠标移动到音频波形末尾的右上角，当光标变成秒表图标的时候开始拖曳，即可实现声音的拉伸和压缩。

6）音频文件的转换

Audition CS6还可以将AIF、AU、MP3、Raw PCM、SAM、VOC、VOX、WAV等文件相互转换。

（1）音频文件的输入

单击"多轨混音"按钮，切换为多轨界面。用鼠标右键单击"音轨1"，从弹出的快捷菜单中选择"插入"→"文件"，打开"导入文件"对话框。在CD光盘或存放歌曲的硬盘里，找到所要的歌曲文件（CDA、WAV、MP3和MAV等文件），单击"打开"按钮，插入到"音轨1"中。

（2）音频文件的输出

执行菜单命令"文件"→"导出"→"多轨缩混"→"完整混音"，打开"导出多轨缩混"对话框，在"文件名"文本框中输入文件名，在"位置"中选择保存位置，在"格式"下拉列表中选择一种存储格式，如图1-60所示。单击"确定"按钮，开始保存为另一种音频文件。

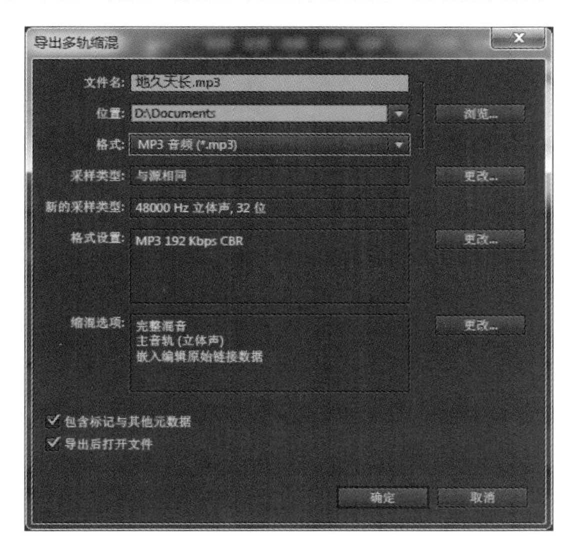

图1-60　导出多轨缩混

另外，Audition CS6 还可将视频中的波形文件（MPEG及AVI等）插入到"音轨"中。

项目实训1

实训1.1　制作翻唱歌曲

音乐爱好者制作高质量的翻唱歌曲在网上发布已经变得很普遍了，这全都有赖于音乐制作软件的普及。掌握对Audition CS6强大功能的应用，使用者就可以制作出属于自己的高质量的翻唱歌曲了。

操作步骤1.1

实训1.2 制作“小马过河”音频文件

首先，由一名配音演员录制“小马过河”的对话。然后，进行音量标准化和降噪处理。接着，使用“变调”命令，使小马、老马、牛伯伯及小松鼠的声音更加逼真。最后，保存为“小马过河.wav”。

老马：“小马，你已经长大了，可以帮妈妈做事了。今天你把这袋粮食送到河对岸的村子里去吧。”

小马：“好啊!”

小马：“牛伯伯，您知道那河里的水深不深呀?”

牛伯伯：“不深，不深。才到我的小腿。”

小松鼠：“小马，小马别下去，这河可深啦！前两天我的一个伙伴不小心掉进了河里，河水就把他卷走了。”

老马：“你为什么不自己到河里去试试呢?做什么事情只有自己试过了，才能知道是否能成功。”

小马：“谢谢你了，妈妈，我知道怎么做了。”

项目操作步骤1.2

拓展练习1

题目：制作一个电视纪录片配音文件。

规格：输出为双声道“*.wav”文件。

要求：运用Audition软件本身的效果对录制好的配音文件进行处理。

习题及答案

项目2
数字图像的处理

【技能与知识目标】

· 能应用扫描仪、数码照相机和Snagit软件获取数字图像，使用Photoshop软件进行数字图像处理。

· 了解数字图像在计算机中的实现，了解数字图像常用的格式。

· 掌握扫描仪的功能及使用方法。

· 掌握数码照相机的类型、工作过程及主要技术指标。

· 掌握Snagit软件的使用。

· 掌握使用Photoshop处理数字图像。

【课前导读】

人们在获取周围信息时，通过视觉得到的信息量约为总信息量的80%，而通过听觉得到的信息量约为总信息量的15%，由此可见图像信息在日常生活中的重要地位。

听觉类媒体与视觉类媒体相比，总是不够形象、确切，用图、文表达某项事物，总是比用声音讲述更加容易确认，这便是“耳听为虚，眼见为实”的道理。本项目将数字图像的处理分成5个任务来学习，第一个任务是图像在计算机中的实现，第二个任务是图像的获取，第三个任务是屏幕抓图，第四个任务是使用Photoshop处理图像，第五个任务是完成3个项目实训。

本章素材

成片

2.1 图像在计算机中的实现

电视的诞生，对我们的日常生活影响深远，电视的声形并茂、现场直播是推动多媒体技术诞生与发展的主要动力之一。电视技术与计算机技术的有效结合，直接推动了多媒体技术的诞生。Windows操作系统将图标（Icon）、点位图（Bitmap）、鼠标等引到计算机中，推动着传统计算机的命令行界面向图像界面的过渡。而今，图像界面已深入人心，图像资源已成为计算机中重要资源之一。

2.1.1 图像信息的数字化

在计算机中，所有信息必须是数字形式的。一幅黑白静止平面图像（如相片）中各点的灰度值可用其位置坐标（x，y）的函数f（x，y）来描述。显然，函数f（x，y）是连续函数，无法用计算机进行处理。因此，图像要在计算机中实现，首先必须数字化。

图像信息的数字化包括采样、量化两个过程。

1）采样

图像在空间上的离散化称为采样。一幅黑白静止平面图像（如相片）其位置坐标函数f（x，y）是连续信号，用计算机处理它首先必须对连续信号进行采样，即按一定的时间间隔（T）取值（T称为采样周期，1 / T称为采样频率），得到一系列的离散点。这些点称为样点或像素。一幅图像到底应取多少点呢?其约束条件是：由这些样点，采用某种方法能够正确重建原图像。采样定理告诉我们，若连续信号x（t）的频谱为x（f），按采样时间间隔T采样取值得到x（nT），如果满足：

当$|f|\geqslant fc$时，fc是截止频率。

$$T\leqslant\frac{1}{2fc}\quad\text{或}\quad fc\leqslant\frac{1}{2T}\tag{2.1}$$

则可以由离散信号x（nT）唯一地恢复出x（t）。即采用频率大于2倍的信号最大频率时，能够不失真地重建原图像。

2）量化

由于计算机中只能用0和1两个数值表示数据，连续信号x（t）经采样变成离散信号x（nT）仍需用有限个数字0和l的序列来表示x（nT）的幅度。我们把用有限个数字0和1表示某一电平范围的模拟离散图像信号称为图像的量化。

在量化过程中，如果量化值是均匀的，则称为均匀量化；反之，则为非均匀量化。在实际使用上，常常采用均匀量化。一般而言，量化将产生一定的失真，因此，量化过程中每个样值的比特数直接决定图像的颜色数，决定着图像的质量。目前，常用的量化标准有：8位（256色）、16位（64 K增强色）、24位（24位真实彩色）、32位（32位真实彩色）4个等级。

通过图像数字化之后，我们将一幅模拟图像数字化为像素的矩阵，也就是说，像素是构成图像的基本元素。因此，图像数字化的关键在于像素的数字化。由于图像是一个空间概念，并没有直接的数值关系，因此，如何表示像素、如何表示颜色是图像数字化的基础。

2.1.2 颜色的表示

1）颜色概述

颜色也称彩色，是可见光的基本特征。习惯上，我们总是用亮度、色调和饱和度来描述。亮度、色调和饱和度是彩色的基本参数。

亮度是光作用于人眼时所引起的明亮程度的感觉，它与被观察物体、光源及人的视觉特性有关。一般情况下，对于同一物体，照射的光越强，反射光越强，也就越亮。在相同的光照下，不同物体的亮度取决于不同物体的反射能力。物体的反射能力越强，也就越亮。

色调是指当人眼看一种或多种波长的光时所产生的彩色感觉，它反映颜色的种类，是决定颜色的基本属性。饱和度是指颜色的纯度，即掺入白光的程度，或者说是指颜色的深浅程度。对于同一色调的彩色光，饱和度越深、颜色越鲜艳，或者说颜色越纯。

饱和度和色调统称色度。亮度、色度是颜色的基本参数。

由光学知识我们知道，对无光源物体，物体的颜色由物体吸收哪些光波决定；对有光源物体，物体的颜色由物体产生哪些光波决定。如白色物体，它对任何颜色均不吸收，故为白色。因此，颜色本身是可用频率、幅度表示的物理信号。

自然界的颜色丰富多彩，如何表示自然界的颜色呢?传统理论上常采用配色法。事实证明，自然界的常见颜色均可用红（R）、绿（G）、蓝（B）3种颜色的组合来表示。也就是说，绝大多数颜色均可以分解为红（R）、绿（G）、蓝（B）3种颜色分量。这就是色度学的最基本原理——三基色原理。运用三基色，虽然不能完全展示原景物辐射的全部光波成分，却能获得与原景物相同的彩色感觉。

2）常用彩色空间

（1）RGB彩色空间

按照三基色原理，国际照明委员会（CIE）选用了物理三基色进行配色实验，并于1931年建立了RGB计色系统。红（R）、绿（G）、蓝（B）成为物理三基色，它们的波长为700 nm（R）、546.1 nm（G）、435.8 nm（B）。RGB也就成为颜色的基本计量参数。

RGB彩色空间是指用红（R）、绿（G）、蓝（B）物理三基色表示颜色的方法。这是彩色的最基本表示模型。在计算机中有RGB8：8：8方式。在RGB8：8：8方式中，R、G、B3个分量分别用8位二进制表示。如（255、255、255）表示白色，（0、0、0）表示黑色。数值越大则表示某种基色越亮。

（2）YUV彩色空间

在彩色电视中，由于要与黑白电视系统兼容，也就是说在制作、发射中必须捎带发射黑白信号。因此，虽然彩色摄像机最初得到的是RGB信号，但在彩色电视PAL制式中，没有采用国际照明委员会（CIE）推荐的RGB配色法，而采用YUV空间配色法。其中，Y为亮度信号，U、V为两个色差信号。

2.1.3 图像文件在计算机中的实现

在计算机中，图像表现为像素阵列，其实现取决于像素的数字化与颜色的表示。有了这些基础，图像在计算机中的实现我们可以归结为如下一句话：

图像在计算机中的实现是通过扫描将空间图像转换为像素阵列，用RGB彩色空间表示像素，并用图像文件方式组织编排像素阵列来实现的。

在计算机中，组织编排像素阵列有许多格式，形成了许多极为流行的图像文件格式。但从总体上说，组织编排像素阵列方法可分为两类。

1）代码法

在计算机中，采用RGB彩色空间表示颜色，在具体实现上，有RGB8：8：8方式。也就是说，直接用颜色信息表示像素需要2~3个字节。因此，图像信息量极为巨大，直接用原始颜色信息存储无疑要增大图像文件的存储空间，增加系统开销。

在计算机中，图像文件按颜色数可分为2色、16色、256色、64 K增强色、24位真实彩色和32位真实彩色。对2色、16色、256色图像，从颜色数的信息角度来看，一个字节可用来表示4个2色图像、2个16色图像或1个256色图像像素。如果直接用原始颜色信息存储，则无论对2色、16色还是256色图像，表示一个像素均需要2~3个字节，这无疑更增大了图像文件的存储空间，增加了系统开销。

在早期流行的PCX图像格式中，它引入了调色板，从而奠定了代码方法组织编排像素阵列的基础，PCX图像也就成为事实上的位图标准。调色板是指在图像文件中增加一个区域，用于专门存储该图像所使用的颜色的原始RGB信息。这样我们在实际组织编排像素阵列时，不直接采用像素所代表颜色的原始RGB信息，而采用它在调色板中的位置码来代替其原始的RGB信息。所以，一个字节可用来表示4个2色图像、2个16色图像或1个256色图像像素，从而减少了图像文件的存储空间。

2）直接法

在图像文件中引入调色板，不直接存储像素所代表颜色的原始RGB信息，而采用它在调色板中的位置码来代替其原始RGB信息。这样就减少了图像文件的存储空间，但却增加了存储调色板的附加开销。

在实际使用上，在调色板中存储一个颜色的原始RGB信息一般使用4个字节，这样，对256色及以下图像，存储调色板的附加开销不超过1 K字节。对绝大多数图像文件来说，这个附加开销是微不足道的。但是对256色以上图像，由于系统使用颜色数很多，存储调色板的附加开销将非常巨大。以相对较小的64 K增强色图像为例，假定存储一个颜色的原始RGB信息只使用2个字节，这样，对64 K增强色图像，存储调色板的附加开销为128 K字节。对24位真实彩色图像，假定存储一个颜色的原始RGB信息只使用3个字节，存储调色板的附加开销为48 M字节。显然，存储调色板的附加开销非常巨大，不仅没有减少图像文件的存储空间，反而甚至成百上千倍地增加了图像文件的存储空间。所以，对256色以上图像，不适合用代码方法组织编排像素阵列。

为此，对256色以上图像，由于系统使用颜色数很多，存储调色板的附加开销将非常巨大，一般采用从左到右、从上到下，直接用原始颜色信息的方法组织编排像素阵列，这便是直接法。直接法适合于64 K增强色、24位真实彩色和32位真实彩色图像。

2.1.4　常见图像文件格式

1）GIF格式

GIF（Graphics Interchange Format）格式是Compu-Serve公司在1987年6月为了制订彩色图像传输协议而开发的文件格式。它是一种压缩存储格式，采用LZW压缩算法，压缩比高，文件长度小。早期GIF格式图像只支持黑白、16色、256色图像。现在，其调色板支持16 M颜色，因而也可以说现在的GIF格式支持真实彩色。

GIF格式图像压缩效率高，解码速度快，且支持单个文件的多重图像，文件长度小，常用于网络彩色图像传输。由于它支持单个文件的多重图像，因此也称为GIF动画。GIF动画是目前广为流行的Web网页动画的最基本的形式之一。

2）PCX格式

PCX格式图像是Z-soft公司为存储PCPaintbrush软件包产生的图而建立的图像文件格式。PCX文件格式较简单，使用游程长编码（RLE）方法进行压缩，压缩比适中，压缩与解压缩速度都比较快，支持黑白、16色、256色、灰色图像，但不支持真实彩色。

由于PCX格式图像文件开发较早、应用较多，因此，以PCX格式存储的图像到处都有，而且为软件市场广泛接受。这样一来，PCX格式图像便成了事实上的点位图像文件的标准格式，成为PC机上使用最广泛的图像格式之一。而今，绝大多数开发系统均支持PCX格式图像文件。

3）TIFF格式

TIFF（Tag image File Format）格式是由Aldus和Microsoft公司为扫描仪和台式计算机出版软件而开发的文件格式，支持黑白、16色、256色、灰色图像以及RGB真实彩色图像等各种图像规格。

TIFF格式是工业标准格式，分成压缩和非压缩两大类。TIFF格式文件为标记格式文件，便于升级。随着工业标准的更新，各种新的标记不断出现，因此，生成一个TIFF格式文件是相当容易的事情，而完全读取全部标记则是相当困难的事情。

4）BMP格式

BMP（Bitmap）格式是Microsoft公司Windows操作系统使用的一种图像格式文件。它是一种与设备无关的图像格式文件，支持黑白、16色、256色、灰色图像以及RGB真实彩色图像等各种图像规格。支持代码方法、直接法组织编排像素阵列，随着Windows操作系统的进一步应用，BMP（Bitmap）格式应用越来越广。

由于BMP格式是Microsoft公司的Windows操作系统使用的一种图像格式文件，Windows操作系统为其提供了强大的编程支持，在绝大多数开发系统中均可直接调用Windows API函数对BMP位图进行编程与开发。它是继PCX图像文件格式之后受到最为广泛支持的图像文件格式之一，是目前图像编程与开发的基本图像文件格式。

5）JPG格式

JPG格式图像是JPEG（Joint Photographic Experts Group）联合图像专家小组制定的JPEG标准中定义的图像文件格式。JPEG算法是一个适用范围广泛的国际标准，是一个已经产品化了的国际标准，支持黑白、16色、256色、灰色图像以及RGB真实彩色图像等各种图像规格。JPEG算法压缩效率高，解压缩速度快，是MPEG算法的基础，也是动态视频的基础算法。

2.2 图像的获取

图像输入计算机需要一些专门的设备，如照片可使用扫描仪数字化并输入计算机，摄像机、录像机的视频信号也可以使用数字化技术存储到计算机中等。

一幅彩色图像可以看成是二维连续函数，其颜色是位置的函数，从二维连续函数到离散的矩阵表示，涉及不同空间位置。取亮度和颜色作为样本，并用一组离散的整数值表示。这个过程称为采样量化，即图像的数字化。

2.2.1 扫描仪

扫描仪是一种图像输入设备，利用光电转换原理，通过扫描仪光电管的移动或原稿的移动，把黑白或彩色的原稿信息数字化后输入计算机中，它还用于文字识别、图像识别等新的领域。

1）扫描仪的结构、原理

（1）结构

扫描仪由CCD（Charge Coupled Device，电荷耦合器件阵列）、光源及聚焦透镜组成。CCD排成一行或一个阵列，阵列中的每个器件都能把光信号变为电信号。光敏器件所产生的电量与所接收的光量成正比。

（2）信息数字化原理

以平面式扫描仪为例，把原件面朝下放在扫描仪的玻璃台上，扫描仪内发出光照射原件，反射光线经一组平面镜和透镜导向后，照射到CCD的光敏器件上。来自CCD的电量送到模数转换器中，将电压转换成代表每个像素色调或颜色的数字值。步进电机驱动扫描头沿平台做微增量运动，每移动一步，即获得一行像素值。

扫描彩色图像时分别用红、绿、蓝滤色镜捕捉各自的灰度图像，然后把它们组合成为RGB图像。有些扫描仪为了获得彩色图像，扫描头要分三遍扫描。另一些扫描仪中，通过旋转光源前的各种滤色镜使得扫描头只需扫描一遍。

2）扫描仪的技术指标

描述扫描仪的技术指标，主要包括扫描精度、灰度级、色彩深度、扫描速度等。

（1）扫描精度

扫描精度通常用光学分辨率×机械分辨率来衡量。

①光学分辨率（水平分辨率）：指的是扫描仪上的感光器件（CCD）每英寸能捕捉到的图像点数，表示扫描仪对图像细节的表达能力。光学分辨率用每英寸点数DPI（Dot Per Inch）表示。光学分辨率取决于扫描头里的CCD数量。

②机械分辨率（垂直分辨率）：指的是带动感光元件（CCD）的步进电机在机构设计上每英寸可移动的步数。

③最大分辨率（插值分辨率）：指通过数学算法所得到的每英寸的图像点数。做法是将感光元件所扫描到的图像资料再通过数学算法如内差法在两个像素之间插入另外的像素。适度地利用数学演算手法将分辨率提高，可提高原稿所扫描的图像品质。

一个完整的扫描过程是感光元件扫描完原稿的第一条水平线后，再由步进电机带动感光元件进行第二条水平线扫描。如此周而复始，直到整个原稿都被扫描完毕。

一台具有2400×4800 dpi分辨率的扫描仪表示其横向光学分辨率及纵向机械分辨率分别为2 400 dpi及4 800 dpi。分辨率越高，所扫描的图片越精细，产生的图像就越清晰。

（2）灰度级

灰度级是表示灰度图像的亮度层次范围的指标，是指扫描仪识别和反映像素明暗程度的能力。换句话说，就是扫描仪从纯黑到纯白之间平滑过渡的能力。灰度级越大，扫描层次越丰富，扫描的效果也就越好。目前，多数扫描仪用8 bit编码，即256个灰度等级。

（3）色彩深度

彩色扫描仪要对像素分色，把一个像素点分解为R、G、B三基色的组合。对每一基色的深浅程度也要用灰度级表示，称为色彩深度。

色彩深度表示彩色扫描仪所能产生的颜色范围，通常用表示每个像素点上颜色的数据位数（bit）表示。常见扫描仪色彩位数有24，30，36，48 bit。

（4）扫描速度

扫描仪的扫描速度也是一个不容忽视的指标，时间太长会使其他配套设备出现闲置等待状态。扫描速度不能仅看扫描仪将一页文稿扫入计算机的速度，而应考虑将一页文稿扫入计算机再完成处理总共需要的时间。

（5）鲜锐度

鲜锐度是指图片扫描后的图像清晰程度。扫描仪必须具备边缘扫描处理锐化的能力。调整幅度应广而细致，锐利而不粗化。

3）扫描仪的类型与性能

（1）按扫描方式分类

按扫描方式扫描仪分为3种：平板式、滚筒式和胶片式。

①平板式扫描仪用线性CCD阵列作为光转换元件，单行排列，称为CCD扫描仪。几千个感光元件构成集成在一片20~30 mm长的衬底上。CCD扫描仪使用长条状光源投射原稿，原稿可以是反射原稿，也可以是透射原稿。这种扫描方式速度较快、价格较低、应用最广。

②滚筒式扫描仪使用圆柱形滚筒设计，把待扫描的原稿装贴在滚筒上，滚筒在光源和光电倍增管PMT的管状光接收器下面快速旋转，扫描头做慢速横向移动，形成对原稿的螺旋式扫描，其优点是可以完全覆盖所要扫描的文件。滚筒式扫描仪对原稿的厚度、硬度及平整度均有限制，因此滚筒式扫描仪主要用于大幅面工程图纸的输入。

③胶片式扫描仪主要用来扫描透明的胶片。胶片式扫描仪的工作方式较特别，光源和CCD阵列分居于胶片的两侧。扫描仪的步进电机驱动的不是光源和CCD阵列，而是胶片本身，光源和CCD阵列在整个过程中是静止不动的。

（2）按扫描幅面分类

幅面表示可扫描原稿的最大尺寸，最常见的为A4和A3幅面的台式扫描仪。此外，还有A0大幅面扫描仪。

（3）按接口标准分类

扫描仪按接口标准分为两种：SCS6I接口、USB通用串行总线接口。

（4）按反射式或透射式分类

反射式扫描仪用于扫描不透明的原稿，它利用光源照在原稿上的反射光来获取图形信息。透射式扫描仪用于扫描透明胶片，如胶卷、X光片等。目前已有两用扫描仪，它是在反射式扫描仪的基础上再加装一个透射光源附件，使扫描仪既可扫描反射稿，又可扫描透射稿。

（5）按灰度与彩色分类

扫描仪可分灰度和彩色两种。用灰度扫描仪扫描只能获得灰度图形，彩色扫描仪可还原彩色图像。彩色扫描仪的扫描方式有三次扫描和单次扫描两种。三次扫描方式又分三色和单色灯管两种。前者采用R、G、B三色卤素灯管作为光源，扫描3次形成彩色图像，这类扫描仪色彩还原准确。后者用单色灯管扫描3次，棱镜分色形成彩色图像，也有的通过切换R、G、B滤色片扫描3次，形成彩色图像。采用单次扫描的彩色扫描仪，扫描时灯管在每线上闪烁红、绿、蓝3次，形成彩色图像。

4）扫描仪的选择

一是扫描仪的精度。扫描仪的精度决定了扫描仪的档次和价格。目前，2400×4800 dpi的扫描仪已经成为行业的标准，而专业级扫描则要用4800×9600 dpi以上的分辨率，读者可根据需求进行选择。

二是扫描仪的色彩位数。色彩位数越多，扫描仪能够区分的颜色种类也就越多，所能表达的色彩就越丰富，能更真实地表现原稿。对普通用户而言，24 bit已经足够。

三是扫描仪的接口类型。SCS6I接口扫描仪需要在计算机中安装一块接口卡，比较麻烦。USB接口即插即用，支持热插拔，使用方便且速度较快。

5）扫描仪的安装和使用

以MICROTEK Scan Maker 4850Ⅲ为例，说明扫描仪的使用方法。

（1）硬件连接与软件安装

①使用扫描仪随机附送的USB缆线的一端连接至扫描仪背面板，将另一端连接计算机的USB接口。

②将电源的一端连接在扫描仪背面板的电源接口，另一端插在电源插座上。

③将扫描仪的驱动程序光盘放入光驱，安装驱程。在安装时注意选USB为扫描接口方式。

④安装附送的OCR（文字识别）软件。

（2）用扫描仪扫描图片

①打开扫描仪电源。

②将需扫描的图片在扫描仪面板上摆正。

③双击桌面图标Scan Wizard 5，启动扫描仪程序，扫描操作界面包括“设置”“预览”和“信息”3个窗口。设定合适的扫描参数，如图2-1所示。

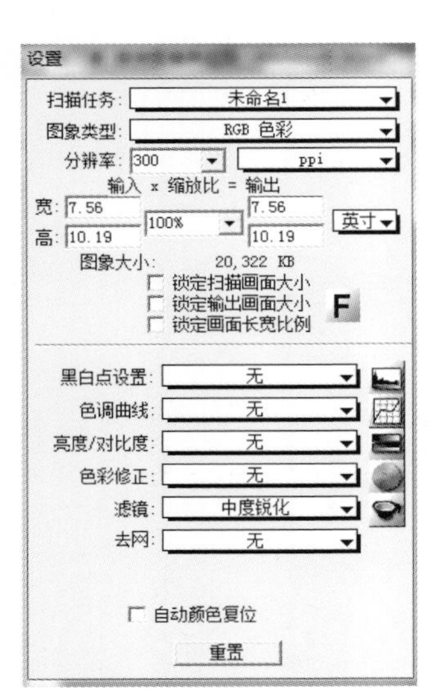

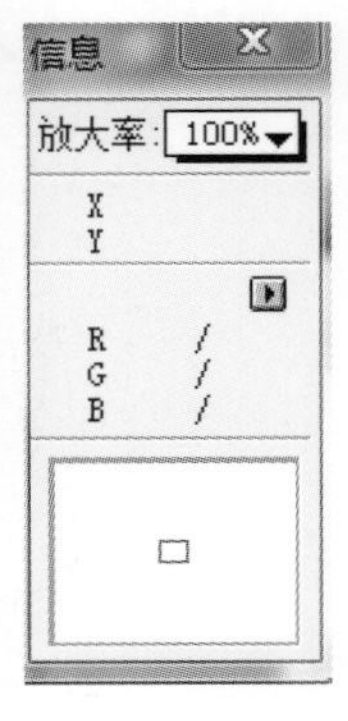

图2-1　扫描仪窗口

在扫描设置界面中提供扫描图像类型设定、扫描分辨率设定、缩放比例设定、色彩校正、滤镜和去网等参数设定。

主要参数设定说明。

A.图像类型下拉框中提供彩色（RGB）、灰度、黑白等扫描模式。RGB模式用于彩色图像的扫描和输出彩色图，RGB色彩（48-bit）适用于专业扫描仪；灰度模式用于输出介于黑白之间的各阶灰色所产生图像，灰度（16-bit）适用于专业扫描仪；若想扫描输入文字，扫描图像类型应为“灰度”。

B.采用较高的扫描分辨率所获得的数字化图像的效果较好。

C.扫描缩放比例调整图像的大小。

D.去网工具用于在扫描同时去除印刷品上的网纹。

④在预览窗口中单击“预览”按钮，扫描仪预扫。

⑤确定扫描区域，移动、缩放扫描仪窗口的矩形取景框至合适的大小及位置。

⑥单击“扫描”按钮，若是输入图像则图像类型设置为“RGB色彩”。保存扫描得到的图像“*.tif”文件，开始扫描图像，再用Photoshop处理图像。

（3）用扫描仪扫描文字

①在桌面上双击“方正OCR世纪版”图标，启动方正OCR文字识别软件。

②单击“扫描”按钮，打开扫描程序，在扫描程序中单击“预览”按钮，扫描仪预扫。

③预扫完毕，确定扫描区域，移动、缩放扫描仪窗口的矩形取景框至合适的大小及位置。

④单击“扫描”按钮，开始扫描。扫描完毕回到方正OCR文字识别软件界面。

⑤图片太小，选择“放大图片”按钮，单击图片，将图片放大。

⑥如果图片倾斜，单击“图像倾斜校正”按钮，打开“倾斜校正”对话框，单击“确定”按钮。

⑦选择“设定识别区域”按钮，框选要识别的文字，如图2-2所示。单击“识别”按钮，开始识别文字。

⑧识别完毕，如图2-3所示，用鼠标选中全部识别的文字，按<Ctrl+C>组合键，打开Word文档，确定要粘贴的位置。按<Ctrl+V>组合键，将其粘贴到Word文档，便可对其修改了。

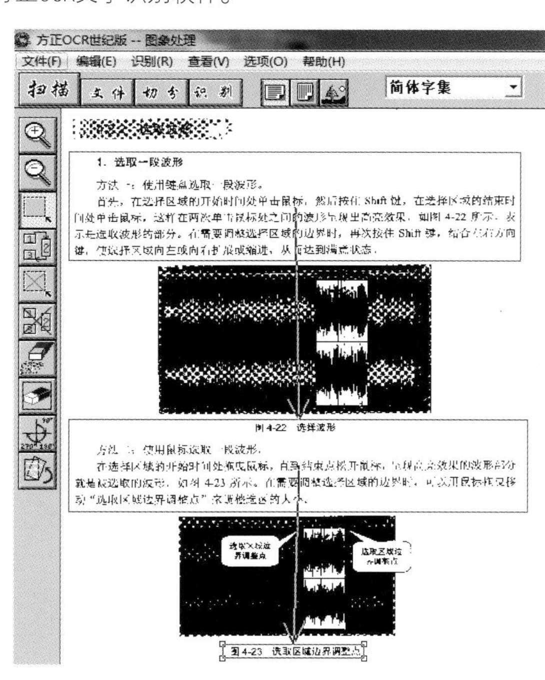

图2-2 选择识别的文字

文件(F) 编辑(E) 帮助(H)

1. 选取一段波形
方法一：使用键盘选取一段波形。
首先，在选择区域的开始时间处单击鼠标，然后按住Shift键，在选择区域的结束时间处单击鼠标，这样在两次单击鼠标处之间的波形呈现出高亮效果，如图4-22所示，表示是选取波形的部分。在需要调整选择区域的边界时，再次按住Shift键，结合左右方向键，使选择区域向左或向右扩展或缩进，从而达到满意状态。
图4-22选择波形
方法二：使用鼠标选取一段波形。
在选择区域的开始时间处拖曳鼠标，直到结束点松开鼠标，呈现高亮效果的波形部分就是被选取的波形，如图4-23所示。在需要调整选择区域的边界时，可以用鼠标拖曳移动“选取区域边界调整点”宋调整选区的大小。
图4-23 选取区域边界调整点

图2-3 识别后的文字

2.2.2 数码照相机

数码照相机使用电荷耦合器件作为成像部件。它把进入镜头照射于电荷耦合器件上的光影信号转换为电信号，再经A / D转换器处理成数字信息，并把数字图像数据存储在数码照相机内的磁介质中。数码照相机通过液晶显示屏来浏览拍摄后的效果，并可对不理想的图像进行删除。数码照相机上有标准计算机接口，以便数字图像传送到计算机中。

1）数码照相机的结构

（1）CCD矩形网格阵列

数码照相机的关键部件是CCD。与扫描仪不同，数码照相机的CCD阵列不是排成一条线，而是排成一个矩形网格分布在芯片上，形成一个对光线极其敏感的单元阵列，使照相机可以一次摄入一整幅图像，而不像扫描仪那样逐行扫描。

CCD是数字照相机的成像部件，可以将照射于其上的光信号转变为电信号。CCD芯片上的每一个光敏元件对应生成的图像的一个像素（Pixel），CCD芯片上光敏元件的密度决定了最终成像的分辨率。

数码照相机使用的感光元件有CCD和CMOS两种，CMOS的每个光敏元件都有一个将电荷转化为电子信号的放大器。CMOS可以在每个像素基础上进行信号放大，采用这种方法可节省无效的传输操作，所以只需少量的能量消耗，同时噪声也有所降低。制作精良的CMOS感光元件成像效果一点也不比传统的CCD差。

（2）A / D转换器

照相机内的A / D转换器将CCD上产生的模拟信号转换成数字信号，变换成图像的像素值。

（3）存储介质

数码照相机内部有存储部件，通常存储介质由普通的动态随机存取存储器、闪速存储器或小型硬盘组成。存储部件上可存储多幅图像，它们无须电池供电也可以长时间保存数字图像。

（4）接口

图像数据通过一个串行口或SCS6I接口或USB接口，从照相机传送到计算机中。

2）数码照相机的工作过程

用数码照相机拍照时，进入照相机镜头的光线聚焦在CMOS上。当照相机判定已经聚集了足够的电荷（即相片已经被合适地曝光）时，就“读出”在CMOS单元中的电荷，并传送给A / D转换器，A / D转换器把每一个模拟电平用二进制数字化。从A / D转换器输出的数据传送到数字信号处理器中，对数据进行压缩后存储在照相机的存储器中。

3）数码照相机的主要技术指标

（1）CMOS像素数

数码照相机的CMOS芯片上光敏元件的数量称为数码照相机的像素数，是目前衡量数码照相机档次的主要技术指标，决定了数码照相机的成像质量，如图2-4所示。如果一部数码照相机标示最大分辨率为6000×4000，则其乘积等于24000000，即为这部相机的有效CMOS像素数。数码照相机技术规格中的CMOS像素通常会标成2400万，其实这是它的插值分辨率。在选购时一定要分清楚数码照相机的真实分辨率。

（2）色彩深度

色彩深度用来描述生成的图像所能包含的颜色数。数字照相机的色彩深度有24位、30位，高档的可达到36位。

（3）存储功能

影像的数字化存储是数码相机的特色，在选购高像素数码相机时，选择能采用更高容量存储介质的数码照相机，如图2-5所示。

图2-4　CMOS影像传感器

图2-5　SD存储卡

4）数码照相机的分类

单反、单电和微单都是单镜头数码相机的简称。

（1）单反

单反是单镜头反光相机的简称。其含义是图像的光线采集、测光、测距、取景用一个镜头，可更换镜头。如佳能5D Mark Ⅲ（见图2-6）、佳能70D、尼康D810（见图2-7）和尼康D7200等。

图2-6　佳能5D Mark Ⅲ

图2-7　尼康D810

（2）单电

单电是单镜头电子取景相机的简称。其含义是图像的光线采集、测光、测距用一个镜头，而取景方式是用电子显示屏，可更换镜头。这种相机的耗电量相对单反是比较大的。如索尼A99、A77Ⅱ等，如图2-8所示。

图2-8　索尼单电相机

（3）微单

微单是微型单镜头数码相机的简称。它仅仅在机身上与单电或单反有差异，在拍照的功能上并不比前者少，而且专门为这种相机设计制作了镜头。如索尼A7、索尼A7Ⅱ、索尼A7r、索尼A7s和A6000等，如图2-9所示。

图2-9　索尼微单

图2-10　奥林巴斯微单

与单反、单电相比，微单的感光器并不小，有全画幅（35.8 mm×23.9 mm）的、APS-C（23.5 mm×15.6 mm）尺寸的，还有4/3画幅（17.3 mm×13 mm）的，如图2-10所示。因此，它与单电差不多。相比而言，单反的耗电量小一些，而单电与微单的耗电量略大一些。

（4）卡片相机

卡片相片在业界内没有明确的概念，小巧的外形、相对较轻的机身以及超薄时尚的设计是衡量此类数码相机的主要标准。其中，索尼HX系列、卡西欧Z系列、奥林巴斯AZ和IXUS105等都应划分为这一领域，如图2-11所示。

图2-11　卡片相机

①优点：时尚的外观，大屏幕液晶屏，小巧纤薄的机身，操作便捷。

②缺点：手动功能相对薄弱，超大的液晶显示屏耗电量较大，镜头性能较差，一般不能更换镜头。对焦、拍摄的速度相对较慢。电池不耐用，对照相的功能比起单反有差距。

5）镜头的选择

相机镜头是相机中最重要的部件，因为它的好坏直接影响到拍摄成像的质量。同时，镜头也是划分相机种类和档次的一个最为重要的标准。下面以佳能相机为例介绍镜头的选择，其他品牌相机可以以此作为参考来选择镜头。

（1）定焦镜头

定焦镜头特指只有一个固定焦距的镜头，只有一个段或者说只有一个视野。定焦镜头的焦距是固定的，对焦速度快，成像质量优良。定焦镜头一般都经过精心校正，使成像的变形、色散达到最小程度，并在锐度和反差上都可以做到最佳，如图2-12所示。包括EF 50 mmf/1.2L USM、EF 50 mmf/1.4L USM、EF 85 mmf/1.2L USM、EF 100 mmf/1.2L USM等。

图2-12　定焦镜头

（2）变焦镜头

变焦镜头是在一定范围内可以变换焦距，从而得到宽窄不同的视角、大小不同的影像和不同的景物范围照相机镜头。变焦镜头在不改变拍摄距离的情况下，可以通过变焦改变拍摄范围，这非常有利于构图。变焦镜头可以起到若干固定镜头的作用，外出旅游时不仅减少了携带摄影器材的数量，也节省了更换镜头的时间。比如，一只18~105 mm的变焦镜头，通常只需转动镜头筒就可以获得18~105 mm的任意变焦。

①大三元镜头：EF16-35 mmf/2.8L Ⅱ USM、EF24-70 mmf/2.8L Ⅱ USM和EF70-200 mmf/2.8L IS Ⅱ USM被称为佳能EF镜头中的“大三元”，是专业摄影师的全能、顶级镜头搭配。它们都是f/2.8光圈的L级红圈变焦镜头，基本可以应付任何摄影题材，如图2-13所示。

图2-13　佳能大三元镜头

EF适用于EOS相机卡口的几乎所有镜头。EF-S表示为APS-C尺寸图像传感器机型专用镜头。16~35 mm表示镜头焦距的数值。f/2.8表示镜头亮度数值，定焦镜头采用单一数值表示。f/4-5.6表示最大光圈随焦距变化而变化的镜头，分别表示广角端与远摄端的最大光圈。L表示镜头属于高端镜头。Ⅱ表示同一类镜头的代数。IS表示镜头内部搭载光学式抖动补偿结构，其级别最高为5级。USM表示自动对焦系统的驱动装置采用超声波马达。

②小三元镜头：EF16~35 mmf/4L Ⅱ USM、EF24~70 mmf/4L Ⅱ USM和EF70~200 mmf/4L IS Ⅱ USM被称为佳能EF镜头中的“小三元”，如图2-14所示。它们与“大三元”是对应的，只是等级和售价相对有所降低。它们都是f/4光圈的L级红圈变焦镜头，成像质量相对较高。

图2-14　佳能小三元镜头

图2-15　佳能18~200 mm镜头

佳能18~200 mm镜头是一款出色的旅游镜头，如图2-15所示。其整体表现非常不错，同时还带防抖动，能够将广角端和长焦端尽收眼底。加上具有较强的光学素质，锐度和成像色彩都有一定的保证，是专为采用APS-C尺寸感应器的佳能EOS数码单反相机设计的镜头产品。当然，特别适合那些经常旅游的摄影玩家。

APS-C画幅和4/3画幅镜头的等效焦距要乘以一个系数，佳能的要乘以1.6，如果变焦范围为18~200 mm，等效焦距为28.8~320 mm。索尼的要乘以1.5，如果变焦范围为18~200 mm，等效焦距为27~300 mm。4/3画幅的要乘以2，如果变焦范围为40~140 mm，等效焦距为80~280 mm。

6）焦距范围

传统的135镜头其实一般都是按照焦段来划分的，比较传统的大致分法如下。

①10~17 mm为超广角：主要是拍摄风景，尤其是大场景，如草原、沙漠、大海。

②17~35 mm为广角：主要拍风景、人文，拍“到此一游照”的主力焦段，尤其是适合旅行摄影。

③35~135 mm为中焦：主要拍人文、人像。这个焦段里面的85 mm焦段尤其被推崇为拍人像的最佳焦段，所以我们经常可以看见把85 mmF/1.2这样的镜头叫作人像头。

④135~200 mm为长焦：比较适合拍摄人物特写、微距、舞台摄影等。

135 mm以上都算长焦，一般常用的到200 mm就可以了。但是，也有人喜欢拍野生动物、飞鸟的要用到300 mm、400 mm，甚至600 mm这样的焦段。

（1）风光摄影镜头焦距段的选择

风光摄影最常用的超广角镜头，用于风光拍摄时较易取得宽阔的视野与辽阔的空间感。摄影者要学会视实际情况采用轻便的标准定焦镜头，以便取得接近人类单眼视角之画面，或者使用长焦镜，以营造画面的压缩感。

①广角镜头。以广角镜头接近前景，利用其镜头特性夸张前景与中、远景中画面元素的大小比例，镜头焦段越广（且越接近前景）则前景夸张效果越为明显。

②标准镜头。标准镜头拍摄的影像接近于人眼正常的视角范围，其透视关系接近于人眼所感觉到的透视关系，所以能够逼真地再现被摄体的形像。此时拍摄者需注意选择画面内的各项元素，以免分散观赏者注意力并避免凌乱感。

③长焦镜头。长焦镜头会使画面呈现强烈压缩感，前、中、后景的距离遭到压缩，观赏者视觉感受到前、中、后景比实际距离更为接近。

（2）人像摄影镜头焦距段的选择

一般来说，集中范围在35~200 mm的镜头比较适合拍人像。定焦镜头拍人像时通常使用35 mm、50 mm、85 mm、105 mm、135 mm和200 mm定焦镜头。

（3）微距摄影镜头焦段的选择

常见的微距镜头分3种焦段，50 mm左右的标准型、100 mm左右的中焦型和200 mm左右的长焦型。其特点是镜头焦距越短，最近对焦距离也就越短。

中焦距微距镜头可兼顾翻拍与人像拍摄。户外微距拍摄要使用长集中的微距镜头，其特点是最近对焦距离比较长，在户外拍摄花卉或昆虫比较容易，同时不易干扰被摄体。

2.2.3 屏幕抓图

“屏幕抓图”是指将屏幕图像转换为图像或动态文件，它可分为静态屏幕的采集和动态屏幕的采集。静态屏幕的采集得到的是一个个静态图像文件，动态屏幕的采集是将屏幕图像及使用者的操作都记录下来，最后获得能还原图像及操作的动画文件。

“屏幕抓图”的应用非常广泛，其中一个最主要的应用就是计算机各种软件的介绍和教学。通过截取软件界面图像，能使软件的介绍及教学更形象、直观。本书绝大分的插图就是通过“屏幕抓图”而获得的。

Windows系统本身就具有“屏幕抓图”的功能，只需按<Print Screen>键或<Alt+Print Screen>组合键，然后在其他软件如Word中按<Ctrl+V>粘贴即可获取屏幕图像。但这种方法有两个局限：第一，截取的图像存放在剪贴板中，只能以剪贴板文件格式“*.CLP”存储，如希望以其他格式存储，必须粘贴到其他应用程序中才能进行。第二，截取的范围单一，只有整屏截取和窗口截取两种，无法满足如部分截取或菜单截取等特殊要求。正因有此特殊需求，许多屏幕抓图软件应运而生。比较有名的有：Print key、Hyper Snap、Snagit、Lotus Screen Cam等。本任务主要介绍Snagit，因为相比之下它的功能更多一些。

抓图软件尽管种类繁多，但基本操作大致相同，一般的过程都是：启动抓图软件→调出屏幕图像→按抓图快捷键→预览结果→保存图像文件→关闭抓图软件窗口。

1）静态屏幕的抓取

（1）Snagit11主要功能

Snagit11是Tech Smith公司的产品，Snagit11软件功能强大，主要表现在以下方面。

①对象的捕捉功能强大。不仅支持静态图像捕捉，还支持文本捕捉与视频捕捉功能，生成JPG文件和MPG4文件。在图2-16所示的主界面中，可以方便地选择各种捕捉功能。

图2-16　Snagit11主界面

图2-17　Snagit编辑器

②界面直观，操作方便。抓图前，需先设置“捕获类型”“共享”“效果”和“选项”4个菜单的参数，然后按“单击捕获”键就可以开始捕捉画面了。

③抓图方式灵活多样。在主界面“捕获配置”中，可选择多种抓图类型，如图像、视频和文本。在“捕获类型”中，可选择多种抓图方式，如“区域”“窗口”“窗口到文件”“滚动窗口”“菜单”“自由绘制”“全屏”“高级”等抓取方式。

④共享方式独特。单击“共享”的三角形按钮，可选择多种共享方式，如打印机、文件、电子邮件、Word等。

⑤效果功能强大。单击“效果”的下拉列表，从弹出的快捷菜单中，可选择多种过滤方式，“颜色模式”可将图像颜色转换成3种不同的格式：单色、黑白和灰度。在“颜色置换”中，可将图像颜色反转或颜色替换。还可进行“图像缩放”和“边缘效果”的调整等。

⑥独特的包含声音的动态视频采集功能。具体视频区域可自行设置。

⑦特有的分类浏览器利于文件管理。Snagit11的图库浏览器，可用于文件的管理，这种完善的文件管理功能在其他抓图工具中是不多见的。

⑧特有的图像编辑、修改功能。执行菜单命令“工具”→“Snagit编辑器”，打开如图2-17所示的“Snagit编辑器”对话框。对话框左面以分类的形式提供了许多常用的图形符号，只需把需要的图形符号从左面拖曳到编辑图形上即可。大小、线型、颜色等都可重新调节，使用非常方便。

Snagit11功能较全面，它可设置的项目很多，特别是在“捕获类型”和“共享”菜单中都有“属性”，可进行相关选项的具体设置。

（2）使用Snagit11抓图

下面，介绍两个用Snagit11抓图的实例。

①抓取滚动的窗口图像。如何知道C盘“Program Files”文件夹中到底安装了多少软件，并把查询结果保存到硬盘中呢?完成此操作可有多种方法，其中的一种就是用抓图软件。

A.启动Snagit11。

B.选择“捕获类型”中的“滚动窗口”选项，捕捉配置被自动设置为“图像”模式，如图2-18所示。

C.在“共享”选项中单击右边的小三角形按钮，从弹出的快捷菜单中选择“属性”菜单项。

图2-18　“滚动窗口”选项

图2-19　共享属性

打开“共享属性”对话框，选择“文件格式”为“JPG-JPEG图像”，“文件名”为“自动文件名”，指定“文件夹”的位置，如图2-19所示。单击“确定”按钮，返回主界面。

D.打开资源管理器中的“Program Files”文件夹（如此文件夹中内容较少，不出现滚动栏，也可选择其他较长的文件夹，以便能看到滚屏效果）。

E.按快捷键<Print Screen>后，选择右面的文件列表窗口后，出现双向箭头标记。单击双向箭头开始捕捉，如图2-20所示。

图2-20　Snagit捕获预览

图2-21　“Snagit编辑器”对话框

F.编辑、修改：如觉得不满意，再重复第5步；如觉得满意了，但还想增加箭头和说明文字，可在如图2-21所示的“Snagit编辑器”对话框，尝试增加箭头和说明文字。

G.执行菜单命令“文件”→“保存”，打开“另存为”对话框。在“文件名”文本框输入名称，单击“保存”按钮，存入相应文件夹。

说明：如不执行第6步，则在“Snagit编辑器”窗口中，直接保存结果。

②抓取“菜单”图像。抓取“菜单”图像是一种很常用的操作，但在有些抓图软件中，或者不能抓取菜单，或者只能抓取一级菜单，而且一不留神就把菜单外的图像也抓进去了。Snagit11中提供了多级菜单抓取，而且抓取的图像中仅包括菜单，不会有菜单之外的内容。

A.启动Snagit11，在Snagit11主界面中，在“省时配置”中选择“延时10秒”选项，如图2-22所示。

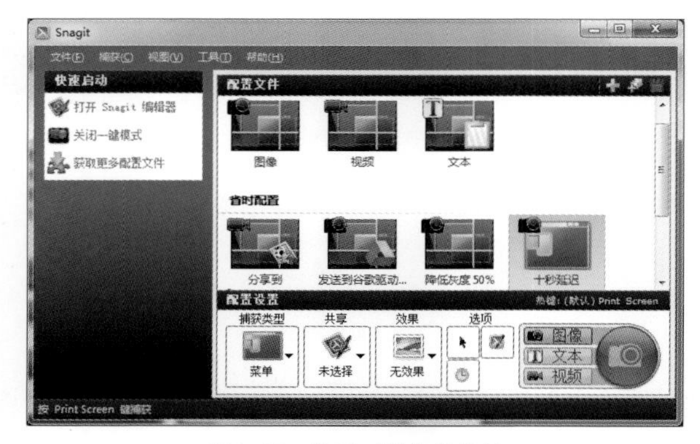

图2-22　带延时捕获的菜单

B.为了能同时捕捉级联菜单，单击“菜单”右边的三角形按钮，从弹出的快捷菜单中选择“属性”菜单项。打开“捕获类型属性”对话框，选择“菜单”选项卡，在“菜单捕获选项”中勾选“包含菜单栏”和“捕获级联菜单”复选框，如图2-23所示。

C.单击“定时捕获”按钮，打开“定时器设置”对话框。为了节省时间，将“延时”设置为5秒，单击“确定”按钮，如图2-24所示。

图2-23　输入属性

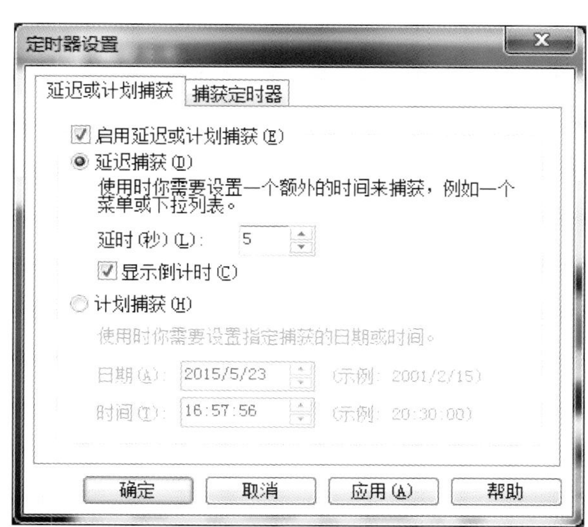

图2-24　定时器设置

D.按快捷键<Print Screen>后，在资源管理器中调出菜单图像（延时一段时间）就送入“Snagit编辑器”窗口，如图2-25所示。可看出与图2-26的不同之处在于它仅捕捉菜单，不会把无关的内容也捕捉进去。单击“保存”按钮，存入相应的文件夹。

图2-25　抓取“菜单”图像

图2-26　调出菜单图像

（3）抓取区域图像

①启动Snagit11。

②选择“捕获配置”中的“图像”选项，捕捉类型被自动设置为“区域”模式，如图2-27所示。如果抓取的区域图像需包含光标或鼠标箭头，可选择“包含光标”选项。

③单击“捕获”按钮，选择一个区域后，打开“Snagit编辑器”对话框，按<Ctrl+S>键保存，如图2-28所示。可直接保存结果。

图2-27　抓取区域图像设置

图2-28　捕获预览

2）动态屏幕的抓取

所谓“动态屏幕的抓取”包含两层意思：第一，它能记录过程，即把屏幕图像及使用者的操作都记录下来。第二，抓取后生成的是动画文件，即最后获得的是能还原屏幕图像及操作的动画文件。

用Snagit11抓取动态屏幕，操作步骤如下。

①启动Snagit11。在Snagit11主界面中，在“捕获配置”中选择“视频”，在“选项”中选择　“包含光标”，如图2-29所示。

②单击“共享”下边的三角形按钮，从弹出的快捷菜单中选择“属性”菜单项，打开“共享属性”对话框。在“视频文件”选项卡中“文件名”选择自动文件名，“文件夹”为总是使用这个文件夹，再设置一个临时捕获文件的位置，如图2-30所示。

③单击“捕获”按钮，选择一个区域，单击Rec按钮，开始录制。录制结束，按<Shift+F10>组合键，停止录制。在“Snagit编辑器”中预览刚才录制的结果，满意后按<Ctrl+S>保存。

图2-29　抓取动态屏幕的设置

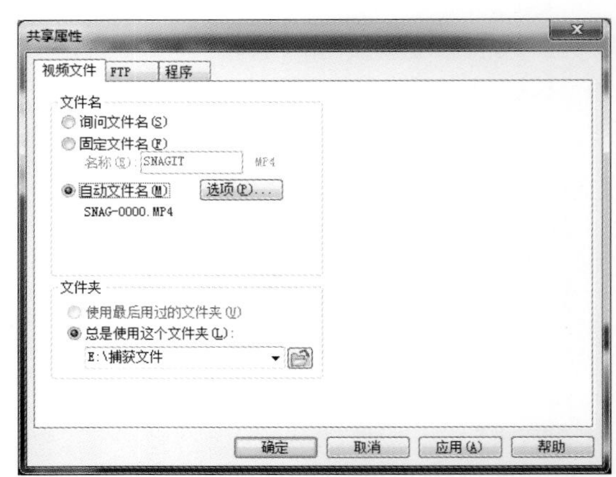

图2-30　视频设置

2.3 用Photoshop CS6处理图像

Photoshop CS6是目前电脑图形图像处理软件中功能最强大的平面软件之一。CS6的全称为Creative Suit。Adobe公司不断升级这一软件的版本，极大地满足了广大图像处理设计人员的需求。利用此软件，可以制作适合于打印或者其他用途的高品质图像。通过更快捷的文件数据访问、专业的品质照片润饰以及流线型的Web制作，可以创造出更为精彩的影像世界。

1）Photoshop CS6的主要功能

①绘图功能，它提供了许多绘图及色彩编辑工具。

②图像编辑功能，包括对已有图像或扫描图像进行编辑，如放大和裁剪等。

③创意功能，许多原来要使用特殊镜头或滤光镜才能得到的特技效果，用Photoshop CS6软件就能完成，也可产生美学艺术绘画效果。

④扫描功能，使用Photoshop CS6可与扫描仪相连，从而得到高品质的图像。

2）Photoshop CS6的基本知识

（1）色彩模式

读者经常使用的色彩模式有“CMYK”模式、“RGB”模式和“Lab”模式等。这些模式都可以在“图像”→“模式”菜单下选取。每种色彩模式都有不同的色域，并且色彩模式之间可以相互转换。下面，介绍一些主要的模式。

①位图模式：即黑白位图模式，它是由黑白两种像素组成的图像。它通过组合不同大小的点而产生灰度级阴影。只有灰度图和多通道模式的图像才能被转成位图模式。

②灰度模式：能产生256级灰度色调，当一个彩色文件转成灰度图时，所有的颜色都将被丢失，图像只有暖意度，没有色相饱和度。

③索引色模式：将一幅图像转换为索引颜色模式时，系统将从图像中提取256种典型的颜色作为颜色表。将图像转换为索引颜色后，通过菜单栏中的“图像”→“模式”→“颜色表”，颜色表命令将被激活。选择该菜单项可以调整颜色表中的颜色，或者选择其他颜色表。

④RGB模式：这种模式是一种加色模式，它通过红、绿、蓝3种色相加而生成更多的颜色。彩色电视机的显像管以及计算机的显示器，都是以这种方式混合出各种不同的颜色效果的。

⑤CMYK模式：这种模式中的4个字母代表了印刷上的4种油墨色。C代表青色，M代表洋红色，Y代表黄色，K代表黑色。该颜色模式对应的是印刷用的4种油墨颜色。

（2）Photoshop CS6支持多种图像文件模式

Photoshop CS6支持多种图像文件模式，其中常用的有PSD、BMP、EPS、TIFF、JPEG、GIF格式。

（3）层

一个Photoshop CS6创作的图像可以想象成是由若干张饱含有图像各个不同部分透明的纸叠加而成的，每张“纸”称为一个“图层”。由于每个层以及层的内容都是独立的，读者在不同的层中进行设计或修改等操作不影响其他层。利用层控制面板可以方便地控制层的增加、删除、显示和顺序关系。读者对绘画满意时，可将所有的图层“粘”（合并）成一层。

（4）通道

Photoshop CS6用通道来存储色彩信息和选择区域。颜色通道数由图像模式来定，如对RGB模式的图像文件，有R、G、B 3个颜色通道；对CMYK模式的图像文件，则有C、M、Y、K 4色通道；灰度图由一个黑色通道构成。用户在不同的通道之间作图像处理时，可利用控制面板来增加、删除或合并通道。

（5）路径

路径工具可以创建任意形状的路径，利用路径图或者形成选区进行选取图像。路径可以是闭合的，也可以是断开的。

在路径控制面板中可对勾画的路径进行填充路径、给路径加边、建立删除路径等操作，还可方便地将路径变换为选区。

2.3.1 图像文件的基本操作

启动Photoshop CS6，如图2-31所示。在Photoshop CS6的“文件”菜单下设置了“打开”“新建”和“保存”等操作命令，通过这些命令可以对图像文件进行基本的编辑。下面，分别介绍这些基本操作。

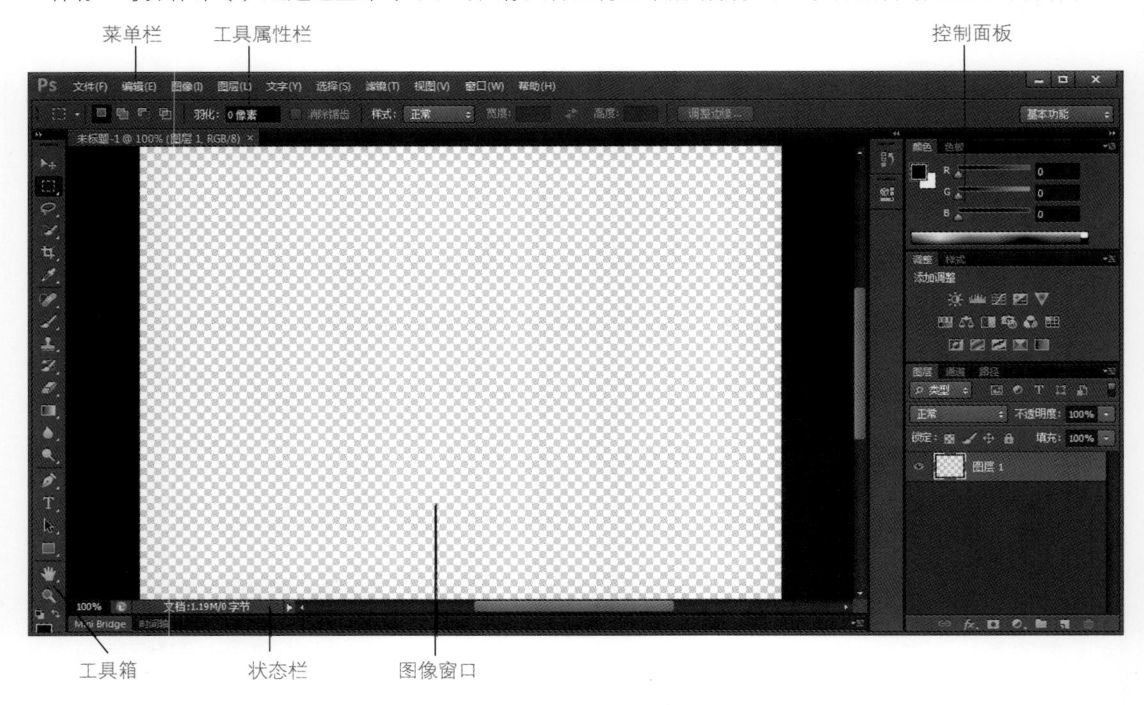

图2-31 Photoshop CS6窗口

1）打开图像

要打开一幅或多幅图像，执行菜单命令“文件”→“打开”，此时系统会打开“打开”对话框，如图2-32所示。在该对话框中单击要打开的文件名，然后单击“打开”按钮即可。也可双击要打开的文件。在“打开”对话框中，还可用鼠标右键单击文件名，从弹出的快捷菜单中进行删除、复制和重命名等操作。

打开文件的快捷键有以下两种方法。

①按住<Shift>键可以选择多个连续的文件，按住<Ctrl>键可以选择多个不连续的文件。

②按住<Ctrl+O>组合键可以打开文件，在屏幕上的空白区域双击鼠标，也可打开“打开”对话框。

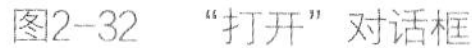

图2-32 “打开”对话框

图2-33 “另存为”对话框

2）保存图像

要保存一幅图像，执行菜单命令“文件”→“存储”或“存储为”，此时系统会打开“存储为”对话框，如图2-33所示。

3）创建新的图像

要创建新的图像，执行菜单命令“文件”→“新建”，打开“新建”对话框，如图2-34所示。

①设置新建图像的“背景内容”。

缺省情况下，将设定背景色为白色。若在“背景内容”选项中选择“背景色”选项，将创建以背景色为底色的新图像；若选择“透明”选项，则将创建一幅没有颜色的单层图像。

②设置新建图像的“分辨率”选项。

分辨率选项可设置为每英寸的像素或每厘米的像素，一般的平面练习可将分辨率设置为72像素/英寸；需要印刷的图书封面等，分辨率通常要为300像素/英寸。每英寸的像素点越多，图像的尺寸就越大。

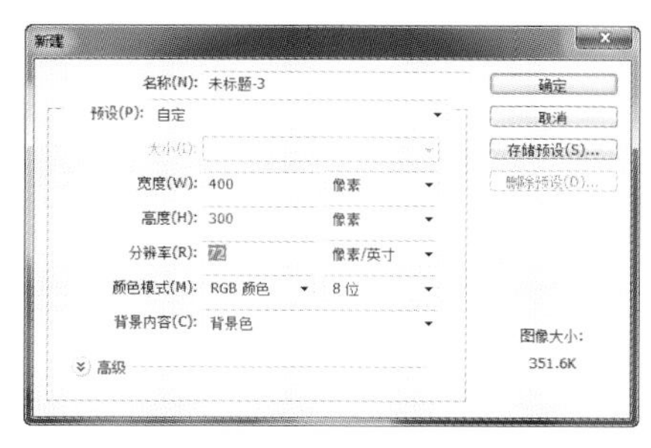

图2-34 “新建”对话框

图2-35 图像

4）移动图像

要想移动图像的位置，可以按照以下步骤进行。

①执行菜单命令“文件”→“置入”，打开“置入”对话框，选择一幅图像，单击“置入”按钮，置入一幅图像。调整大小，按<Enter>键，单击需要移动的图层，将其设置为当前层，如图2-35所示。

②单击移动工具 ，将光标移到图像窗口单击并拖动鼠标。图像效果如图2-36所示。

图2-36　移动图像

图2-37　移动图像到另一幅

③还可将一个图层中的图像移动到另一幅图像中，如将蝴蝶的图层移动到如图2-37所示的图像中，其操作步骤如下。

A.选择移动工具 ，将光标移动到图像窗口，单击并拖动鼠标至图2-39中即可。

B.执行菜单命令“编辑”→“自由变换”或按<Ctrl+T>组合健，将图像旋转并调整到适当大小，按<Enter>键结束自由变形命令。移动的图像会自动建立一个新层，并处于图层面板最上方。此时图层面板如图2-38所示，图像效果如图2-39所示。

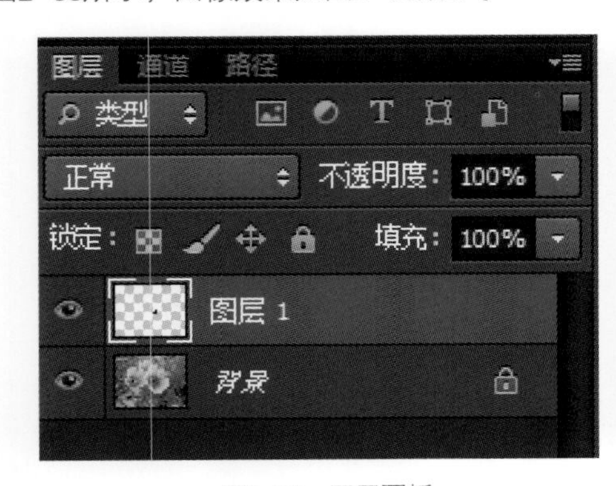

图2-38　图层面板

图2-39　图像效果

若希望移动图像保持原图像不变，即复制并移动图像，可以在选中移动工具时按住<Alt>键，然后再拖动鼠标即可。

5）旋转图像

（1）旋转整幅图像

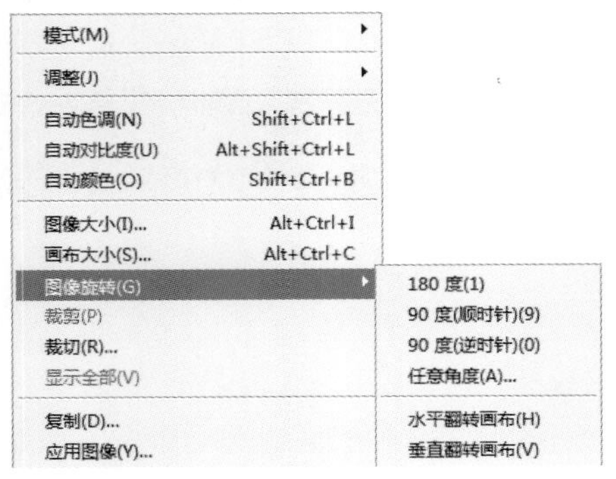

图2-40　旋转命令

图2-41　源图像

①执行菜单命令“图像”→“图像旋转”下的各项，如图2-40所示。以如图2-41所示为源图像，图2-42所示的为旋转180°的图像。

②若选择菜单命令“图像”→“图像旋转”→“任意角度”，打开如图2-43所示的“旋转画布”对话框。在“角度”文本框内输入旋转角度，单击“确定”按钮。如图2-44所示为顺时针旋转45°时的图像。

③执行菜单命令“图像”→“图像旋转”→“垂直翻转”或“水平翻转”，可将图像垂直翻转或水平翻转。

图2-42　旋转180°

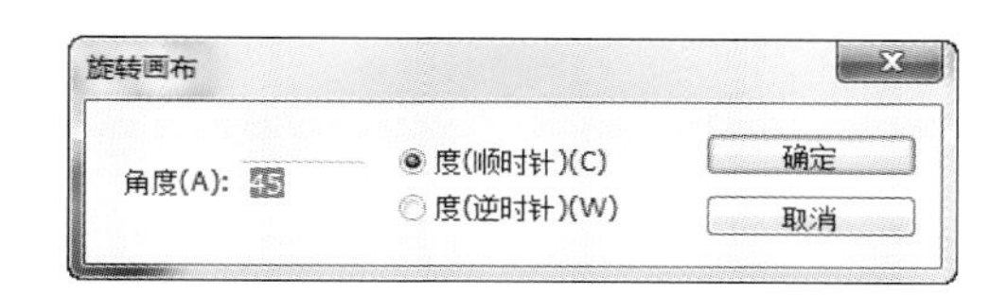

图2-43　“旋转画布”对话框

（2）旋转区域内的图像

选择想要旋转选区内的图像，执行菜单命令“编辑”→“变换”中的各项，如图2-45所示。

图2-44　顺时针旋转45°

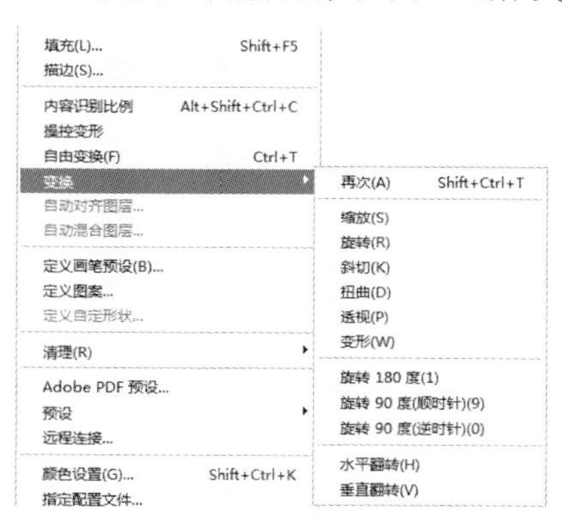

图2-45　变换命令

具体操作步骤如下。

①打开一幅具有两个图层的图像（图层1里是只蝴蝶），如图2-46所示。在按住<Ctrl>键的同时单击“图层1”，即只选择图层1的内容，其图像效果如图2-47所示。

图2-46　图像

②执行菜单命令“编辑”→“变换”→“水平翻转”，然后按住<Ctrl+D>键取消选择，其图像效果如图2-48所示。

图2-47　选择图像

图2-48　翻转图像

6）图像的显示

在图像编辑中，用户可能会根据需要对图像进行放大和缩小比例、改变窗口位置和排列、切换屏幕的显示模式或调整图像的显示区域等操作。为此，本节将简单地介绍一些这方面的知识。

（1）改变图像的显示比例

在图像操作中，用户经常会根据需要放大或缩小图像的显示。最常用的方法有以下3种。

①选用工具箱中的缩放工具 调整。

A.选定缩放工具后，在图像中单击即可将图像放大；若按住<Alt>键在图像中单击即可将图像缩小。

B.若在选择缩放工具后，在图像中双击，则可将图像以100％的比例显示。

C.若在选择缩放工具后，在图像中拖动，则可放大拖动的图像区域。

②通过“视图”菜单中的命令调整。

选择“视图”菜单中各项命令，可以放大或缩小图像。

A.“放大”命令：选中此命令可将图像放大一倍显示。

B.“缩小”命令：选中此命令可将图像缩小1/2显示。

C.“按屏幕大小缩放”命令：选中此命令可将图像以最适合屏幕的比例显示。

D.“打印尺寸”命令：选中此命令可将图像以实际打印尺寸显示。

③通过“导航器”控制面板调整。

在如图2-49所示的“导航器”控制面板中可以控制图像的显示比例，并可在导航器中显示比例。其中，图像的红色框代表放大或缩小的图像区域。

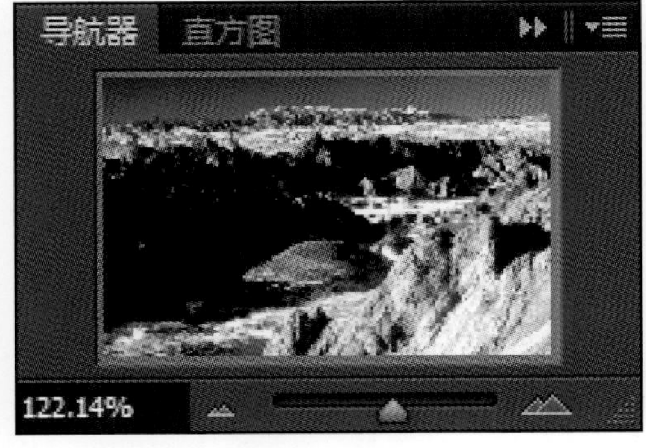

图2-49　导航器

图2-50　层叠窗口

（2）调整图像窗口的位置和排列

在实际操作中，经常会根据需要调整图像窗口的位置和排列顺序。有以下3种方法可供选择。

①单击图像窗口的标题栏位置并拖动，可以移动图像窗口。

②执行菜单命令“窗口”→“排列”→“层叠”，可将图像层层叠放在窗口中，如图2-50所示。

③执行菜单命令“窗口”→“排列”→“平铺”，可将图像平铺在窗口中，如图2-51所示。

图2-51　拼贴窗口

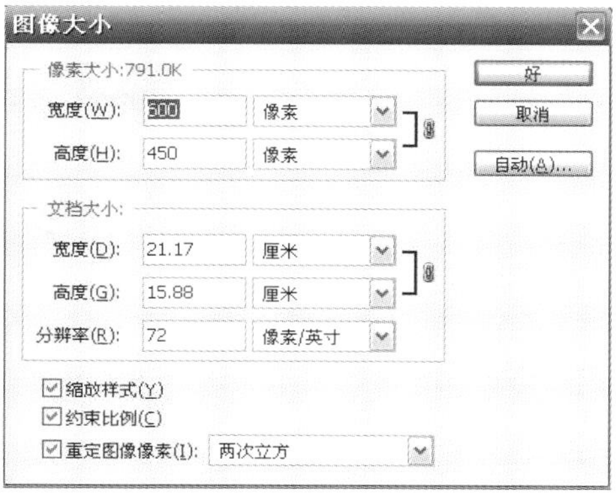

图2-52　图像大小

（3）调整图像的显示区域

当图像超出显示窗口时，系统将自动在窗口显示滚动条，读者可通过调节滚动条来显示图像。另外，还可以用抓手工具来描改变区域。

也可以在“导航器”控制面板中，利用抓手工具移动图像来显示区域。但是，不管当前使用的是何种工具，均可使用导航器控制面板随时改变显示区域。

7）改变图像所占的空间大小

在图像编辑的过程中，图像所占的空间大小会直接影响到作图的速度及图像的质量。因此，设置图像的大小对于作出符合要求的图像是至关重要的。下面介绍如何设置和改变图像所占空间的大小。

（1）改变图像的尺寸大小

在图像操作中，用户会根据需要修改图像的大小。要改变图像的显示尺寸、打印尺寸和分辨率，可执行菜单命令“图像”→“图像大小”；或者用鼠标右键单击图像框，从弹出的快捷菜单中选择“图像大小”菜单命令，系统将打开如图2-52所示的“图像大小”对话框，然后在对话框中进行设置即可。

（2）改变图像的分辨率

分辨率指的是在单位长度内所含点的多少。分辨率的大小直接影响图像的大小。设定分辨率时要考虑输出文件的用途和计算机显卡的分辨率等。

修改图像的分辨率的面板与修改图像的大小的面板相同，如图2-52所示。

（3）改变画布的大小

如果用户不改变图像的尺寸，而是要剪裁或显示图像的空白区时，可执行菜单命令“图像”→“画布大小”，其对话框如图2-53所示。

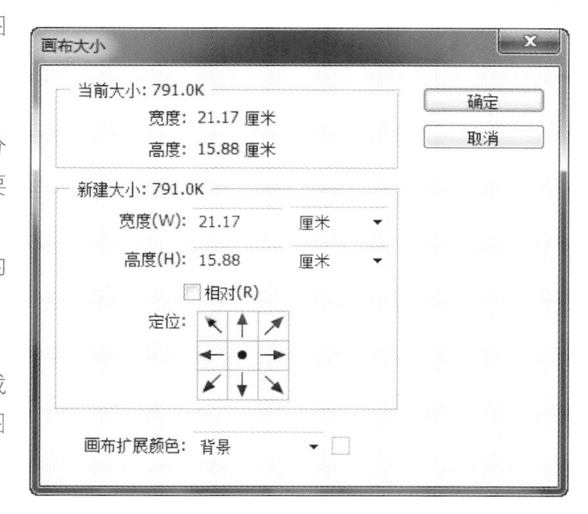

图2-53　画布大小

（4）利用剪裁工具

利用剪裁工具可以剪切图像。先选择剪裁工具，在图像中将光标移至四周的控制点。待光标变为形状后，拖动光标即可。要旋转裁剪区域，可将光标定位在裁剪区域的控制点，待光标开关变为后拖动光标即可。完成后按下<Enter>键或双击鼠标即可结束操作，如图2-54和图2-55所示。按下<ESC>键也可以取消操作。

图2-54　剪裁图像

图2-55　剪裁图像

图像周围的8个控制点可以自由活动。将鼠标放置到一个控制点附近时可以旋转图像，也如图2-54所示。

8）图像的选择

在Photoshop中，大部分操作只对当前选区内的图像区域有效。而如何利用各种工具及命令对图像进行精确选择是图像操作的基本手段，因此读者必须很好地掌握选区的制作方法。

（1）利用矩形选取工具等选取工具进行规则选择

下面介绍如何利用矩形选取工具等选取工具进行规则选择。

利用矩形选取工具和椭圆选取工具可以进行区域选择，其属性栏如图2-56所示。

图2-56　属性栏

（2）利用单行选择工具和单列选择工具制作

利用单行选择工具和单列选择工具能制作一条像素宽的横线或竖线，其“羽化”值必须设为0像素。按住<Shift>键在图像中连续单击，可创建多个单行或单列选区。填充选区后的图像效果如图2-57和图2-58所示。

图2-57　单行选择

图2-58　单列选择

（3）利用魔棒工具进行区域选择

利用魔棒工具可以选择图像中颜色相近的区域。选择魔棒工具，在图像中要选择的区域单击即可选择图像中颜色相近的区域，按住<Shift>键加选，按住<Alt>键减选。选中后的红花周围有一个虚线框，如图2-59所示。

图2-59　用魔棒工具进行区域选择

图2-60　用自由套索工具进行区域选择

（4）利用自由套索工具 等进行不规则区域选择

利用自由套索工具 、多边形套索工具 及磁性套索工具 ，可以对不规则区域进行选择。

①利用自由套索工具 选择。利用自由套索工具 可定义任意形状的区域。用自由套索工具先定义一个点，然后拖动鼠标，如图2-60所示。

②利用多边形套索工具 选择。利用多边形套索工具可以选择直线形的选区。此选取工具适合选择三角形和多边形等形状的选区。

③利用磁性套索工具 选择。利用磁性套索工具可以选择图像与背景色反差较大的区域。当所选区域的边界不是很明显而无法精确选择边界时，可以单击鼠标手动定义节点。按<Delete>键可以删除所定义的节点。

2.3.2　选区的编辑

在Photoshop中，大部分操作只对当前选区有效。因此读者在学会了如何制作选区后，就需要进一步学习如何对选区进行编辑。

1）选区的剪切、复制和粘贴

若需要对选区进行剪切、复制和粘贴，可分别执行菜单命令“编辑”→“拷贝”“剪切”及“粘贴”。下面以实例说明。

①打开一幅图像并制作选区，执行菜单命令“编辑”→“剪切”，将选区内的图像剪切到剪贴板。此时选区内的图像将被剪除，并以背景色填充，如图2-61所示。

②打开另一幅图像，执行菜单命令“编辑”→“粘贴”，将剪贴板上的图像粘贴到新打开的图像中。按<Ctrl+T>组合键，调整其大小，并移动到合适的位置，按<Enter>键，如图2-62所示。

图2-61　剪切

图2-62　粘贴

③将图层1的模式设为“叠加”模式，如图2-63所示，图像效果如图2-64所示。

图2-63 “叠加”模式

图2-64 图像效果

2）清除选区图像

要想清除选区，读者以选择“编辑”→“清除”命令实现。下面以实例说明。

①打开一幅具有两个图层以上的图像。选择图层3，执行菜单命令“选择”→“全选”，将图像全部选择，如图2-65所示。

图2-65 全选图像

②执行菜单命令“编辑”→“清除”，清除的只是当前层的图像内容，图像效果如图2-66所示。

图2-66 清除图像

图2-67 全选图像

3）合并拷贝与粘贴入命令

合并拷贝命令是将选区内的所有层的图像复制到剪贴板中，粘贴入命令则是将剪贴板的内容复制到选区内。下面以实例说明。

①打开一幅图像“桂林山水2”，再置入一幅图像“花4”。用鼠标右键单击“花4”图层，从弹出的快捷菜单中选择“转换为智能对象”菜单项。选择“魔棒工具”，单击“花4”的白色区域，按

<Delete>键，删除白色区域。

②按<Ctrl+T>组合键，调整其大小及位置，按<Enter>键，执行菜单命令“选择”→“全选”，图像如图2-67所示。

③执行菜单命令“编辑”→“合并拷贝”，将选区内图像复制到剪贴板上。打开另一幅图像，并制作如图2-68所示的选区。

图2-68　图像

图2-69　粘贴入图像

④执行菜单命令　“编辑”→“选择性粘贴”→“贴入”，将剪贴板上的内容粘贴到新打开图像的选区内。选择“移动工具”移动贴入的图像，按下<Ctrl+D>组合键，去除选区后的图像效果如图2-69所示。

项目实训

实训2.1　选区实现过程

本实训中先使用选框工具绘制卡通整体轮廓，再使用钢笔工具进行局部绘制，最后用油漆桶工具填充相应的颜色。实现过程较为简单，但应注意如何将选框工具绘制的选区与钢笔绘制的路径选区相融合。本实训操作步骤如下。

①打开Photoshop，执行菜单命令“文件”→“新建”，创建一个宽为600像素、高为450像素、分辨率为72像素 / 英寸、背景内容为白色的文档。

②单击工具栏中的选框工具组，选择椭圆选框工具。在单击椭圆选框工具 后，选择工具属性栏中建立选区区域的“新选区”按钮，绘制圆形选区，如图2-70所示。绘制的区域为卡通形象的脸部轮廓。

图2-70　脸部轮廓区域的绘制

图2-71　图层面板

③选择“图层”面板，单击“图层”面板下方工具条中的“创建新图层” 按钮，创建一个新的图层“图层1”，以将绘制的卡通形象脸部轮廓绘制在该图层。接下来会将卡通形象的每一部分都绘制到一个新的图层，便于对各部分进行独立调整，当对某一部分进行调整时，不至于影响其他部分。

④单击“图层1”，使之处于选中状态，即该图层显示为蓝色，如图2-71所示。接下来设置前景色为浅黄色（fed09e），使用油漆桶工具将选区填充为浅黄色（快捷键为<Alt+Delete>）。

⑤执行菜单命令“编辑”→“描边”，对选区的边缘进行描边。在弹出的对话框中设置“宽度”为

2px，“颜色”为黑色，“位置”为“居外”，其他保持默认设置，单击“确定”按钮。按<Ctrl+D>快捷键取消选区，图像效果如图2-72所示。

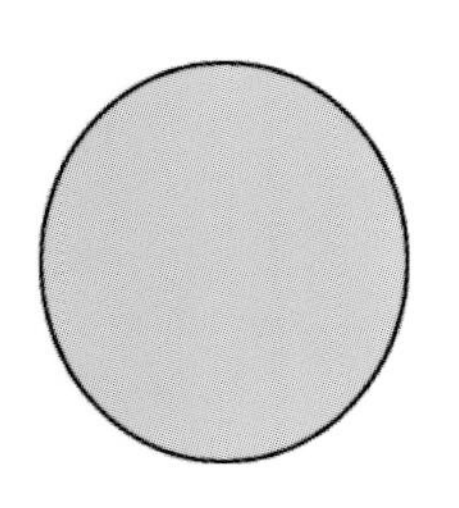
图2-72　脸部选区绘制效果

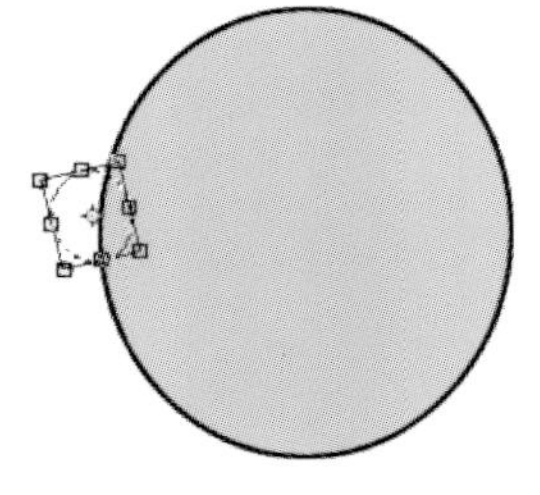
图2-73　耳朵轮廓

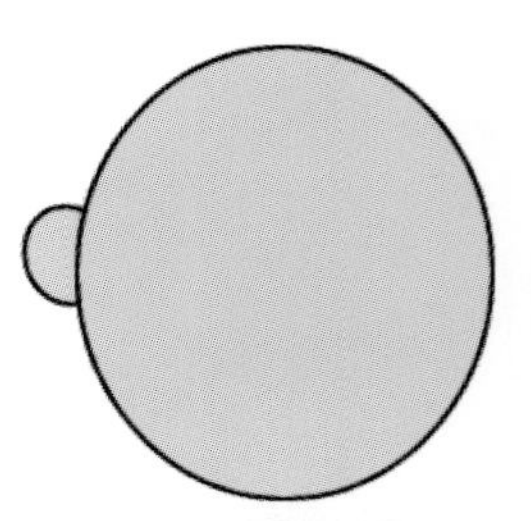
图2-74　左侧耳朵效果

⑥继续选择椭圆选框工具，在画布中绘制一椭圆选区。执行菜单命令“选择”→“变换选区”，这时在选区四周出现用于调整选区角度和大小的矩形。将鼠标放置在矩形右上角的外侧，拖动鼠标对选区进行旋转及调整大小，效果如图2-73所示。按<Enter>键确认此次操作。

⑦采用步骤3的方法，新建一图层“图层2”，使该图层保持选中状态（即图层显示为蓝色）。设置前景色为浅黄色（fed09e），使用油漆桶工具将选区填充，并采用步骤5的方法对选区进行描边操作。用鼠标单击“图层2”，将其拖动至“图层1”的下方，形成耳朵的效果，如图2-74所示。

⑧用鼠标右键单击“图层2”，从弹出的快捷菜单中选择“复制图层”菜单项，打开复制图层对话框，在“为”文本框内输入“图层3”，单击“确定”按钮。执行菜单命令“编辑”→“变换”→“水平翻转”，移动到合适的位置，将右侧的耳朵绘制出来，如图2-75所示。

注意，绘制的右侧耳朵所在的图层应放置在“图层1”的下方。

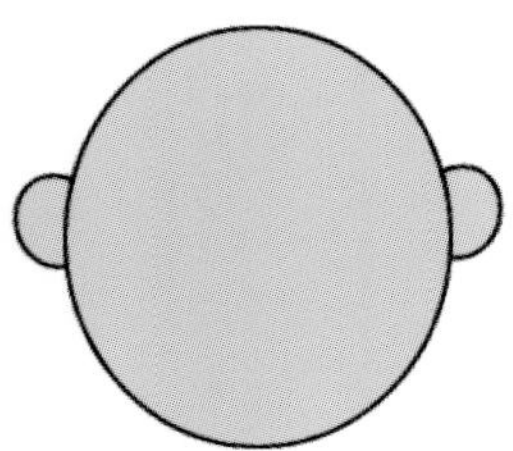
图2-75　耳朵整体效果

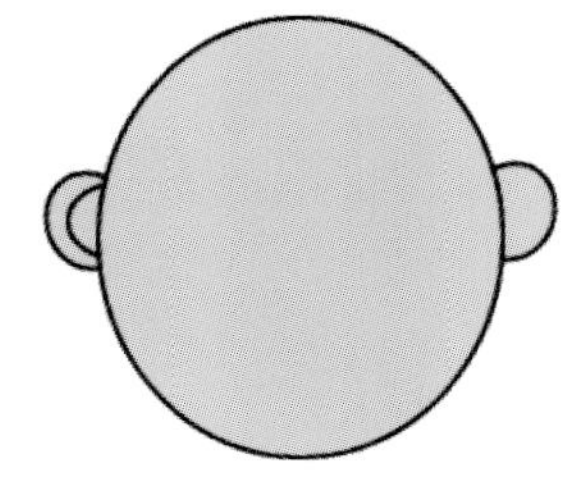
图2-76　耳朵内轮廓区域

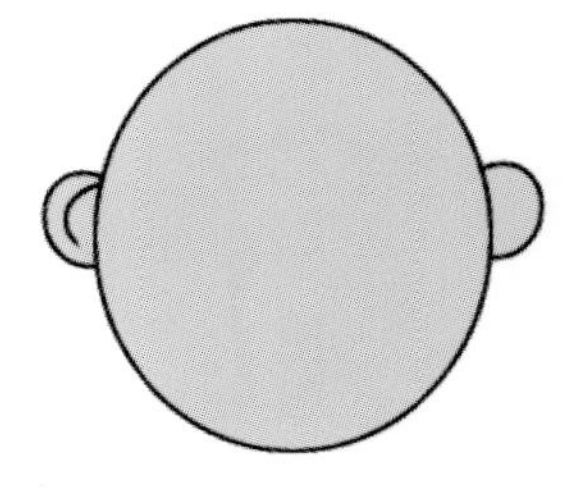
图2-77　耳廓的绘制

⑨创建一个新图层“图层4”，选择椭圆选框工具，在画布中绘制一小椭圆选区，并执行菜单命令“编辑”→“描边”，对选区进行黑色、2px的“居外”描边。按<Ctrl+D>快捷键后，效果如图2-76所示。

⑩使用橡皮擦工具将小椭圆选区的右侧擦除，并使用移动工具，对擦除后的图像进行角度、大小和位置的调整。最后，将图像放置在耳朵内，形成耳廓的形状，如图2-77所示。

⑪用鼠标右键单击“图层4”，从弹出的快捷菜单中选择“复制图层”菜单项。打开复制图层对话框，在“为”文本框内输入“图层5”，单击“确定”按钮。执行菜单命令“编辑”→“变换”→“水平翻转”，移动到合适的位置，制作出右侧的耳廓形状，如图2-78所示。

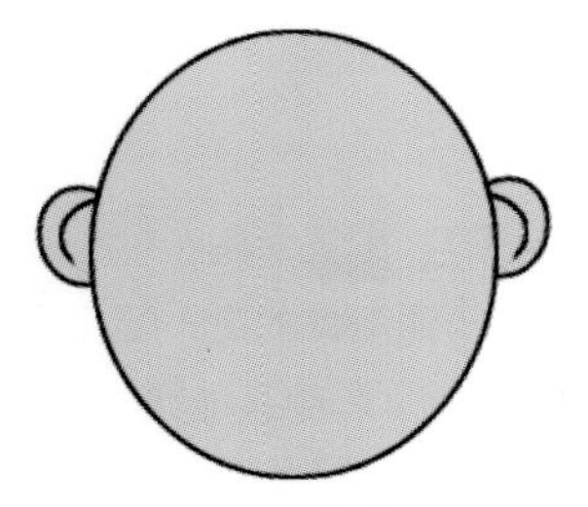
图2-78　耳廓的形状

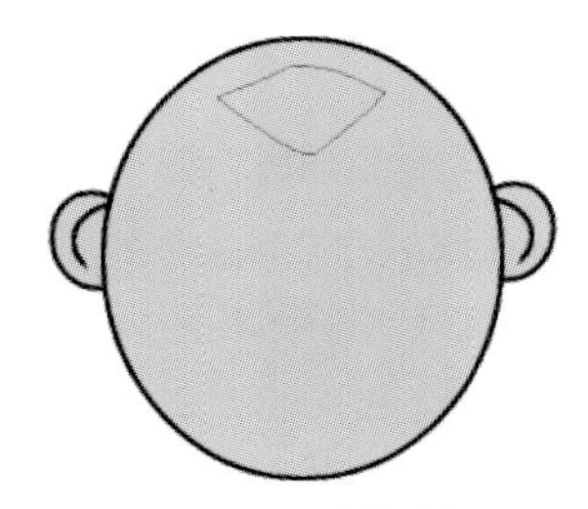
图2-79　头发路径

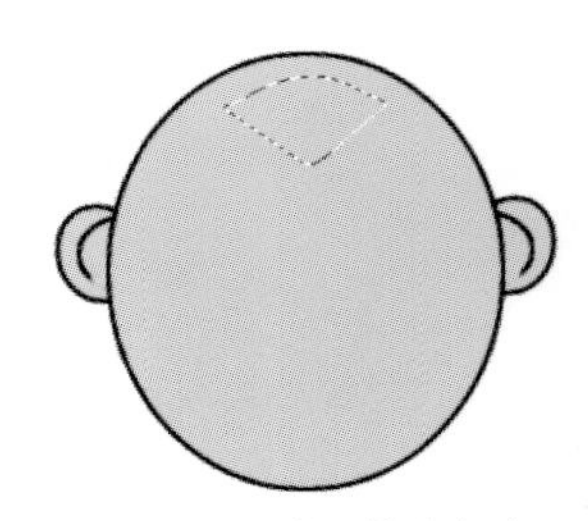
图2-80　建立的头发选区

⑫使用钢笔工具绘制出额头头发的轮廓路径，如图2-79所示。本路径是一条闭合的路径，在绘制

图中上方的锚点时，拖动鼠标（不要松开）形成曲线。如果曲线效果不完美，使用路径选择工具单击锚点，使锚点两侧的手柄显示出来。接下来，拖曳锚点两侧的手柄进行路径曲线调整，直至调整到合适的位置。路径中其他锚点可以是直线点。

⑬使用路径选择工具，用鼠标右键单击（以下简称“右击”）该路径，选择系统弹出的快捷菜单中的“建立选区”命令，将会弹出“建立选区”对话框。设置“羽化”为0，单击“确定”按钮，形成头发的选区，如图2-80所示。

⑭新建一图层“图层6”，设置前景色为黑色，使用油漆桶工具将头发选区在该图层中填充为黑色，效果如图2-81所示。

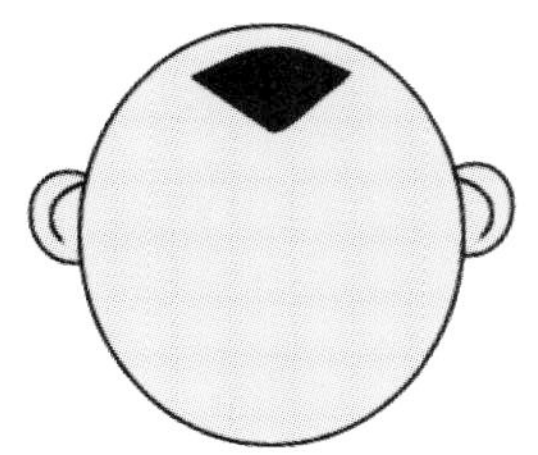
图2-81　额头头发效果

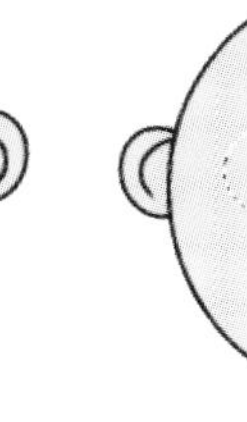
图2-82　眼睛选区

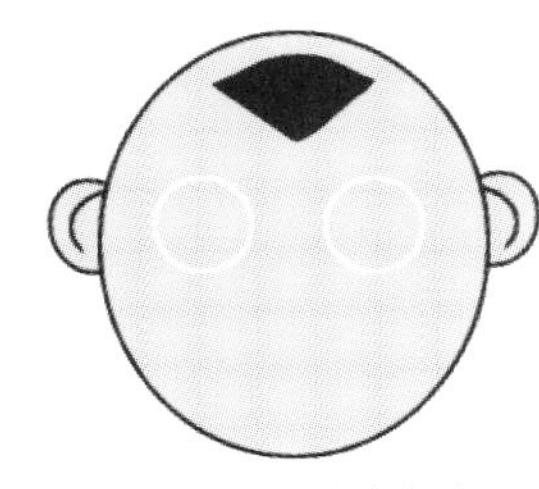
图2-83　眼睛轮廓效果

⑮绘制眼睛效果。继续使用椭圆选框工具，选择工具属性栏中建立选区区域的“添加到选区”按钮，绘制眼睛的圆形选区，如图2-82所示。

⑯新建一图层“图层7”，设置前景色为白色，将选区填充到本图层中。接下来执行菜单命令“编辑”→“描边”，对选区进行黑色、2px、“居外”的描边，效果如图2-83所示。

⑰新建一图层“图层8”，使用椭圆选框工具将眼球绘制出来，再使用油漆桶工具进行黑色填充。使用移动工具对其大小及位置进行调整，形成如图2-84所示的效果。

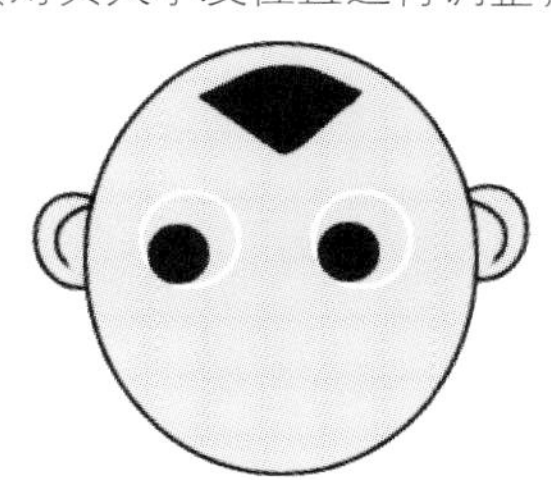
图2-84　眼球效果

图2-85　眉毛和鼻子效果

图2-86　嘴部效果

⑱新建一图层“图层9”，使用椭圆选框工具绘制两个和眼睛大小相近的选区，采用步骤15的方法进行描边。利用橡皮擦工具 将图形的下方擦除，并使用移动工具对其位置进行调整，最终形成眉毛的效果。继续使用这种方式绘制出鼻子的效果，如图2-85所示。

⑲新建一图层“图层10”，使用椭圆选框工具，选择工具属性栏中建立选区区域的“从选区中减去”按钮，绘制出嘴部的形状，并按照步骤15的方法进行描边，效果如图2-86所示。

⑳新建一图层“图层11”，使用椭圆选框工具，选择工具属性栏中建立选区区域的“添加到选区”按钮。“羽化”设置为10 px，绘制腮部的圆形选区，并设置前景色为红色，使用<Alt+Delete>快捷键对选区进行填充，最终得到如图2-87所示的效果。

图2-87　最终效果

图2-88　图层

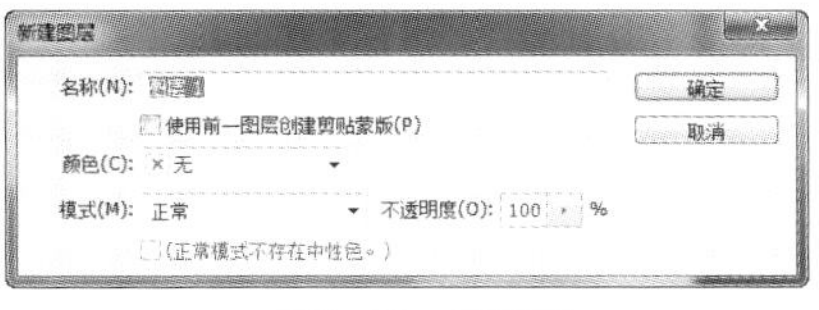

图2-89　新图层

2.3.3 图层的使用

在Photoshop中，系统对图层的管理主要是通过图层控制面板和图层菜单来完成的，根据图层作用的不同，图层可分为多种类型，如普通层、调整层和文本层等。

1）组成元素

在图层控制面板中，Photoshop有着非常大的作用。利用图层可以把图像中的单独区域分离并加以处理，这样就极大地增强了制图的效果。如图2-88所示为其控制面板。

（1）“图层混合模式”选项

该模式是指图层的混合模式，单击该列表可以打开下拉菜单选择色彩混合模式，从而决定当前图层与其他图层叠加在一起的效果。

（2）“层不透明度”选项

用于设定各个图层的不透明度。

（3）图层名称

在建立图层时系统自动将图层命名为“图层l”和“图层2”等，双击图层名称，可以为其改名。

（4）图层缩览图

能显示该图层的内容，使用户能清楚地识别每一个图层。

（5）眼睛图标

图层名称左侧的眼睛图标用于显示或隐藏图层。隐藏图层时，不能对其进行任何编辑。

（6）层链接标志

当眼睛图标右侧的方框中出现链接标志时，表示这一图层与当前图层链接在一起。链接的图层可以与当前图层一起移动。

（7）当前图层

在图层控制面板中，以蓝色显示的图层为当前图层。当前图层左侧有一个笔刷图标。一幅图像中只有一个当前图层，并且绝大部分的编辑命令只对当前图层有效。当要切换当前图层时，用鼠标单击图层面板的缩略图或名称即可。

（8）锁定背景层

在图层名称的右侧有一个锁的图标，它用于将图层锁定，当图层上有这个图标的时候，则不能对它进行移动等操作。在默认状态下，背景层为锁定状态。如果需要对背景层进行操作，可以双击背景层，在打开的对话框中单击按钮，将背景层转换成为普通层即可。

2）普通层

单击“图层”控制面板中的“新建”按钮 ，即可创建新的图层。或者执行菜单命令“图层”→“新建”→“图层”，打开如图2-89所示的对话框，在“名称”选项中输入层的名称，也可以创建新的图层。

3）调整层

利用调整层，可以将色阶等效果单独放在一个层中而不改变原图像。执行菜单命令“图层”→“新调整图层”→“色阶”创建调整层。或者直接单击“图层”控制面板中的“调整图层” 按钮，也可以创建调整层。下面以实例加以说明。

①打开一幅图像，单击图层控制面板中的“调整图层” 按钮，从弹出的快捷菜单中选择“色阶”菜单命令。

②在打开的“色阶”对话框中调整其滑条，如图2-90所示。图像效果如图2-91所示。

图2-90 色阶

图2-91 图像效果

4）填充层

填充层是一种带蒙版的图层，其内容可为纯色、渐变色或图案。填充层可以随时将其转换为调整层。下面通过图例说明。

①打开一幅图，如图2-92所示。

②设置前景色为白色，单击“调整图层”按钮，从弹出的快捷菜单中选择“渐变”菜单命令。打开“渐变填充”对话框调整其参数，如图2-93所示。调整后的图像如图2-94所示。

图2-92 图像

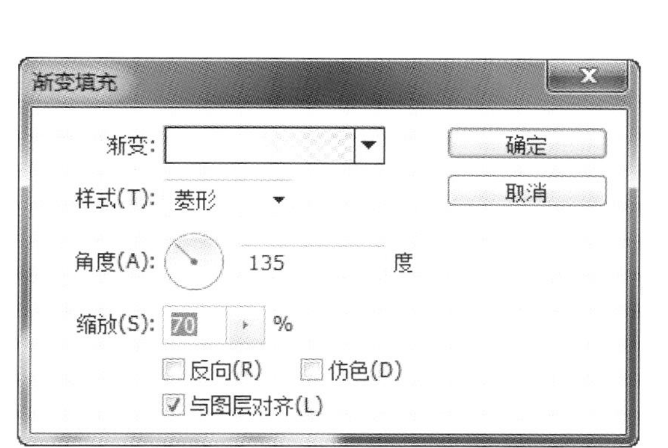

图2-93 渐变填充

图2-94 调整后的图像

5）文本层

选择横排文字工具 T，在图像中单击即可创建文本层。文本层可以制作文字阴影、内发光和浮雕等效果，但是不能用于滤镜、渐变和色彩调整等命令。因此，如需对文字进行一些特殊的效果处理，可将文本层转为普通层。

图2-95 文本图层转换为普通层

但需注意的是，一旦转换为普通层，则不能再将其转换为文本层进行文本编辑。进行转换后，图层的文本标志将消失。

执行菜单命令“图层”→“栅格化”→“图层”，可将文本层转换为普通层，如图2-95所示为其转变前后的图层面板。

在所有的图层中，背景层是一个特殊的图层，使用时应注意以下两点。

①对背景层存在着特殊的限制，它只能位于图层的最下方。因此，无法对其进行图层效果的处理，而且不能含有透明区或图层蒙版等。若需对背景层进行处理的话，首先需将其转换为普通层。

②要将背景层转为普通层，可以双击背景层的名称，然后在弹出的对话框中单击“确定”按钮即可。

6）图层使用实例

①执行菜单命令“文件”→“新建”命令或按<Ctrl+N>快捷键，新建一文件，命名为“玉镯.psd”，“宽度”和“高度”都为14厘米，“背景”为白色。单击“确定”按钮。

②执行菜单命令“视图”→“标尺”或按<Ctrl+R>快捷键，显示图像的标尺，用鼠标从标尺7厘米处拉出垂直和水平的两条参考线（注意：拉到近中间1／2处时，参考线会抖动一下，这时停下鼠标，即水平或垂直的中心线）。拉出相互垂直的两条参考线后，图像的中心点就确定了。

③新建一个图层“图层1”，接下来选用椭圆选框工具准备在图中绘制。用椭圆选框工具在中心点按住，再按下<Shift+Alt>组合键，然后拖动鼠标绘制一个以中心参考点为圆心的圆形选区，如图2-96所示。

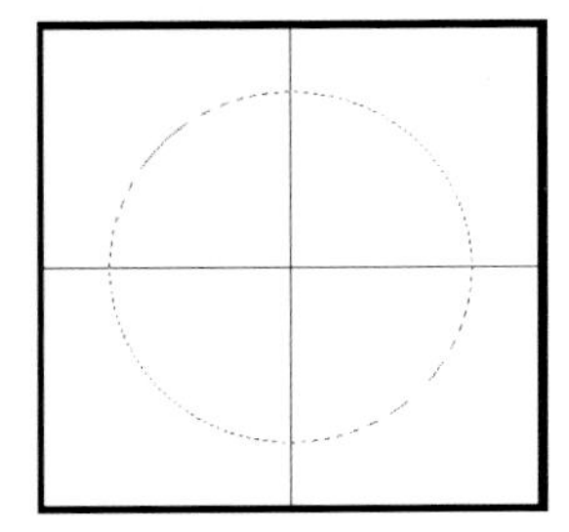

图2-96　绘制圆形选区

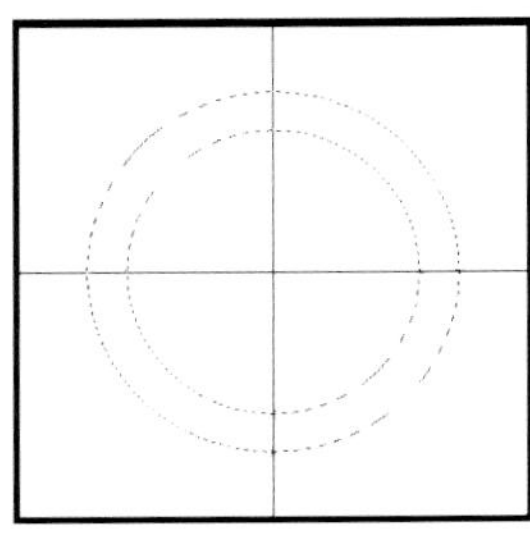

图2-97　绘制环形选区

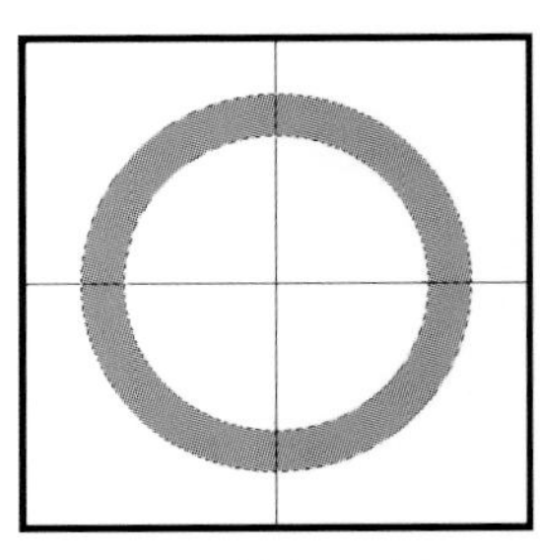

图2-98　填充环形选区

④再次使用椭圆选框工具，设置“从选区减去”选项。用椭圆选框工具在中心点按住，绘制一个圆形选区。再按下<Shift+Alt>快捷键，然后拖动鼠标绘制一个以中心参考点为圆心的较小些的圆形选框，最后得到一个环形选区，如图2-97所示。

⑤将前景色设置为绿色（64be09），然后按<Alt+Delete>快捷键填充圆环，如图2-98所示。

⑥按<Ctrl+D>组合键取消选区，双击“图层1”缩略图，弹出“图层样式”对话框，选中“斜面与浮雕”选项，设置各个参数：“深度”为181，“大小”为22，“角度”为153，“高度”为79。所有参数均不是定数，可以观察着图像反复调整，直到满意为止，如图2-99所示。

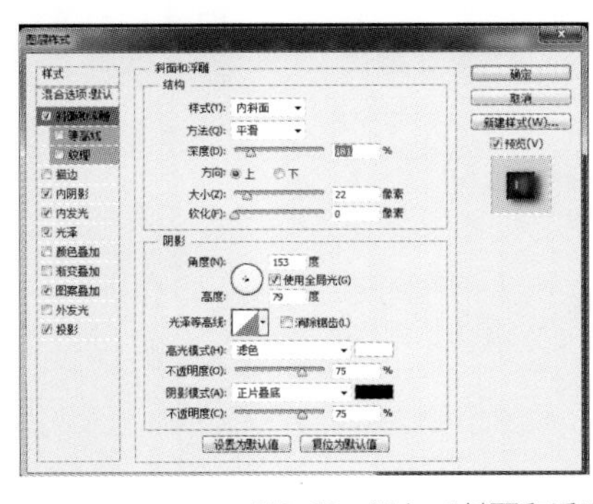

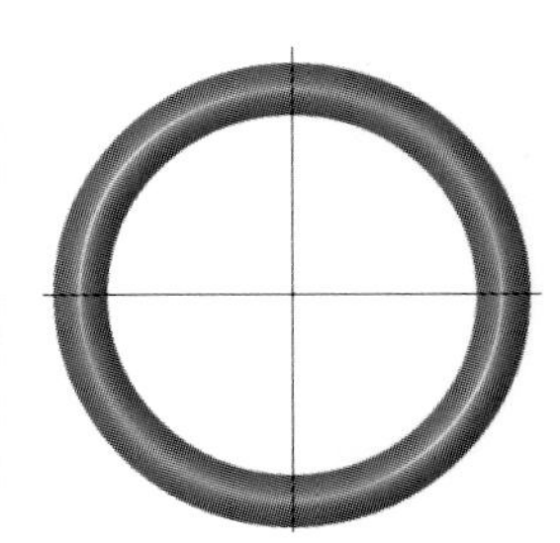

图2-99　添加“斜面和浮雕”后的效果

⑦接着选择“光泽”选项，设置“混合模式”的色块为翠绿色（55c91e），“距离”为14，“大小”为32。也可观察着图像进行调整，直到满意为止，如图2-100所示。

⑧设置“图案叠加”效果，选择“云彩”图案，调整“不透明度”和“缩放”选项为50和274，将其设置为合适比例，效果如图2-101所示。

⑨设置“投影”选项，设置“混合模式”的色块为翠绿色（55c91e），“不透明度”为73，“距

离”为6，“大小”为10，效果如图2-102所示。

⑩还可以添加“内发光”与“内阴影”效果，最终效果如图2-103所示。

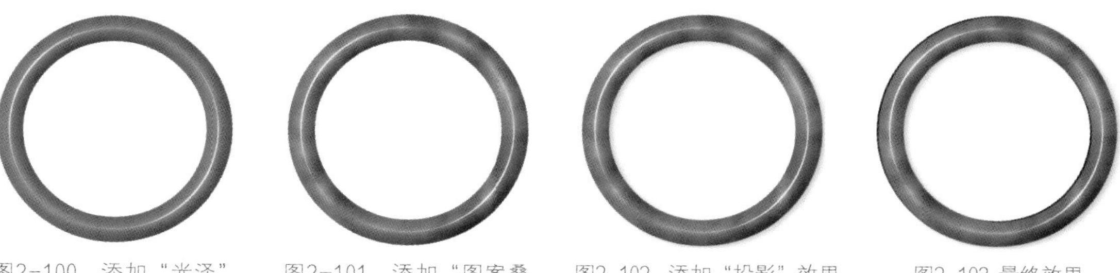

图2-100 添加“光泽”后的效果　图2-101 添加“图案叠加”效果　图2-102 添加“投影”效果　图2-103 最终效果

2.3.4 图像的色彩调整

色彩调整在图像的修饰中是非常重要的一项内容，它包括对图像色调进行调节、改变图像的对比度等。

在“图像”菜单下的“调整”子菜单中的命令都是用来进行色彩调整的命令。

色阶、自动色阶、曲线、亮度 / 对比度命令主要用来调节图像的对比度和亮度。这些命令可修改图像中像素值的分布，曲线命令提供最精确的调节。另外，可以对彩色图像个别通道执行色阶、曲线命令来修改图像中的色调。

色彩平衡命令用于改变图像中颜色的组成。该命令只适合作快速而简单的色彩调整，若要精确控制图像中各色彩的成分，应使用色阶和曲线命令。

色相 / 饱和度、替换颜色和可选颜色可对图像中的特定颜色进行修改。

1）色阶命令的使用

打开一个图像文件，执行菜单命令“图像”→“调整”→“色阶”，打开“色阶”对话框，如图2-104所示。对话框是将每个通道中的最暗和最亮像素——映射为黑色和白色，根据每个亮度值（0~255）处像素点的多少来划分的，最黑的像素点在左面，最亮的像素点在右面。输入色阶显示当前的数值，输出色阶显示的是将要输出的数值。

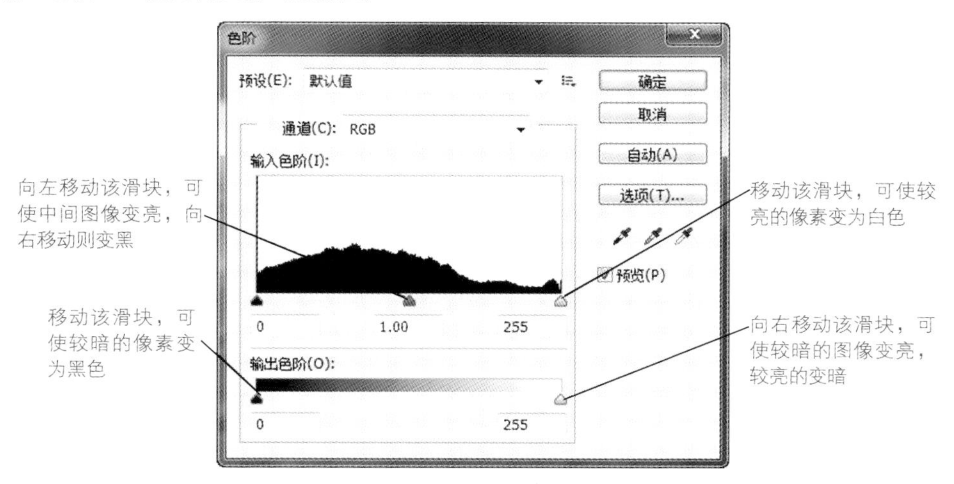

图2-104 色阶

（1）使用输入色阶来增加图像的对比度

对话框下面靠左的黑三角用来增加图像中暗部的对比度；右边的白色三角用来增加图像中亮部的对比度；改变图像中间调的亮度值，不会对暗部和亮部有太大的影响。输入色阶后面的数值和直方图下面三角的位置相对应。

例如，若想增加图像的对比度，将输入色阶的黑三角拖到80处，则原图像中亮度值为0~80的亮度值都变为0，并且比80高的像素点也被相应地减少像素值，这样重新映射会使图像变暗，并且暗部的对比度增加。

（2）使用输出色阶来降低图像的对比度

输出色阶的黑三角用来降低图像中暗部的对比度，白三角用来降低图像中亮度的对比度，输出色阶后面的数值和下面三角的位置相对应。

假设想减小图像的对比度，将输出色阶的白三角拖到230处，那么原来图像中亮度值为255的像素都变为230，并且高度比230低的像素点也被相应地减少像素值。结果是图像变暗，并且高光区中对比度减小。

2）曲线命令的使用

曲线命令不是只使用3个变量（高光、暗调和中间调）来进行调整，而是将整体分为16个小方块，这样可以更精确地控制每一个亮度层次光点的变化，更有效地调整图像的色调。

执行菜单命令“图像”→“调整”→“曲线”，打开“曲线”对话框，如图2-105所示。在对话框中横轴表示图像原来的亮度值，相当于色阶对话框中的输入色阶；纵轴表示处理后新的亮度值，相当于色阶对话框中的输出色阶。要随时反转曲线更改显示，可点按曲线下面的双箭头。

图中对角线显示当前的输入和输出数值之间的关系，没有进行调整时是一条直线，即所有的像素都具有相同的“输入”和“输出”值。对于RGB图像，“曲线”显示0~255的亮度值，暗调（像素值为0）位于左边。对于CMYK图像，“曲线”显示0~100的百分数，高光（0）在左边。

以RGB色彩模式为例，介绍曲线命令的使用。

①右上角的端点向左移动，增加图像亮部的对比度，图像变亮；向下移动，减少图像亮部对比度，图像变暗。

②左下角的端点向右移动，增加图像暗部的对比度，图像变暗：向上移动，减少图像暗部对比度，图像变暗。

③通过曲线工具可拖动图表中的节点，从而产生特定的色调曲线。

④通过铅笔工具可绘制任意形状的色调曲线，绘制的色调曲线将替代该位置上原来的曲线。

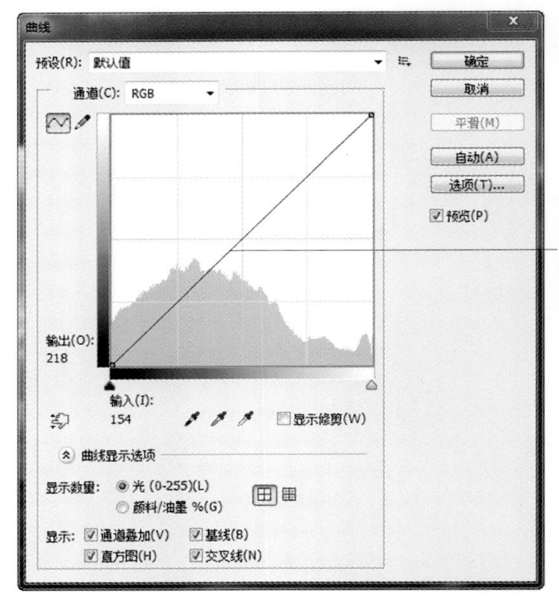

图2-105 曲线

3）亮度 / 对比度

亮度 / 对比度命令用于概略地调节图像的亮度和对比度。

4）色彩平衡

色彩平衡命令用于改变图像中颜色的组成，解决图像中色彩的任何问题（色偏、过于饱和与饱和不足的颜色），混合色彩使之达到平衡效果。该命令只适合作快速而简单的色彩调整，若要精确控制图像中各色彩的成分，应使用色阶和曲线命令。执行菜单命令“图像”→“调整”→“色彩平衡”，打开“色彩平衡”对话框，如图2-106所示。

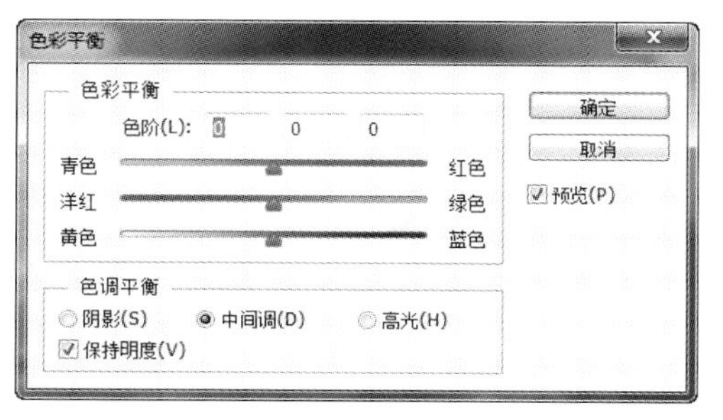

图2-106　色彩平衡

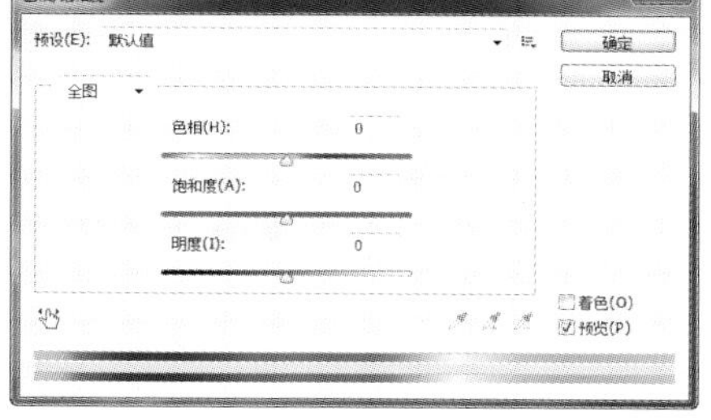

图2-107　色相饱和度

在色彩平衡选项组中有3个标尺，通过它们，可以控制图像的3个颜色通道（红、绿、蓝）色彩的增减，方法是将三角形拖向要在图像中增加的颜色，或将三角形拖离要在图像中减少的颜色。

色彩标尺中在同一平衡线上的两种颜色为互补色。例如，当处理一幅冲洗成发青色的照片图像时，可通过增加青色的补色即红色对青色进行补偿，将图像调整成合适的颜色。

5）色相 / 饱和度

执行菜单命令“图像”→“调整”→“色相 / 饱和度”，打开“色相 / 饱和度” 对话框，如图2-107所示。可调整整个图像或图像中单个颜色成分的色相、饱和度和亮度。通过拖动三角形来改变色相、饱和度和亮度。对话框下面的两条色谱，上面的色谱表示调整前的状态，下面的色谱表示调节后的状态。

6）去色命令

执行菜单命令“图像”→“调整”→“去色”，可将图像中所有颜色去掉（即颜色的饱和度为0），从而产生相同色彩模式的灰度图像效果。一幅彩图可通过“去色”命令变成灰度图像效果，也可使用转换图像色彩模式成灰度图像，但使用“去色”命令后仍可为图像添加彩色。

7）替换颜色

使用替换颜色命令可将图像中选择的颜色替换成其他颜色。例如，要将如图2-108所示黄色汽车替换成红色汽车，操作步骤如下。

图2-108　黄色汽车

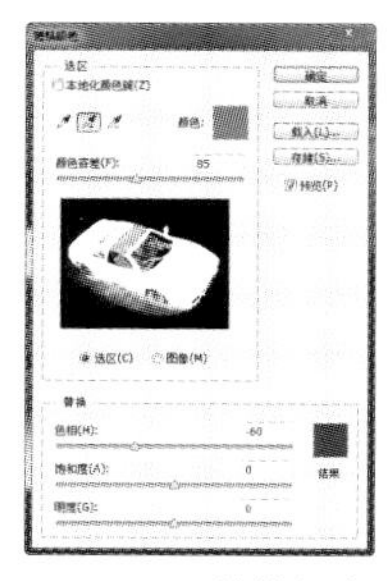

图2-109　替换颜色

图2-110　变为红色汽车

①执行菜单命令“图像”→“调整”→“替换颜色”，打开“替换颜色”对话框，如图2-109所示。

②设定颜色容差值，以确定所选颜色的近似程度。

③选择“选区”或“图像”选项中的一个。“选区”在预览框中显示蒙版，被蒙版区域为黑色，未蒙版区域为白色。“图像”在预览框中显示图像。

④选用对话框中的吸管工具，在图像或预览框中选择所要替换的颜色。使用带加号的吸管按钮，添加区域；使用带减号的吸管按钮，去掉某区域。

⑤在变换选择组中拖移色相、饱和度和明度滑块（或在文本框中输入数值），使所选汽车区域的颜色为红色，如图2-110所示。

⑥单击“确定”按钮，汽车颜色成为红色。

2.3.5 滤镜

滤镜专门用于对图像进行各种特殊效果处理。图像特殊效果是通过计算机的运算来模拟摄影时使用的偏光镜、柔焦镜及暗房中的曝光和镜头旋转等技术，并加入美学艺术创作的效果而发展起来的。

Adobe Photoshop自带的滤镜效果有14组之多，每组又有多种类型。读者需要在不断实践中掌握它们的技巧。除了Adobe公司本身提供的若干特技效果，还有很多第三方提供的软件效果可以使用，使得Adobe Photoshop具有迷人的魅力。

图像的色彩模式不同，使用滤镜时会受到某些限制。在位图、索引图、48位RGB图、16位灰度图等色彩模式下，不允许使用滤镜。在CMYK、Lab模式下，有些滤镜不允许使用。一般情况下，应用RGB模式编辑图像使用滤镜不受限制。如果编辑的图像不是RGB模式，可以执行菜单命令“图像”→“模式”→“RGB颜色”，将图像格式转化为RGB模式即可。虽然Photoshop提供的滤镜效果各不相同，但其用法基本相同。首先，打开要处理的图像文件，如果只对部分区域进行处理，就要选择区域，否则会对整个图像进行处理。然后，从滤镜菜单中选择某一滤镜，在出现的对话框中设置参数，确认后即出现该滤镜效果。

在执行滤镜时，最近用到的滤镜命令，可以通过<Ctrl+F>组合键将它们重新执行一次；使用<Ctrl+Shift+F>组合键可以对上次滤镜效果进行重新设置。

以下将简单介绍几种滤镜的用法。

1）模糊滤镜

模糊滤镜用来对图像进行模糊效果或柔化边缘。动感模糊滤镜模仿物体运动时的摄影手法来产生运动模糊。执行菜单命令“滤镜”→“模糊”→“动感模糊”，打开“动感模糊”对话框，如图2-111所示。在对话框中，角度用来调节模糊方向；距离用来控制动感模糊程度。如图2-112所示是使用动感模糊滤镜前后的原图及效果图。

图2-111　动感模糊

图2-112　使用动感模糊滤镜前后的原图及效果图

2）扭曲滤镜

扭曲滤镜模拟各种不同的扭曲效果，生成波纹、挤压变形等图像。

（1）球面化滤镜

通过将选区包在球形上，扭曲图像并伸展以适合所选曲线，为对象制作三维效果。

执行菜单命令“滤镜”→“扭曲”→“球面化”，打开 “球面化”对话框，如图2-113所示。在对话框中，数量用来控制变形的程度。数值为正，向里变形；数值为负，向外变形。如图2-114所示是使用球面化滤镜前后的原图及效果图。

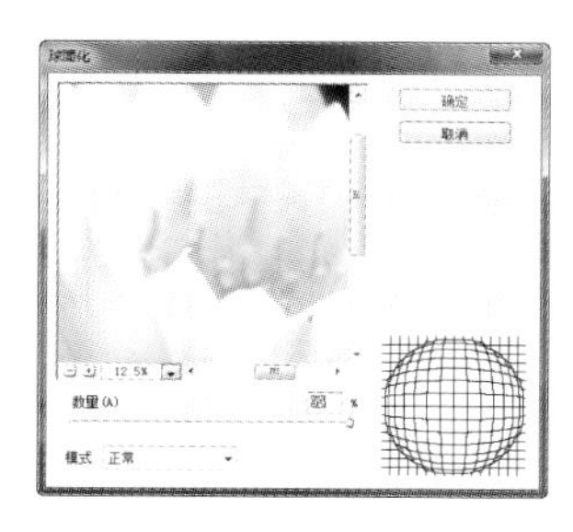

图2-113　球面化

图2-114　使用球面化滤镜前后的原图及效果图

（2）水波纹滤镜

水波纹滤镜用于生成池塘波纹效果。

执行菜单命令“滤镜”→“扭曲”→“水波纹”，打开“水波”对话框，如图2-115所示。在对话框中有3个控制选项：“数量”用于调节程度；“起伏”用于设定波纹总数；“样式”用于选择类型。如图2-116所示是使用水波纹滤镜命令前后的原图及效果图。

图2-115　水波

图2-116　使用水波纹滤镜命令前后的原图及效果图

3）风格化滤镜

风格化滤镜模拟印象派及其他风格画派效果。

（1）浮雕滤镜

浮雕滤镜用来勾勒出图像的轮廓和以降低周围色值来生成浮雕凸起的效果。

执行菜单命令“滤镜”→“风格化”→“浮雕效果”，打开“浮雕效果”对话框，如图2-117所示。在对话框中，“角度”选项用于调节效果光源的方向；“高度”用于控制浮雕凸起的高度；“数量”用来控制浮出图像的色值。如图2-118所示是使用浮雕滤镜命令前后的原图及效果图。

（2）寻找边缘滤镜

选择此滤镜后就会在白色背景上用线条勾画图像的边缘作为最终的图像效果，执行菜单命令“滤镜”→“风格化”→“寻找边缘”，如图2-119所示。

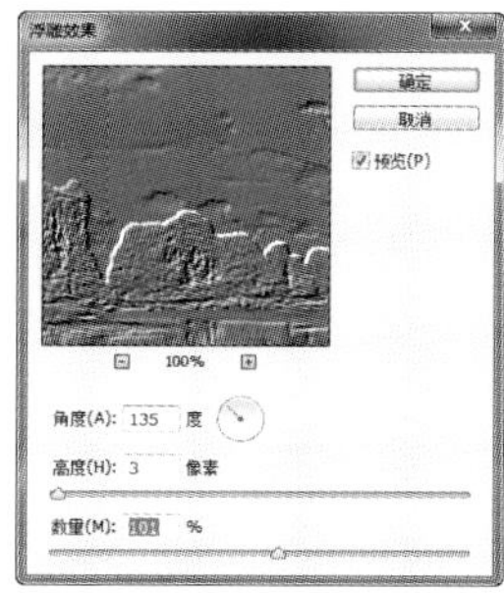

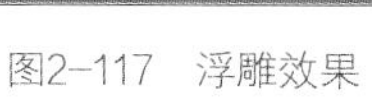

图2-117　浮雕效果

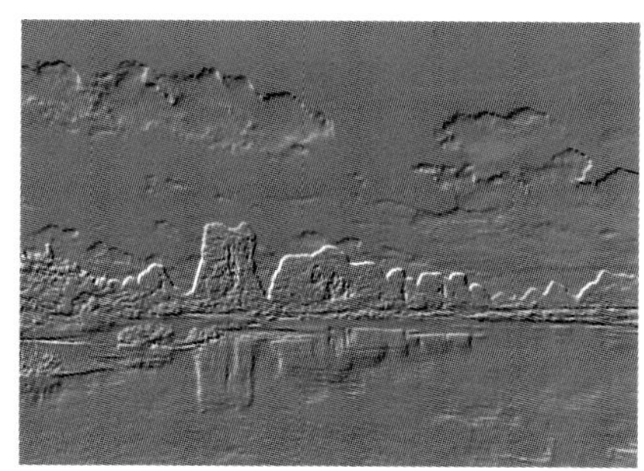

图2-118　使用浮雕滤镜命令前后的原图及效果图

图2-119　使用寻找边缘命令前后的原图及效果图

4）渲染滤镜

（1）光照效果滤镜

光照效果滤镜主要用在图像中产生照明效果，可对图像使用不同的光源、光线类型和特性。仅适用于RGB色彩模式的图像。

执行菜单命令“滤镜”→“渲染”→“光照效果”，打开“光照效果”对话框，如图2-120所示。“光照类型”用于选择光线类型。PS CS6提供了3种光源：“点光”“聚光灯”和“无限光”。在“光照类型”选项下拉列表中选择一种光源后，就可以在对话框左侧调整它的位置和照射范围，或添加多个光源。

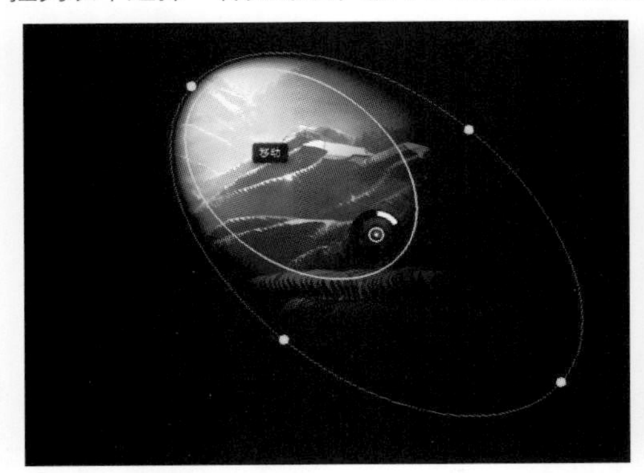

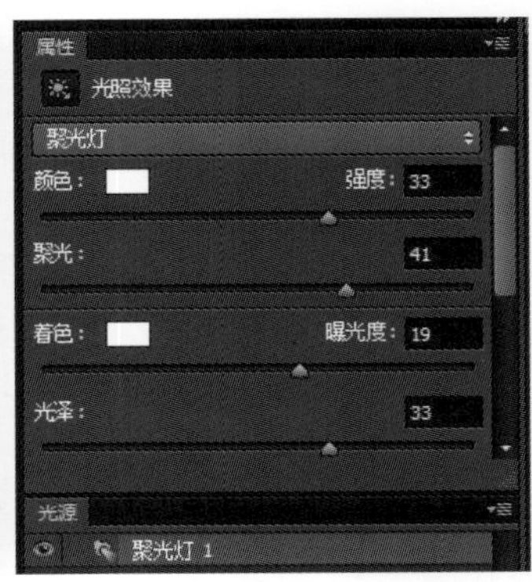

图2-120　光照效果

“属性”选项中，“光泽”用来设置灯光在图像表面的反射程度。“曝光度”该值为正值时，可增加光照；为负值时，则减少光照。“着色”用于使照射光变亮或变暗。“颜色”用于调整灯光的强度，该值越高光线越强。“聚光”可以调整灯光的照射范围。环境：单击“着色”选项右侧的颜色块，可以在打开的“拾色器”中设置环境光的颜色。当环境滑块越接近负值时，环境光越接近色样的互补色；滑块接近正值时，则环境光越接近于颜色框中所选的颜色。纹理：可以选择用于改变光的通道。“高度”：拖动“高度”滑块可以将纹理从“平滑”改变为“凸起”。如图2-121所示是使用两个聚光灯点光源光照效果滤镜命令前后的原图及效果图。

图2-121　使用光照效果滤镜命令前后的原图及效果图

（2）镜头光晕滤镜

镜头光晕滤镜可以产生照相机滤光镜的炫光效果。

执行菜单命令"滤镜"→"渲染"→"镜头光晕"，打开"镜头光晕"对话框，如图2-122所示。在对话框中，"亮度"选项用于调节亮斑大小。"光晕中心"用于设定炫光中心位置，可直接拖曳十字光标至合适位置。"镜头类型"有3种可供选择的镜头。图2-123所示是使用镜头光晕滤镜命令前后的原图及效果图。

图2-122　镜头光晕

图2-123　使用镜头光晕滤镜命令前后的原图及效果图

5）杂色滤镜

杂色滤镜组用来添加或去掉杂色，杂色是指随机分布色阶的像素。

去蒙尘与划痕滤镜主要用来去除图像中灰尘以及对划痕的修补。应用该滤镜前首先在图像上选择要清除的区域，然后执行菜单命令"滤镜"→"杂色"→"蒙尘与划痕"，打开"蒙尘与划痕"对话框，如图2-124所示。

在对话框中，如有必要，调整预览缩放比例直到该区域包含的杂色可见。对话框中"半径"确定滤镜搜索像素差别的范围；"阈值"确定像素被消除前像素值的差别程度。通过输入阈值数值或拖移滑块逐渐改变"阈值"，直到消除缺陷的最大可能值处。图2-125所示为使用去蒙尘与划痕滤镜前后的原图及效果图。

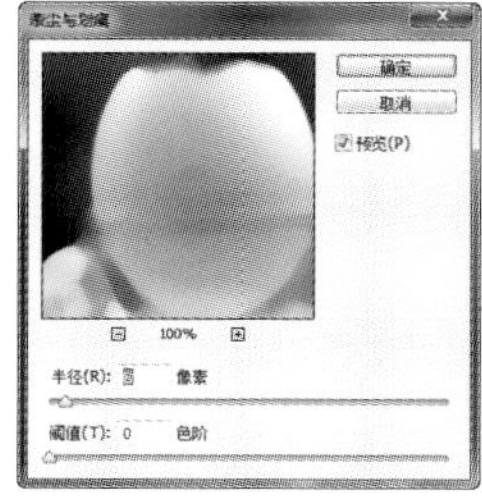

图2-124　蒙尘与划痕

图2-125　使用去蒙尘与划痕滤镜前后的原图及效果图

6）图像液化扭曲滤镜

液化扭曲滤镜可以制作出各种动态的图像变形效果，可以方便地利用它制作弯曲、旋涡、膨胀、收缩、移位和反射等效果。该命令不能用于索引模式、位图模式和多通道模式的图像。

执行菜单命令"滤镜"→"液化"，打开如图2-126所示的"液化"对话框。

图2-126　液化

①下面简单介绍对话框中各工具的特点。使用左侧的工具可以对图像进行变形和制作旋涡效果等操作。利用右侧的命令可以设置笔刷的大小以及蒙版和冻结的区域等。

A.向前变形工具 ：选中此工具后，在图像中单击并拖动鼠标可以弯曲图像。

B.重建工具：使用该工具在变形的区域单击鼠标或拖动鼠标进行涂抹，可以使变形区域的图像恢复到原始状态。

C.褶皱工具和膨胀工具可收缩或扩展笔刷下的像素。利用此工具可以轻松地调整人的比例和形态等，从而制作出特殊的效果。

D.左推工具：可以在垂直方向移动像素。

E.抓手工具：可以移动图像预览图。

F.放大镜工具：可以放大局部区域。

②下面以实例介绍此滤镜的作用。

A.打开一幅图像，如图2-127所示。

B.使用“向前变形工具”将头发卷曲，“膨胀工具”将眼部放大，“向前变形工具”将眉毛挑高，“褶皱工具”将嘴巴收缩变形。图像效果如图2-128所示。

图2-127　原图

图2-128　效果图

7）创建弯曲的文字对象

Photoshop CS6可以创建弯曲的文字形状，如波浪形、鱼形、拱形等多种形状。使用工具箱中的文字工具，在图像区中单击，在工具选项中单击“创建变形文本”按钮，打开“变形文字”对话框。“样式”下拉框中有多种风格可供选择，并可进一步设置有关参数。图2-129所示为“拱形弯曲”对话框，其拱形文字效果如图2-130所示。

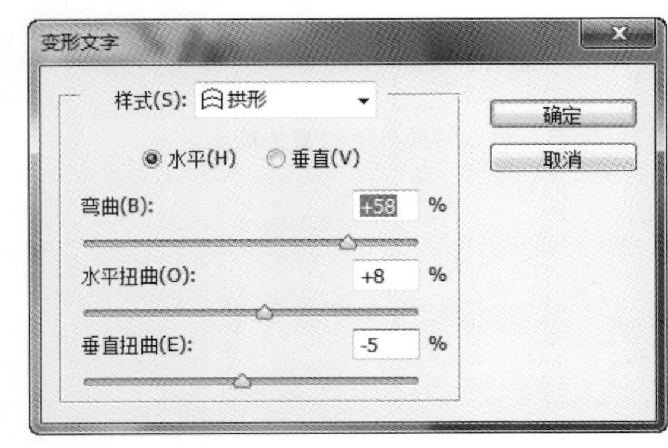

图2-129　变形文字

图2-130　拱形文字效果

项目实训2

实训2.1　光盘盘面设计

本案例综合了多种蒙版使用方法，将多个素材图像进行整合，最终实现光盘盘面的效果，案例实现过程如下。

项目操作步骤2.1

实训2.2　名片设计与制作

在设计商业名片时，要考虑到与公司的Ⅵ（Visual 1dentity，视觉识别）系统设计相统一，要根据企业规定的标准色、Logo、中英文名称和标准字体来进行设计，名片的界面既要体现出行业特点，又要能代表企业的形象。本案例是为重庆电子工程职业学院传媒艺术学院王向东老师设计名片，该名片使用该院的标准色“科技蓝”为主色调，以流线形打破了名片矩形的呆板界面，显得生动活泼。

在这个名片的制作中，需要掌握的技术有选区与路径的转换、钢笔工具的使用、路径的调节以及对图层概念的理解。本案例的最终效果如图2-131所示。

图2-131　名片效果

项目操作步骤2.2

拓展练习2

题目：制作一个电视栏目标志。

规格：大小为720×576，导出为路径文件。

要求：运用Photoshop软件绘图工具创建一个电视栏目标志，然后转换成路径文件输出。

习题及答案

项目3
数字视频的处理

【技能与知识目标】

· 能应用Premiere软件编辑视频，制作片头、片尾字幕，添加特技与特效，应用Sayatoo字幕软件制作影视的复述性字幕及卡拉OK字幕。

· 了解数字视频在计算机中的实现，了解数字视频常用的格式。

· 掌握Premiere的功能及主要技术指标。

· 掌握Premiere编辑原理及字幕制作，了解添加特技及参数的设置。

· 掌握Premiere特效的添加及参数的设置。

· 掌握Premiere运动动画功能及使用。

· 掌握用Premiere编辑与制作MV影视节目。

· 掌握用Premiere编辑与制作纪录片影视节目。

【课前导读】

数字视频全称为动态数字视频图像，简称为视频。数字视频之所以被广泛使用，一方面，是由于非线性编辑具有神话般的魔力，它让人们相信自己在电视上看到的和听到的都是真实的。大家也许还记得在电影《阿甘正传》中，已故的3位美国总统竟与影片中的男主角一一握手，画面逼真，天衣无缝；还有，电影《真实的谎言》中跃式战斗机的空中战斗场面、《泰坦尼克号》中世纪巨轮的逼真再现。另一方面还有早已去世的歌手在计算机的帮助下又唱出了今天的流行歌曲等。本项目将数字视频处理分成3个任务来学习，第一个任务是视频在计算机中的实现，第二个任务是用Premiere编辑影视节目，第三个任务是完成两个项目实训。

本章素材

成片

3.1 视频在计算机中的实现

不论是PAL制还是NTSC制视频信号，它们通常都是模拟信号，各自用不同的电压值表示不同的信息。而计算机以数字方式处理信息，只认0和1。若要让这两者能够互相沟通，就必须实现模 / 数转换。

3.1.1 压缩编码

模拟视频信号数字化后，数据量是相当大的。以Palitur601标准来说，每一帧按720×576的图像尺寸进行采样，以4：2：2的采样格式、8比特量化来计算，每秒图像的数据量约为21.1 MB。这么大的数据量，使得传输、存储和处理都很困难，以计算机所使用的硬盘为例，1GB硬盘存储不到50秒的视频图像，这得需要多少GB的硬盘来存储视频数据呢?更为重要的是，目前可用的快速硬盘的速度，离21.1 MB/s还有一段距离，显然，解决这一问题的出路只有采用压缩编码技术。

数字视频压缩就是在均衡压缩比与品质损耗的情况下，按照相应的算法，对图像数据进行运算，处理其中的冗余部分和人眼不敏感的图像数据。对于ARJ、ZIP、LAH等压缩软件，可能大家已不陌生，但在JPEG标准出现之前，传统的各种压缩算法在处理视频图像方面都未取得有意义的成功。

数字视频频信号之所以能够被压缩，是因为在数字视频中存在着大量的冗余信息。这些冗余信息有以下3种类型。

（1）空间冗余度

这是由相邻像素之间的相关性造成的。

（2）频谱冗余度

这是由不同的彩色平面之间的相关性造成的。

（3）时间冗余度

这是由数字视频中不同帧之间的相关性造成的。

另外，压缩编码还有一个重要的依据，那就是显示数字视频时，为收看者显示他们的眼睛所无法辨别的多余信息是没有必要的。实际上，这一依据在模拟视频中已得到了充分应用，如将亮度与色度分别进行处理，并压缩色度的频带宽度。

3.1.2 图像压缩的方法

图像压缩有许多方法，这些方法基本上可分为两类，即无损压缩和有损压缩。在无损压缩中，当数据被压缩之后再进行解压，因为不丢失任何信息，所以得到的重现图像与原始图像完全相同。但是对于数字视频来说，无损压缩的压缩比通常很小，并不适用。而在有损压缩中，解压后得到的重现图像相对于原始图像质量降低了，产生了误差，但这种误差可以是很细微的，人的眼睛分辨不出来，同时它可提供更高的压缩比。因此，有损压缩在视频处理中得到了广泛应用。

目前，常用的压缩编码技术是国际标准化组织推荐的JPEG和MPEG压缩。

（1）JPEG压缩

JPEG是Joint Photo graphic Experts Group（联合图像专家组）的缩写，是用于静态图像压缩的标准。JPEG可按大约20∶1的比率压缩图像，而不会导致引人注意的质量损失，用它重建后的图像能够较好、较简洁地表现原始图像，对人眼来说它们几乎没有多大区别，是目前首推的静态图像压缩方法。JPEG还有一个优点是，压缩和解压是对称的。这意味着压缩和解压可以使用相同的硬件或软件，而且压缩和解压同时大致相同。而其他大多数视频压缩方案做不到这一点，因为它们是不对称的。

（2）M-JPEG压缩

M-JPEG（Motion-JPEG）针对的是活动的视频图像，用JPEG算法，通过实时帧内编码过程单独地压缩每一帧，其压缩比不大，在后期编辑过程中可以随机存取压缩视频的任意帧，而与其他帧不相关。这对精确到帧的编辑是比较理想的。现在，用于电视非线性编辑处理的视频卡，采用的基本都是M-JPEG压缩方式。

（3）MPEG1压缩

MPEG是Motion Picture Experts Group（运动图像专家组）的缩写，是专门用来处理运动图像的标准。目前，MPEG在计算机和民用电视领域获得广泛使用。MPEG压缩算法的核心是处理帧间冗余，以大幅度地压缩数据，它依赖于两项基本技术：一是基于16×16块的运动补偿技术；二是JPEG帧内压缩技术。

（4）MPEGI压缩

它与M-JPEG的主要区别在于它能处理帧间冗余，即通过处理帧与帧之间保持不变的图像信息来更好地压缩数据。MPEG1的压缩比高达200∶1，但重建图像的质量充其量与VHS（家用录像机）相当。目前中国市场上流行的VCD光盘就是MPEG1的一个代表产品。由于VCD的画面和声音质量都较差，许多专家认为它最终必将被DVD（MPEG2）淘汰。

（5）MPEG2压缩

MPEG2是使图像能恢复到广播级质量的编码方法，它的典型产品是高清晰视频光盘DVD、高清晰数字电视HDTV等，目前发展十分迅速，成为这一领域的主流趋势。

（6）MPEG1、MPEG2

它们都是不对称算法，其压缩算法的计算量要比解压缩算法大得多，目前压缩/解压缩使用软、硬件均可。由于MPEG压缩所形成的视频文件不具备帧的定位功能，因此无法对它进行二次编辑，在实际视频制作过程中，往往是利用非线性编辑系统，采用通用的文件格式（如AVI），对节目进行编辑，最后才将影片压缩成MPEG文件，且从AVI到MPEG的过程是不可逆的（图像质量）。

3.1.3 常见数字视频格式及应用

1）VCD格式

VCD光盘格式CD-V光盘标准1992年发布，俗称白皮书，是定义存储MPEG数字视频、音频数据的光盘标准，是VCD 1.0、VCD 1.1、VCD 2.0、VCD 3.0标准的基础。VCD 1.0是1993年由JVC、Philips、Matsushita和Sony等几家外国公司共同制定的光盘标准，1994年升级为VCD 2.0，随后又推出了VCD 3.0。VCD标准是针对VCD的数字视频、音频及其他一些特性等制定的规范。不过，无论VCD 1.0、VCD 1.1、VCD 2.0还是VCD 3.0标准，它们均采用MPEG-I压缩标准，区别主要在于VCD其他特性的不同。

按照VCD 2.0规范的规定，VCD应具有以下特性。

一片VCD盘可以存放70分钟的电影节目，图像质量为MPEG-I质量，符合VHS（Video Home System）质量，NTSC制式为352×240×30，PAL制式为352×288×25。数字音频质量为CD-DA质量标准。DAT是Video CD数据文件的扩展名。

①VCD节目应该可在安装有CD-ROM的MPC上播放。

②应具备正常播放、快进、慢放、暂停等功能。

③可显示按MPEG格式编码的两种分辨率的静态图像。其一为正常分辨率图像，NTSC制式为352×240，PAL制式为352×288。

2）DVD格式

DVD是英文Digital Video Disk的缩写，中文翻译“数字视盘”，它采用MPEG-Ⅱ压缩标准，若DVD盘片采用双面工艺，12 cm光盘上可存储8.4 GB的数字信息，可存放270～284分钟更高图像质量的电影节目。它已成为代替VCD的下一代产品。

从用户的角度，DVD与VCD主要有以下几点不同。

①DVD采用MPEG-Ⅱ压缩标准，数字视频具有高达500线左右的图像解析度，能有效地解决目前视频图像空间上的非对称性；而普通的VCD节目采用MPEG-I压缩标准，只有240线。

②DVD采用DolbyAC-3环绕立体声，而VCD采用普通的双声道立体声输出。

③单面单层DVD盘片数据存储量可达4.7 GB，往后最多可制作双面双层，总共数据存储量可达17 GB；而VCD盘片的数据存储量仅为650 M。

④出于保护知识产权的需要，DVD有防复制区位编码保护，而VCD没有。

⑤图像高分辨率，NTSC制式为720×480，PAL制式为720×576。

3）AVI格式

AVI是Audio Video Interleave的英文缩写，中文翻译“音频视频交替存放”，是目前计算机中较为流行的视频文件格式。多用于音视频捕捉、编辑、回放等应用程序中，AVI格式是Microsoft公司的窗口电视（Video for Windows）软件产品中的一种技术，其优点是兼容性好，调用方便，图像质量好，但存储空间大，伴随着Video for Windows软件的进一步应用，AVI格式越来越受欢迎，得到了各种多媒体创作工具、各种编程环境的广泛支持。

4）MOV格式

MOV 是Macintosh 计算机用的影视文件格式。与AVI文件格式相同，也采用了INTEL公司的Indeo 视频有损压缩技术，以及视频与音频信息混排技术。

5）RM格式

RM格式是Real Networks公司开发的一种流媒体视频文件格式，它主要包含RealAudio、Real Video和Real Flash3部分。Real Media可以项目据网络数据传输的不同速率制订不同的压缩比率，从而实现低速率的Internet上进行视频文件的实时传送和播放。

6）WMV格式

WMV是微软推出的一种流媒体格式，它是在“同门”的ASF（Advanced Streaming Format）格式升级延伸得来。在同等视频质量下，WMV格式的体积非常小，因此很适合在网上播放和传输。

7）数字视频处理技术

数字视频在计算机中的实现使计算机具有DVD播放能力，使计算机能收看电视，赋予了计算机新的内涵。各种视频卡在计算机中的应用使计算机成为一个多媒体视频信号的综合处理系统。它可以汇集视频源、声频源、录像机（VCR）、摄像机（Camera）等视频设备的视频信息，通过编辑或特技处理而产生非常漂亮的画面。可以说，现代电影、电视节目的制作无一能离开计算机。

而今，数字视频技术越来越受到人们的关注，可以说，数字视频在众多媒体中异军突起，变得越来越重要，表面上看，数字视频不过是将标准模拟视频信号数字化，但视频信号一旦数字化，便可做模拟信号不能做的许多事情。例如：

①不失真拷贝。

②实现创造性编辑从而达到特殊效果。

③缩短开发周期，大量减少开发成本。

3.2 用Premiere Pro CS5.5编辑影视节目

Adobe Premiere Pro CS5.5是目前最流行的非线性编辑软件，是数码视频编辑的强大工具，它作为功能强大的多媒体视频、音频编辑软件，应用范围不胜枚举，制作效果美不胜收，足以协助用户更加高效地工作。Adobe Premiere Pro CS5.5以其新的合理化界面和通用高端工具，兼顾了广大视频用户的不同需求，在一个并不昂贵的视频编辑工具箱中，提供了前所未有的生产能力、控制能力和灵活性。Adobe Premiere Pro CS5.5是一个创新的非线性视频编辑应用程序，也是一个功能强大的实时视频和音频编辑工具，是视频爱好者们使用最多的视频编辑软件之一。

①Intel®：Core™2 Duo 或 AMD Phenom®；Ⅱ 处理器；需要 64 位支持。

②需要 64 位操作系统：Windows Vista或者 Windows 7。

③2 GB 内存（推荐 4 GB 或更大内存）。

④10 GB 可用硬盘空间用于安装；安装过程中需要额外的可用空间（无法安装在基于闪存的可移动存储设备上）。

⑤编辑压缩视频格式需要 7200 转硬盘驱动器；未压缩视频格式需要 RAID 0。

⑥1280x900 屏幕，OpenGL 2.0 兼容图形卡。

⑦GPU 加速性能需要经 Adobe 认证的 GPU 卡。

⑧为 SD/HD 工作流程捕获并导出到磁带需要经 Adobe 认证的卡。

⑨需要 OHCI 兼容型 IEEE 1394 端口进行 DV 和 HDV 捕获、导出到磁带并传输到 DV 设备。

⑩ASIO 协议或 Microsoft Windows Driver Model 兼容声卡。

⑪双层 DVD（DVD+-R 刻录机用于刻录 DVD；Blu-ray 刻录机用于创建 Blu-ray Disc 媒体）兼容 DVD-ROM 驱动器。

⑫需要 QuickTime 7.6.2 软件实现 QuickTime 功能。

3.2.1 片段的剪辑与编辑

就像盖房子需要建筑图纸一样，进行影视节目制作，需要先有一个脚本。脚本充分体现了编导者的意图，是整个影视作品的总体规划和最终期望目标，也是编辑制作人员的工作指南。准备脚本，是一步不可缺少的前期准备工作，其内容主要包括各片段的编辑顺序、持续时间、转换效果、滤镜和视频布局、相互间的叠加处理等。脚本通常可设计成表格的形式。

在完成了上述的准备工作以后，即可开始影视节目的编辑制作。它包括创建新节目、输入原始片段、剪辑片段、加入特技和字幕、为影片配音、影片生成等几个步骤。

1）创建一个新项目

①启动Premiere Pro CS5.5，打开“欢迎使用Adobe Premiere Pro”对话框，如图3-1所示。

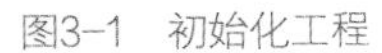

图3-1　初始化工程

图3-2　新建项目

②单击“新建项目”按钮，打开“新建项目”对话框，选择文件存放的位置及名称，如图3-2所示，单击“确定”按钮。

③打开“新建序列”对话框。选择DV-PAL——标准48 kHz，如图3-3所示，单击“确定”按钮。

④打开编辑窗口，编辑窗口有项目、监视器、时间线、特效控制台、调音台和效果等窗口，编辑窗口如图3-4所示。

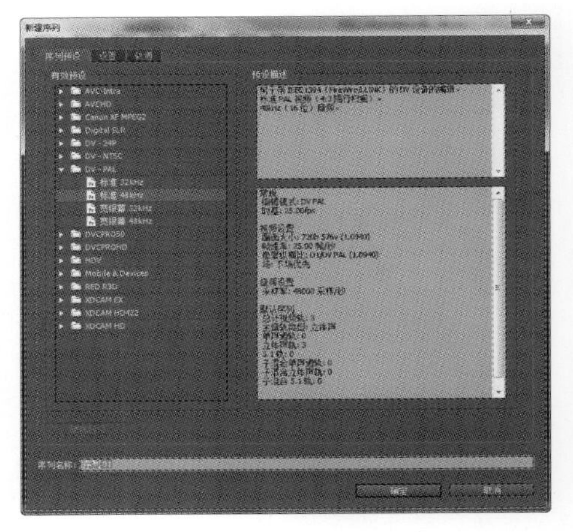

图3-3　工程设置

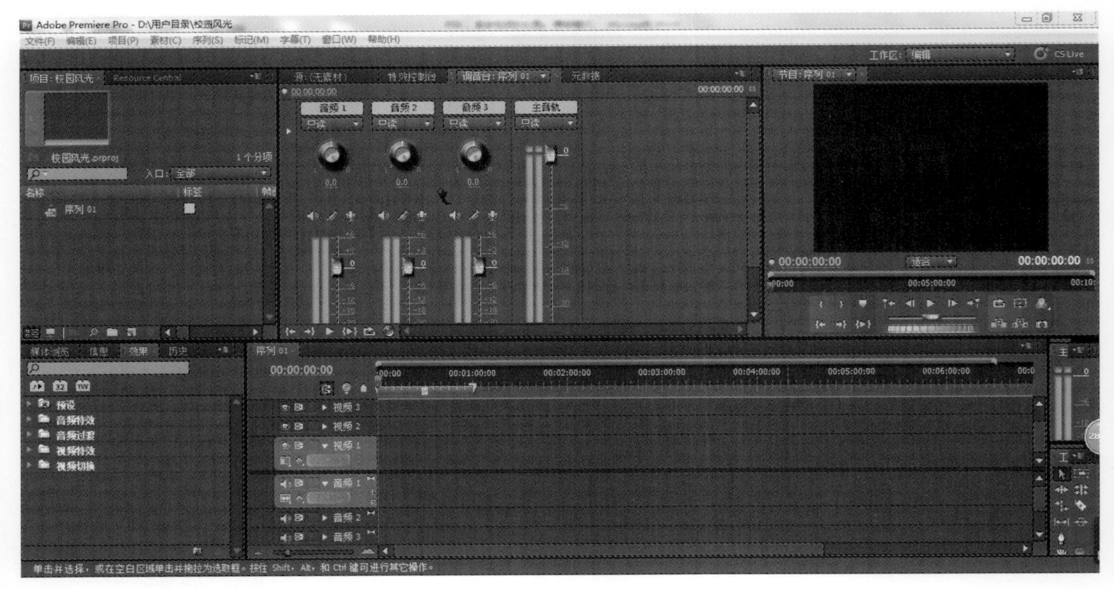

图3-4　编辑窗口

2）输入原始片段

新建立的项目是没有内容的，因此，需要向项目目录窗口中输入原始片段（按< B >键可以打开项目目录窗口），如同盖房子需要准备水泥、钢筋等建筑材料一样。具体步骤如下。

①用鼠标右键单击素材库的项目窗口，从弹出的快捷菜单中选择“添加文件”菜单命令或按组合键<Ctrl+O>，打开“输入”对话框，如图3-5所示。

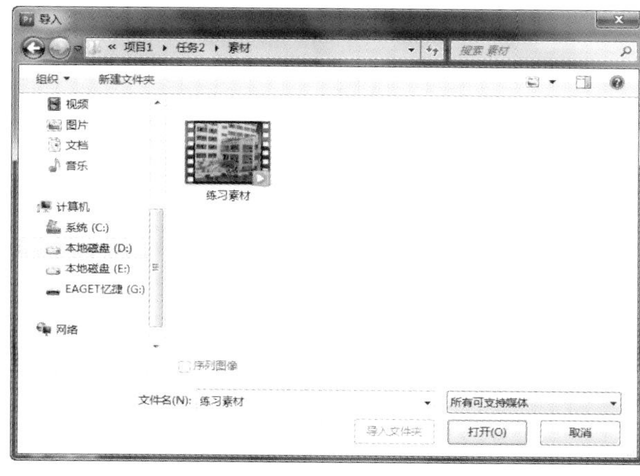

图3-5　导入对话框

图3-6　项目窗口

②打开视频文件夹，选择其中的“练习素材.avi”文件，单击“打开”按钮，该文件即被输入到项目窗口，如图3-6所示。

③重复上述步骤，分别将文件“友谊地久天长.mp3”“澳大利亚之旅.mpg”，依次输入到项目窗口中。

3）命名片段

将文件输入项目窗口后，Premiere Pro CS5.5自动依照输入文件名为“建立的片段”命名。但有时为了使用方便，需要给它们另起个名字。特别是对于类似“澳大利亚之旅.mpg”的情形，起一个有意义的名字就更重要了。

为“澳大利亚之旅”片段更名的步骤如下。

①用鼠标单击要更名的片段，或单击右键，从弹出的快捷菜单中选择“重命名”菜单项，片段名变成了一个文本输入框与另一种颜色，如图3-7所示。

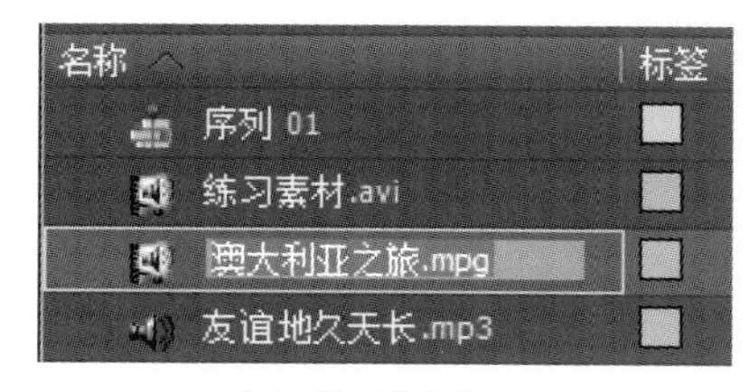

图3-7　重命名

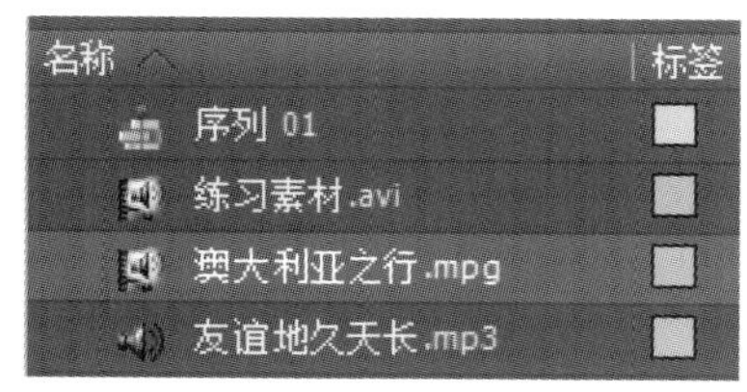

图3-8　重命名之后

②在文本框中输入“澳大利亚之行”，用鼠标单击项目窗口空白处，完成修改。项目窗口中相应的“澳大利亚之旅”被改为“澳大利亚之行”，如图3-8所示。

③用同样的方法，将另一个“友谊地久天长”段更名为“youyidijiutianchang”，如图3-9所示。

④在时间线窗口，用鼠标右键单击要更名的片段，从弹出的快捷菜单中选择“重命名”菜单项，打开“重命名素材”对话框，在“名称”文本框内输入要更改的名称，单击“确定”按钮，完成时间线片段的重命名。

图3-9　音频重命名

图3-10　检查片段内容

4）检查片段内容

片段准备完毕以后，通常要打开并播放它，以便选择其内容。检查片段的方法很多，例如：

方法一，在项目窗口中，双击“练习素材”的片段名或图标，在源监视器窗口显示“练习素材”的首帧画面，单击视窗下方的“播放” 按钮，播放“练习素材”的内容，如图3-10所示。

方法二，将鼠标光标移入项目窗口，指向“澳大利亚之行”的图标或名称，按下鼠标左键拖动“澳大利亚之行”的图标至源监视器窗口中，松开鼠标，源监视器窗中的显示内容被“澳大利亚之行”的首帧画面取代，单击“播放” 按钮，播放“澳大利亚之行”素材。

5）在监视器窗口中剪辑片段

如果只需要将片段的某部分用于节目，就需要截取部分画面。在实际工作中，这是常常遇到的问题。这个过程称为原始片段的剪辑，它通过设置的入点和出点来实现。片段的剪辑可使用双窗口模式。

改变“练习素材.avi”的入点和出点的步骤如下：

①在源监视器窗口单击“播放” 按钮，播放当前片段，到入点时单击“停止” 按钮，或拖动帧滑块 ，将片段定位到入点。若欲精确定位，可使用“步退” 或“步进” 按钮。

图3-11　确定入点与出点

②单击“标记入点” 按钮，或按<I>键，则当前帧成为新的入点，“练习素材.avi”将从帧所在的位置开始引用。滚动条的相应位置上显示入点标志，该帧画面的左上侧同时也显示入点标志。

③单击“播放” 按钮，播放当前片段，到出点时单击“停止” 按钮，或拖动帧滑块，将片段定位到出点。若欲精确定位，可使用“步退” 或“步进” 按钮。

④单击“标记出点” 按钮，或按<O>键，则当前位置成为新的出点。“练习素材.avi”将仅使用到此帧为止。在滚动条的相应位置上显示出点标志，该帧画面的右上侧同时显示标志，如图3-11所示。

⑤移动时间线窗口的当前时间指针到要加入片段的位置，单击“覆盖” 按钮，或者将鼠标的光标移入源监视器窗口，按下鼠标左键拖动所选片段到时间线指定的位置，松开鼠标左键，这样入点和出点之间的画面就加到时间线上了。

⑥在时间线窗口，将当前时间指针移动到需要添加片段的位置；在源监视器窗口中选择要编辑的素材，单击“插入” 按钮，素材将自动添加到时间线窗口。

⑦一个片段可反复使用，重复上述步骤，用户可以按照编导的意图分别将文件“练习素材.avi”所需要的部分加到时间线上。经过上述处理的片段，在时间线窗口中，仅使用入点和出点之间的画面，在时间线窗口，还可再作调整。

也可将项目窗口中的片段直接拖到时间线上，然后在时间线窗口中再作调整。

6）在时间线窗口剪辑素材片段

有些影片的素材不需要过多的剪辑时，可将片段拖到时间线上边看边剪掉多余的部分。

①在时间线窗口中移动当前播放指针到要删除片段的入点，按<I>键，设置一个入点。

②将当前时间指针移动到要删除片段的出点，按<O>键，设置一个出点。

③按<Q>键，当前时间指针到入点；按<W>键，当前时间指针移动到出点。

④按<'>键，则入点到出点之间的片段被删除，后续片段前移，时间线上不留下空隙。

⑤按<;>键，则入点到出点之间的片段被删除，后续片段不前移，时间线上留下空隙。

7）片段的基本编辑

在时间线窗口中，按照时间线顺序组织起来的多个片段，就是节目。对节目的编辑操作如下。

（1）选择片段

对片段所作的一切编辑操作都是建立在对片段的选择基础之上的，选择片段的方法如下。

①单击时间线窗口上的某个片段，即可将该片段选中。

②在按住<Ctrl>键的同时单击需要选择的片段，可以同时选中各个片段。

③按<Shift+A>键，可同时选择所有轨道的片段。

④在时间线窗口选择某一轨道上的任一片段，按<Ctrl+A>组合键，可以选中这一轨道上的所有片段。

（2）添加剪切点

素材被添加到时间线后，有可能需要进行分割操作，即添加剪切点。

①如果需要将某个片段进行分割，选择工具栏中的“剃刀” 工具，用鼠标单击要分割的片段，或将当前播放指针放到要分割的片段上，按<Ctrl+k>组合键，可将其一分为二，如图3-12所示。

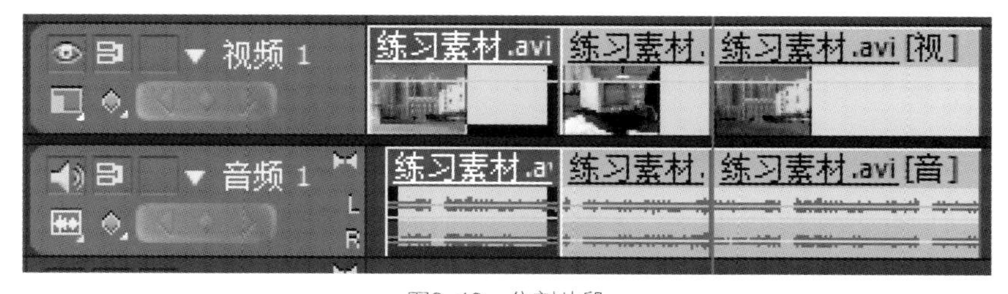

图3-12　分割片段

②如果要分割多个轨道的素材片段，选择工具栏中的“剃刀” 工具，按住<Shift>键的同时单击要分割片段的位置，或将当前播放指针放到要分割的片段上，按<Shift+Ctrl+k>组合键，可将所有轨道片段一分为二。

（3）片段的删除

①用鼠标右键单击需要删除的片段，从弹出的快捷菜单中选择“清除”菜单项，可将所选片段删除，后续的片段不移动，时间线上留下空隙。

②用鼠标右键单击需要删除的片段，从弹出的快捷菜单中选择“波纹删除”菜单项；可将所选片段删除，后续片段前移，时间线上不留下空隙。

③选择需要删除的片段，按下<Delete>键，即可将片段删除，相当于选择“清除”菜单项。

④用鼠标右键单击轨道上的间隙，从弹出的快捷菜单中选择“波纹删除”菜单项，可使后续片段前移，时间线上不留下空隙。

（4）调整片段的持续时间

①将鼠标光标移向某一片段的右边界，鼠标光标变成 状，如图3-13所示。按下鼠标左键并左右拖动，片段持续时间随之改变，释放鼠标左键则确认。但不管如何变化，对于非静止图像而言，时间均不能超过其原文件持续时间。时间线窗口的顶部是时间标尺，组接到该窗口的片段，按时间标尺显示相应的长度。

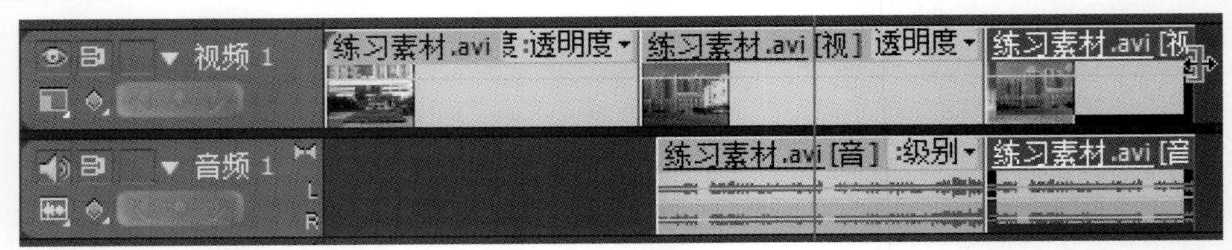

图3-13　片段持续时间

②波纹编辑在更改当前素材入点或出点的同时，会根据素材片段收缩或扩张的时间，将随后的素材向前或向后推移，导致节目总长度发生变化。

选择“波纹编辑工具”，将鼠标放在素材片段的入点或出点位置，出现波纹入点图标 或波纹出点图标 时，按住鼠标左键，通过拖曳对素材片段的入点或出点进行编辑，随后的素材片段将项目据编辑的幅度自动移动，以保持相邻，如图3-14和图3-15所示。

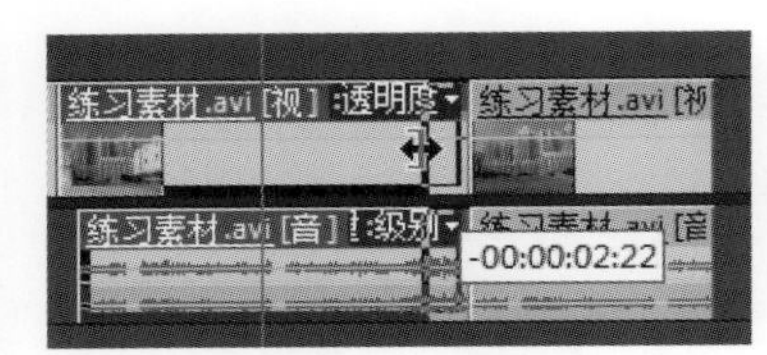

图3-14　波纹编辑出

图3-15　波纹编辑入

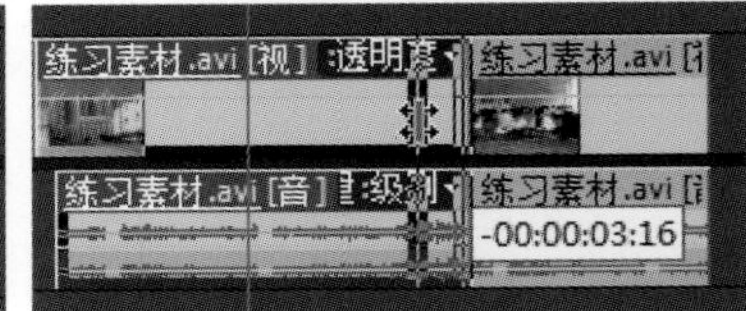

图3-16　滚动编辑

③滚动编辑对相邻的前一个素材片段的出点和后一个素材片段的入点进行同步移动，其他素材片段的位置和节目总长度保持不变。

单击素材片段之间的编辑点，出现滚动图标 ，向左或向右拖曳，可以在移动前一个素材片段出点的同时，对后一个素材片段的入点进行相同幅度的同向移动，如图3-16所示。

8）增加/删除轨道

①添加轨道。在轨道控制区上单击鼠标右键，从弹出的快捷菜单中选择“添加轨道”菜单项，打开“添加视音轨”对话框，确定增加轨道数和音频轨道类型，单击“确定”按钮。需注意的是，音频轨道只能接纳与轨道类型一致的素材。

②删除轨道。选择目标轨道，在轨道控制区上单击鼠标右键，从弹出的快捷菜单中选择“删除轨道”菜单命令，打开“删除轨道”对话框，勾选“删除视频轨”或“删除音频轨”，单击“全部空闲轨道”右边的小三角形按钮，选择要删除的轨道，单击“确定”按钮，完成轨道删除。

9）改变片段的持续时间

①选择时间线窗口的某一片段，用鼠标右键单击该片段，从弹出的快捷菜单中选择“速度/持续时

间”菜单项，或选择该片段，按快捷键<Alt+r>，打开“素材速度/持续时间”对话框。

②在“持续时间”右侧对应的文本框中输入新的持续时间，单击“确定”按钮，确认退出。此时，片段持续时间自动增减。

在Premiere Pro CS5.5中，还可以设置静态图像导入时的默认长度，具体操作步骤如下。

A.执行菜单命令“编辑”→“首选项”→“常规”，打开“首选项”对话框，在“静态图像默认持续时间”文本框中重新输入静态图像的持续时间，如图3-17所示。

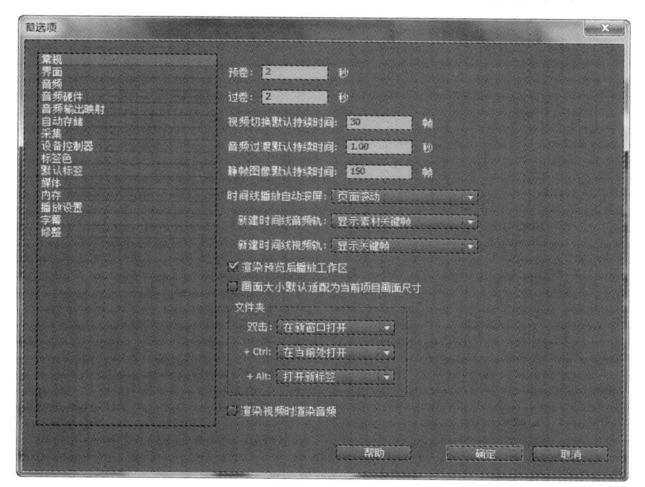

图3-17　持续时间设置

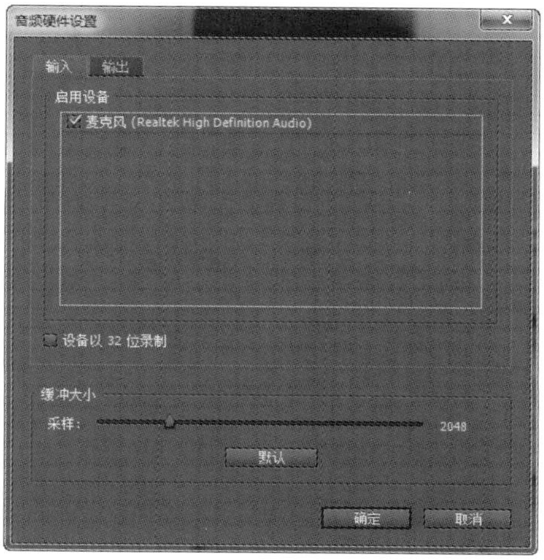

图3-18　音频硬件设置

B.单击“确定”按钮，这样以后导入的图像都将会使用这个长度。

10）同步配音

在项目窗口，选择片段“youyidijuetianchang.mp3”，用鼠标将其拖放至时间线窗口中的音频1轨道，移动它使其与视频轨道的左边界对齐。将当前时间指针移动到视频结束点，按<Ctrl+k>组合键将其剪断，多余的部分删除，调整它的持续时间与已编好的影像节目同宽。

11）轨道录音

执行菜单命令“编辑”→“首选项”→“音频硬件”，打开“首选项”对话框。单击ASIO按钮，打开“音频硬件设置”对话框。单击“输入”选项卡，勾选“麦克风”，如图3-18所示。单击“确定”→“确定”按钮。

选择调音台选项卡，单击调音台的音频2的“激活录制轨”按钮，单击下文的“录音”按钮，在时间线窗口中将播放指针放到要录音的位置，再单击“播放”按钮，如图3-19所示。开始录音，录音结束后，单击“停止”按钮，结束录音。

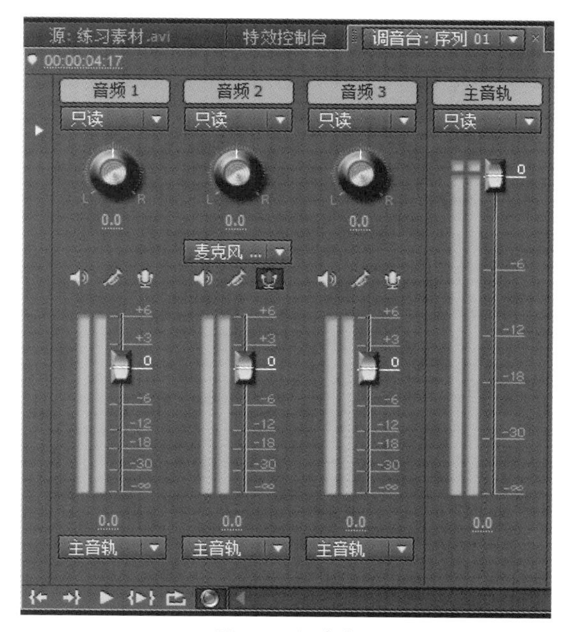

图3-19　调音台

12）解除视音频链接/编组

在Premiere Pro CS5.5中，可以将一个视频剪辑与音频剪辑连接在一起，这就是所谓的软链接。从摄像机中捕获到的文件，已经连接了视频和音频剪辑，这就是所谓的硬链接。在影像编辑过程中，经常遇到要独立编辑入点和出点，这时断开音频和视频链接是非常有用的。

（1）解锁

如果要断开已经链接在一起的音频片段和视频片段，可在时间线窗口用鼠标右键单击视频片段或音频片段，从弹出的快捷菜单中选择“解除视音频链接”菜单项，即可将链接断开。

（2）锁定

在时间线窗口中，按住<Shift>键，用鼠标分别单击选中要链接的音、视频片段，再用鼠标右键单击视频片段或音频片段，从弹出的快捷菜单中选择“链接视频和音频”菜单项，即可将音视频链接，链接之后的片段，即可进行同步移动。

（3）设置组

在Premiere Pro CS5.5的时间线窗口中，按住<Shift>键，选择要编组的两段片段。右键单击鼠标，从弹出的快捷菜单中选择“编组”菜单项，即可将音视频编组，编组之后的片段，即可进行同步移动。

（4）解组

在时间线窗口中，用鼠标单击选中要解组的音频或视频片段，从弹出的快捷菜单中选择“解组”菜单项，即可将音视频解组，解组之后的片段，即可进行分别移动。

13）轨道操作设置

①时间线窗口的视频轨道栏前部的“切换轨道输出”按钮，如果将此按钮关闭，则不显示此轨道中的视频素材。

②时间线窗口的音频轨道栏前部的“切换轨道输出”按钮，如果将此按钮关闭，则不显示此轨道中的音频素材。

③单击视频轨道名称左边的三角形按钮，展开轨道。在轨道控制区域中单击“设置显示样式”按钮，在弹出的菜单中可以选择不同的显示方式：在素材片段的始末位置显示入点帧和出点帧的缩略图；仅在素材片段的开始位置显示入点帧缩略图；在素材片段的整个范围内连续显示帧缩略图；仅显示素材名称，如图3-20所示。

④单击音频轨道名称左边的三角形按钮，展开轨道。在轨道控制区域中单击“设置显示样式显”按钮，在弹出的菜单中可以选择显示波形或仅显示素材名称，如图3-21所示。

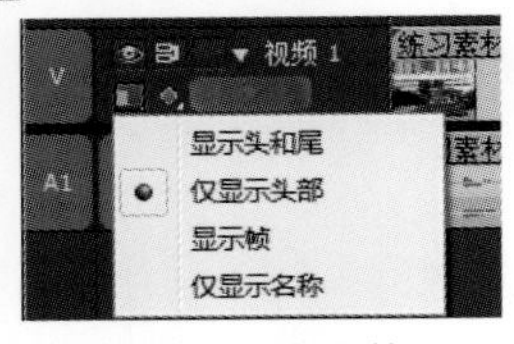

图3-20 视频风格显示

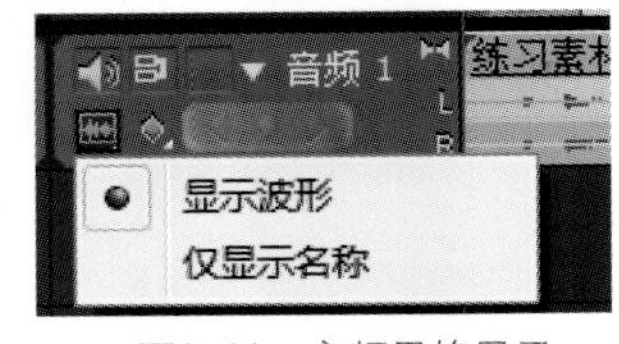

图3-21 音频风格显示

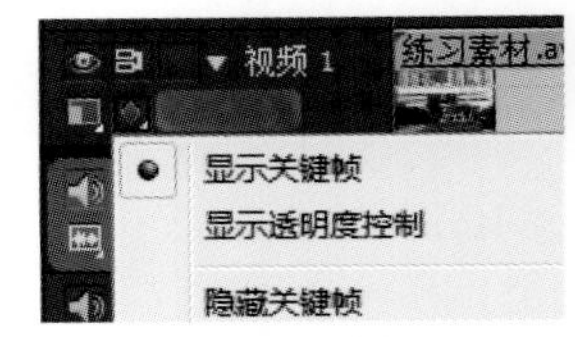

图3-22 关键帧显示

⑤单击轨道控制区域中的“显示关键帧”按钮，可以在弹出的菜单中选择是否显示关键帧。在时间线窗口可以设置并调节关键帧，如图3-22所示。

⑥单击轨道区域中轨道名称左边的方框，出现锁的图标，将轨道锁定，轨道上显示斜线，如图3-23所示。再次单击锁的图标，图标与轨道上显示的斜线消失，轨道被解除锁定。

图3-23 轨道锁定

14）创建静帧

可将片段的入点、出点和标记点设置为静帧。将当前时间指针移动到要创建静帧的位置，执行菜单命令“标记”→“素材标记”→“设置”，在素材上创建一个标记，用鼠标右键单击该素材，从弹出的快捷菜单中选择“帧定格”菜单项，打开“帧定格选项”对话框，单击入点后的小三角形按钮，从弹出的下拉菜单中选择“入点”或“出点”或“标记0”，单击“确定”按钮，即可在节目监视器窗口看到创建的静帧。

15）时间效果

在Premiere Pro CS5.5中可以改变片段的播放速度，也就是说将改变片段原来的帧速率、片段的持续时间，并会使一些画面被遗漏或重复。具体操作步骤如下。

改变片段的播放方向和比率。在时间线窗口用鼠标右键单击要改变播放速度的片段，从弹出的快捷菜单中选择“速度/持续时间”菜单项，或按<Ctrl+r>组合键，打开“素材速度/持续时间”对话框，设置“速度”为50，勾选“倒放速度”，如图3-24所示，单击“确定”按钮，即可实现慢一倍的速度倒放。

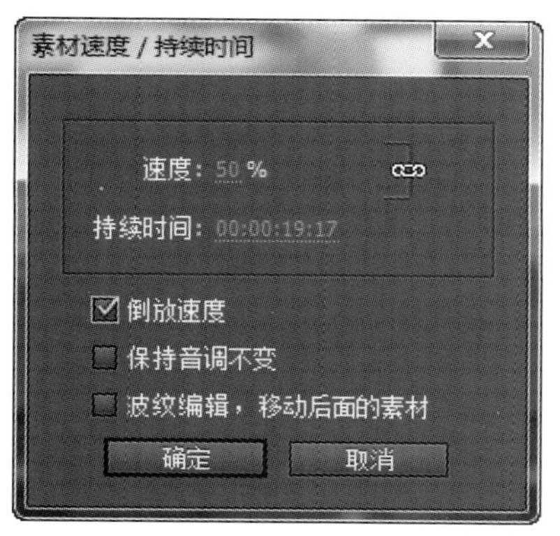

图 3-24　素材速度

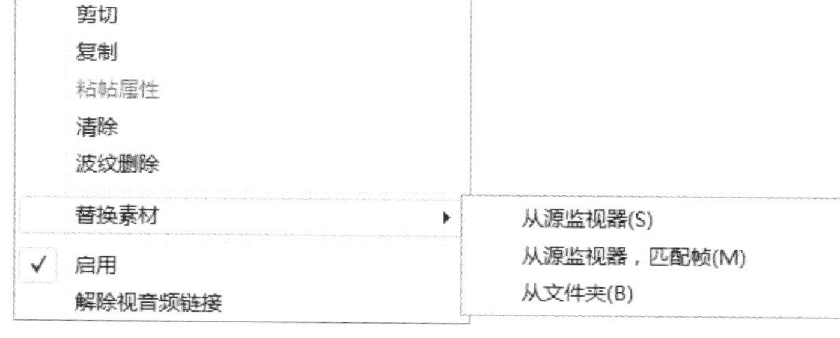

图3-25　素材替换

16）素材替换

Premiere Pro CS5.5提供了素材替换这样一个功能，提高了编辑的速度。如果时间线上某个素材不合适，需要用另外的素材来替换。

①在项目窗口中双击用来替换的素材，使其在源监视器中显示，给这个素材标记入点（如果不标记入点，则默认将素材的头帧作为入点）。

②在时间线上用鼠标右键要替换的素材，从弹出快捷菜单选择“素材替换”“从监视器”或“从源监视器，匹配帧”菜单项，这样就完成了整个替换的工作。替换后的新的素材片段仍然会保持被替换片段的属性和效果设置，如图3-25所示。

③如果素材丢失需要找回来，可在项目窗口用鼠标右键单击需要找回的素材，从弹出的快捷菜单中选择“替换素材”打开“替换‘……’素材”对话框，打到要替换的素材，单击“选择”按钮，即可替换丢失的素材。

17）序列嵌套

一个项目中可以包含多个序列，所有的序列共享相同的时基。将一个序列作为素材片段插入到其他的序列中，这种方式叫作嵌套。无论被嵌套的源序列中含有多少视频和音频轨道，嵌套序列在其母序列中都会以一个单独的素材片段的形式出现，如图3-26所示。

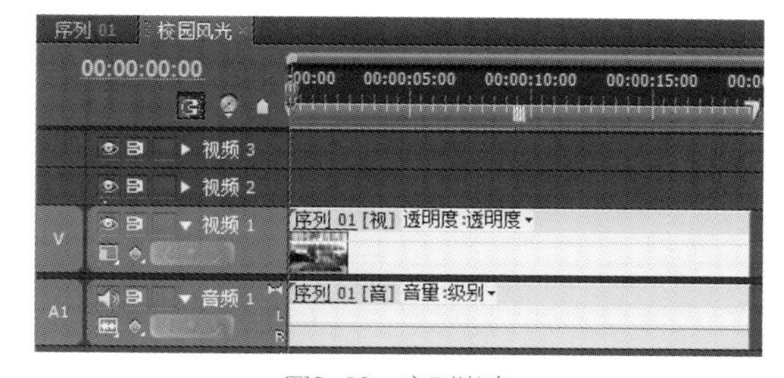

图3-26　序列嵌套

①执行菜单命令“文件”→“新建”→“序列”，或按<Ctrl+N>组合键，打开“新建序列”对话框。

②设置所需格式，在“序列名称”中输入序列名称，单击“确定”按钮。

18）使用标记

标记可以起到指示重要的时间点并帮助定位素材片段的作用。可以使用标记定义时间线中的一个重要的动作或声音。标记仅仅用于参考，并不改变素材片段本身。

可以向时间线和素材片段添加标记。每个时间线可以单独包含至多100个标记，时间线标记在时间线的时间标尺上显示，素材标记显示在素材片段上，如图3-27所示。

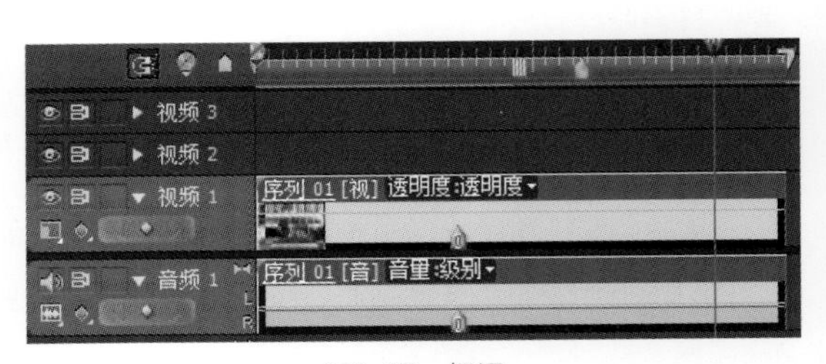

图3-27　标记

①在时间线窗口中，选择要添加标记的片段，将当前时间指针移动到要设置标记的位置，执行菜单命令“标记”→“素材标记”“设置”/“设置下一有效编号”/“设置其他编号”，可以在此位置为素材添加一个带无序号、有效序号和其他编号的标记。

②在时间线窗口中，将当前时间指针移动到要设置标记的位置，执行菜单命令“标记”→“序列标记”“设置”/“设置下一有效编号”/“设置其他编号”，可以在此位置为时间线添加一个带无序号、有效序号和其他编号的标记。

③执行菜单命令“标记”→“素材标记”“清除当前”/“全部清除”/“清除编号”，可以分别删除当前指针位置的、所有无序号和编号的标记。

19）屏幕与叠加显示

单击监视器窗口“安全框”按钮，可以打开或关闭源监视器和节目监视器窗口的安全区域。

20）视图设置

单击项目窗口下方的列表视图、图标视图按钮，可以改变素材的显示形式。

21）时间标尺显示

①当时间线中的素材过多或需要精确编辑某帧素材时，可以控制时间标尺的放大或缩小显示，从而可以自定义显示某一区域素材，如图3-28所示。

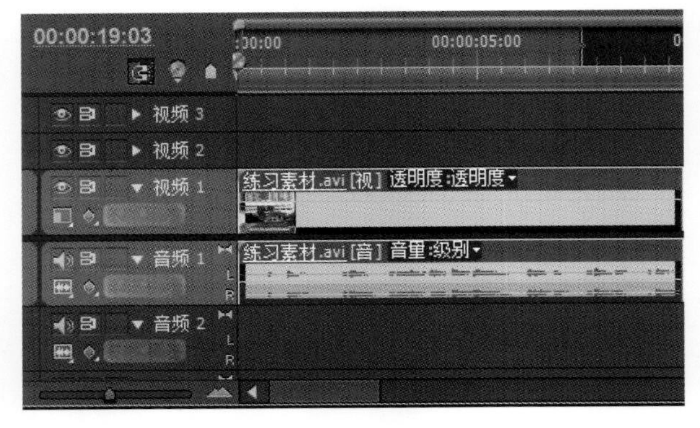

图3-28　放大、缩小时间标尺

②在时间窗口的下方拖动时间标尺滑块，可以将素材的时间标尺进行放大或缩小显示。

③单击减小或增大按钮可以将时间标尺显示放大或缩小。

22）编辑多摄像机序列

使用多摄像机监视器可以从多摄像机中编辑素材，以模拟现场摄像机转换。使用这种技术，可以最多同时编辑4部摄像机拍摄的内容。

在多摄像机编辑中，可以使用任何形式的素材，包括各种摄像机中录制的素材和静止图片等。可以最多整合4个视频轨道和4个音频轨道，可以在每个轨道中添加来自于不同磁带的不止一个素材片段。整合完毕，需要将素材进行同步化，并创建目标时间线。

首先将所需素材片段添加到至多4个视频轨道和音频轨道上。在尝试进行素材同步化之前，必须为每个摄像机素材标记同步点。可以通过设置相同序号的标记或通过每个素材片段的时间码来为每个素材片段设置同步点。

①选中要进行同步的素材片段，执行菜单命令“素材”→“同步”，打开“同步素材”对话框，如图3-29所示，在其中选择一种同步的方式。

素材开始：以素材片段的入点为基准进行同步。

设置完毕，单击“确定”按钮，则按照设置，对素材进行同步。

②执行菜单命令“文件”→“新建”→“序列”，打开“新建序列”对话框，默认当前的设置，单击“确定”按钮，新建“序列02”。

③从项目窗口将“序列01”拖到“序列02”的“视频1”轨道上。

④选择嵌套“序列02”的素材片段，执行菜单命令“素材”→“多机位”→“启用”，激活多摄像机编辑功能。

⑤执行菜单命令“窗口”→“多机位监视器”，打开“多机位”监视器窗口，如图3-30所示。

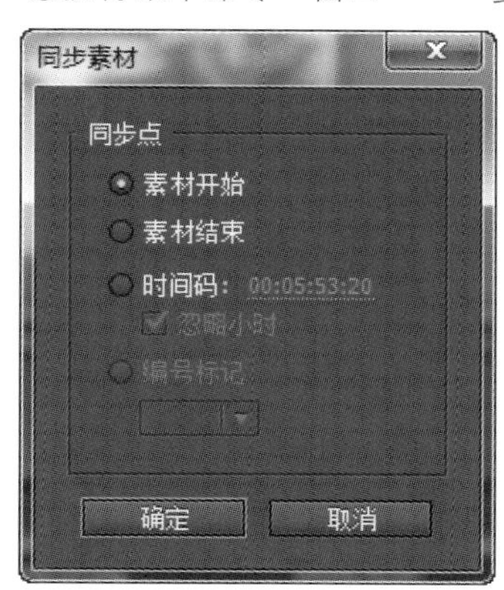

图3-29 “同步素材”对话框

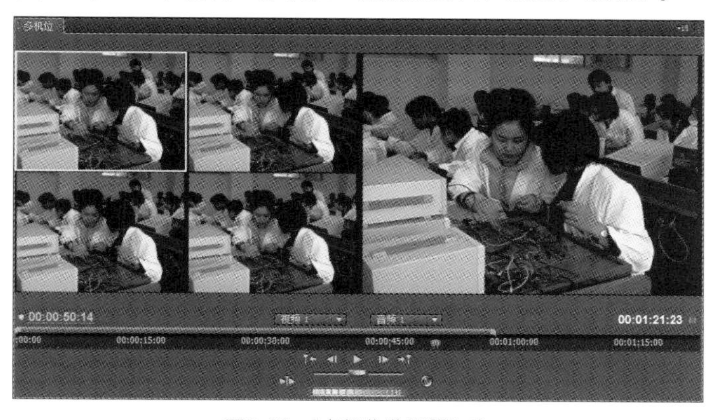

图3-30 “多机位监视器”窗口

⑥进行录制之前，可以在多摄像机监视器中，单击“播放”按钮 ，进行多摄像机的预览。

⑦单击“记录”按钮 ，再单击“播放”按钮 ，开始进行录制。在录制的过程中，通过单击各个摄像机视频缩略图，以在各个摄像机间进行切换，其对应快捷键分别为〈1〉、〈2〉、〈3〉、〈4〉数字键。录制完毕，单击“停止”按钮 ，结束录制。

⑧再次播放预览时间线，时间线已经按照录制时的操作，在不同的区域显示不同的摄像机素材片段，以[MCl]、[MC2]的方式标记素材的摄像机来源，如图1-51所示。

录制完毕，还可以使用一些基本的编辑方式对录制结果进行修改和编辑。

23）保存节目

保存节目，即将我们的各片段所做的有效编辑操作以及现有各片段的指针全部保存在节目文件中，同时还保存了屏幕中各窗口的位置和大小。节目的扩展名为prproj，在编辑过程中应定时保存节目。

执行菜单命令“文件”→“保存”，打开“保存”对话框，选择保存节目文件的驱动器及文件夹，并键入文件名，单击“保存”按钮，节目被保存，同时，在时间线窗口的左上角标题中显示了节目的名称。

保存节目时，并未保存节目中所使用到的原始片段，所以片段文件一经使用，在没有生成最终影片之前切勿将其删除。

3.2.2 使用转场

如果节目的各片段间均是简单的首尾相接，则一定很单调。在很多娱乐节目和科教节目中，都大量使用了转换，产生了较好的效果。

1）创建转场

①在左下方的窗口中，单击效果选项卡，单击“视频切换”左侧三角形扩展标志，打开“视频切换”选项，如图3-31所示。

图3-31 转场

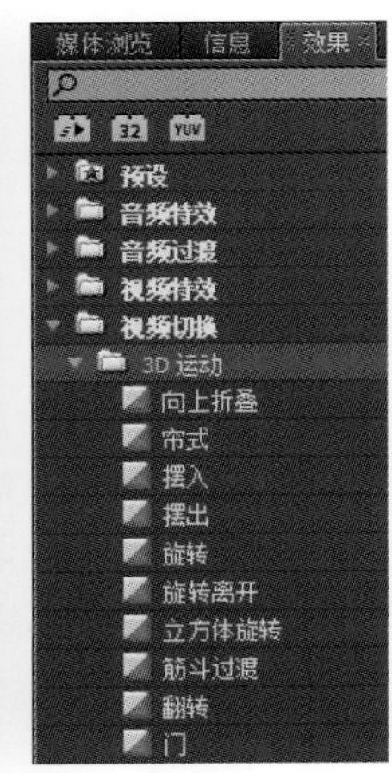

图3-32 3D运动

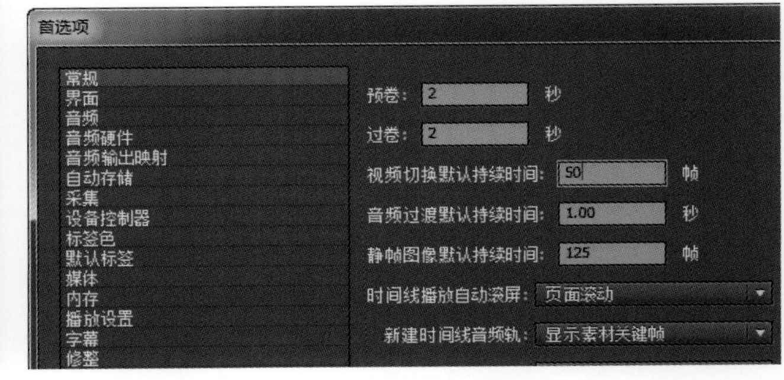

图3-33 默认持续时间的设置

②在“视频切换”窗口中，可以看到详细的转场效果分类文件夹，单击“3D运动”文件夹左侧三角形扩展标志即可展开当前文件夹下的一组转场效果，如图3-32所示。Premiere Pro CS5.5提供多达数十种转场效果，按照分类不同，分别放置在不同的文件夹中。

③默认持续时间的设置：执行菜单命令“编辑”→“首选项”→“常规”，打开“首选项”对话框，在“视频切换默认持续时间”文本框中输入50帧，如图3-33所示，单击“确定”按钮。

④默认过渡的设置：用鼠标右键单击要设置为默认转场的转场内容，从弹出的快捷菜单中“设置所选择为默认过渡”，即可将其设置为默认转场，如图3-34所示。

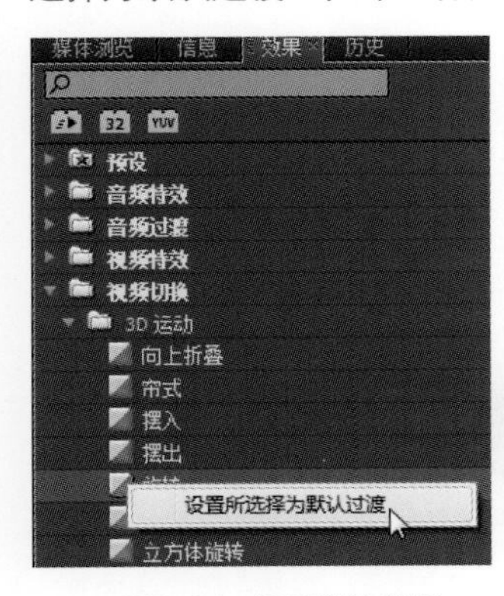

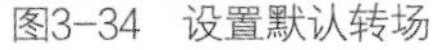

图3-34 设置默认转场

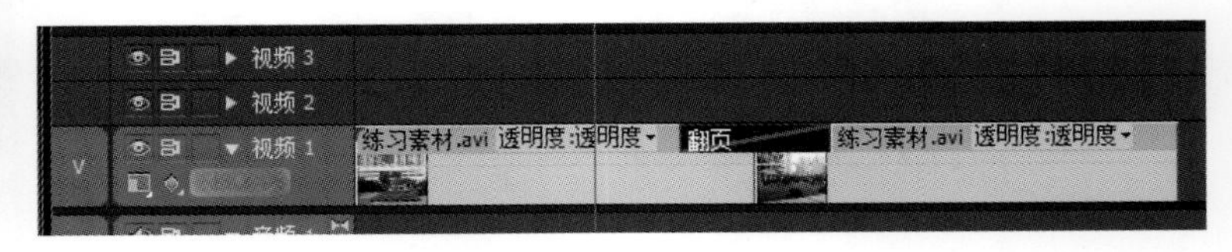

图3-35 添加转场

⑤在“卷页”文件夹中，找到“翻页”转场，按住鼠标左键将其拖动到“视频1”轨道上，并放在两个片段的结合处，释放鼠标左健，它们将自动调节自身的持续时间，以适应设置好的时间，如图3-35所示；要想清除转场效果，用鼠标右键单击该“视频1”轨道的“帘式”转场，从弹出快捷菜单中单击“清除”即可。

⑥双击“视频1”轨道上的“帘式”转场，在特效控制台窗口，可对翻页的持续时间、对齐方式、翻页方向、开始和结束位置进行调整设置，也可对其他选项卡参数进行设置，如图3-36所示

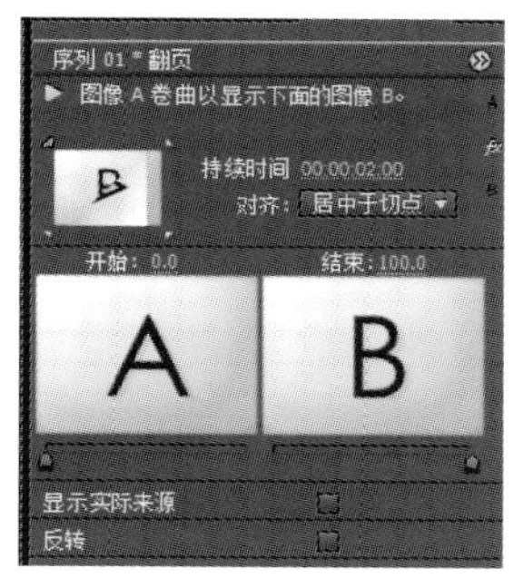

图3-36 特效控制台

图3-37 输入持续时间

⑦在特效控制台，单击“持续时间”后的文本框，可输入新的时间，如图3-37所示。

⑧用鼠标拖动“视频”轨道上的“翻页”转场左边缘或右边缘，可以改变转场的长度，如图3-38所示。

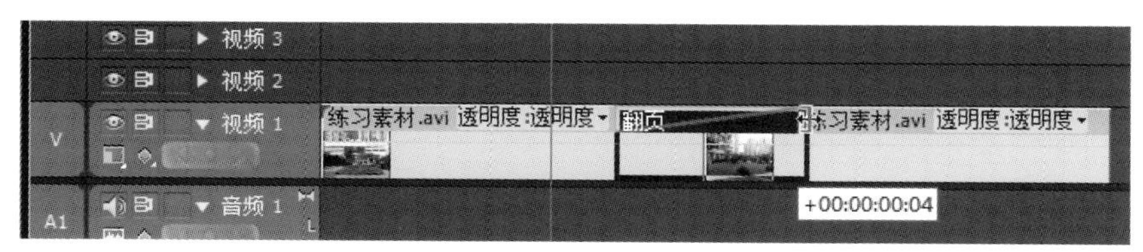

图3-38 拖动切换位置

⑨从效果窗口拖动一个新的转场到原来转场位置，可替换原来的转场，替换的的转场对齐方式和持续时间保持不变，其他属性自动更新为新转场的默认设定。

2）选项设置

在效果口中，找到“视频切换”→“擦除”→“径向划变”，按住鼠标左键将其拖动到“视频1”轨道上，并放在两个片段的结合处，释放鼠标左键。在特效控制台窗口可对其参数进行调整，如图3-39所示。

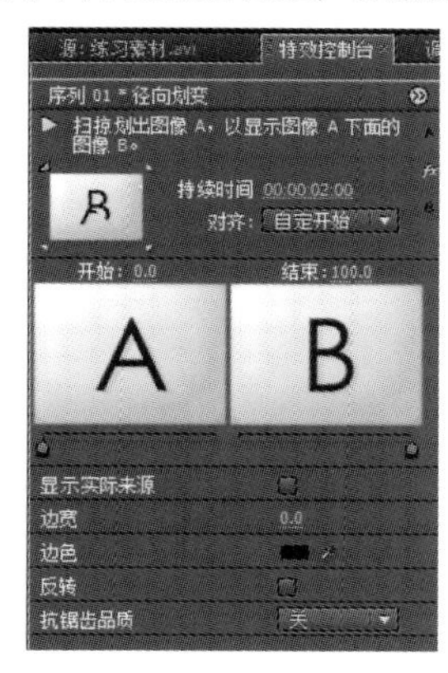

图3-39 特效控制台窗口

图3-40 进度设置效果

（1）进度设置

设置转场开始和结束的画面。可移动当前时间指针，改变进度的数值，例如“开始”和“结束”的“进度”都可调节为30%，效果如图3-40所示。

（2）边宽/边色

在特效控制台窗口设置“边宽”为1，“边色”为蓝色，如图3-41所示。效果如图3-42所示。

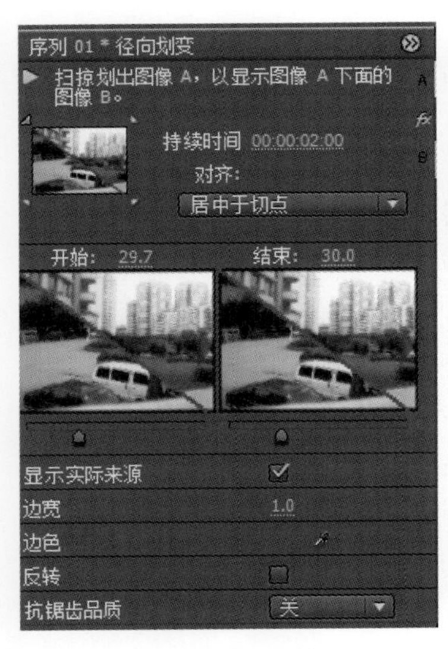

图3-41　边框调整

图3-42　调整后的效果

3.2.3　运动动画

视频布局是很多软件中都会提到的一种功能， Premiere Pro CS5.5这个软件当然也不例外了。它的视频布局可以为片段提供运动设置功能。使用这项功能，任何静止的东西都可以运动起来，要清楚的是片段运动的设置与片段内容的运动无关，它只是一种处理方式。

其具体操作步骤如下。

①在时间线窗口中，分别在“视频1”和“视频2”轨道上添加一视频片段。选择“视频2”视轨上的片段“练习素材.avi”，在特效控制台窗口上展开“运动”属性，就可制作运动的动态效果。

②按<Home>键将当前时间指针移到该片段的起点，在参数选项卡中，调节“缩放比例”为30%，“旋转”为30°，单击“位置”左侧的“切换动画”按钮，并设X值为-80，如图3-43所示，使画面正好移出节目监视器的左边。

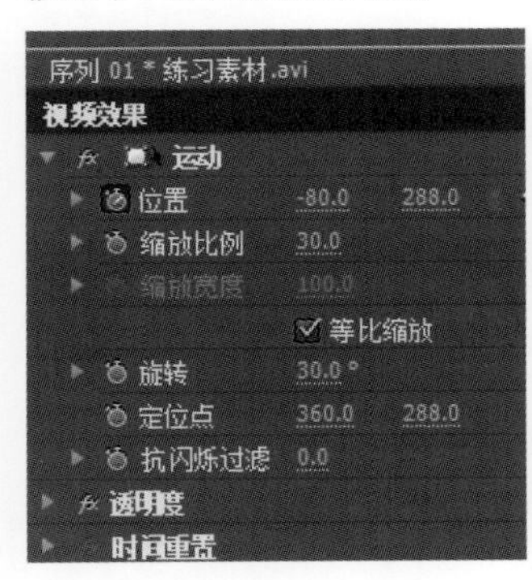

图3-43　运动的起点

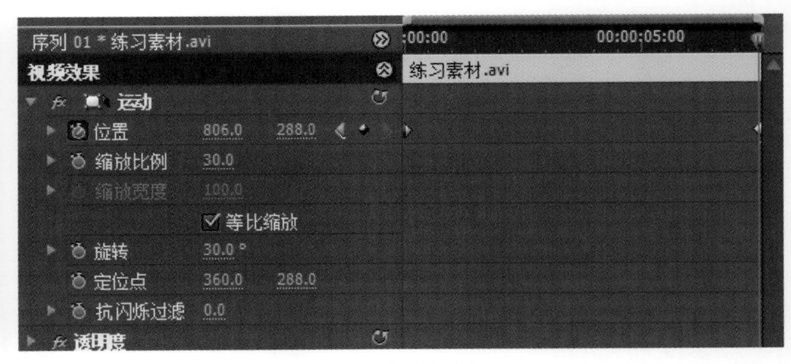

图3-44　运动的结束点

③按<End>键移动当前时间指针到该片段的尾部，再按“←”键向后退一帧，调节“位置”的值为806，使画面正好移出节目监视器的右边，如图3-44所示。

④将当前时间指针移动四分之一的位置，在特效控制台窗口中选择“运动”，在节目监视器窗口中向上拖动图像位置，如图3-45所示；将当前时间指针移动四分之三的位置，在节目监视器窗口中向下拖动图像位置，就可在特效控制台窗口的右图中添加关键帧，如图3-46所示。

图3-45　运动的四分之一点

图3-46　运动的四分之三点

⑤按<Home>键将当前时间指针移到该片段的起点，在特效控制台窗口中单击“旋转”左边的“切换动画”按钮，按<End>键移动当前时间指针到该片段的尾部，再按“←”键向后退一帧，调节“旋转”的值为-30°，可使画面在运动中旋转，如图3-47所示。

⑥在“运动”属性中，还有“定位点”选项，用于设置片段的中心点位置，可根据脚本作任意调整。

⑦设置完毕，单击“播放”按钮，效果如图3-48所示。

图3-47　调节运动轨迹、大小、旋转

图3-48　运动效果

3.2.4　制作字幕

字幕，是以各种书体、印刷体、浮雕和动画等形式出现在荧屏上的中外文字的总称，如影视片的片名、演职员表、译文、对白、说明及人物介绍、地名和年代等。字幕设计与书写是影视片造型艺术之一。

Premiere Pro CS5.5高质量的字幕功能使用起来得心应手。项目根据对象类型不同，Premiere Pro CS5.5的字幕创作系统主要由文字和图形两部分构成。制作好的字幕放置在叠加轨道上与其下方素材进行合成。

字幕作为一个独立的文件保存，它不受项目的影响。在一个项目中允许同时打开多个字幕窗口，也可打开先前保存的字幕进行修改。制作和修改好的字幕放置在项目窗内管理。

1）片头字幕的制作

①执行菜单命令“字幕”→“新建字幕”→“默认静态字幕”，打开“新建字幕”对话框，设置“时间基准”为25，其余参数默认不变，单击“确定”按钮，打开“字幕设计器”窗口，如图3-49所示。

②在工具栏中选择“文字工具”，单击字幕窗口合适的位置，选择中文输入法，输入“校园风光”4个字，在文本属性中设置“字距”为45，“字体”为“汉仪综艺体简”，“字号”为72，分别单击“水平居中”和“垂直居中”按钮，填充“色彩”为红色，单击“外侧描边”为“添加”按钮，描边“色彩”为白色，如图3-50所示。

图3-49　静止字幕编辑窗口

图3-50　文字效果

③单击“关闭”按钮，关闭字幕窗口，字幕已被添加到了时间线中，更改字幕的持续时间（6 s），如图3-51所示。

④展开“视频切换”→“擦除”→“擦除”，将其拖到字幕的左侧，双击之，在特效控制台的“持续时间”文本框中输入2 s，如图3-52所示。

⑤展开“视频切换”→“划像”→“划像形状”，将其拖到字幕的右侧，双击之，在特效控制台的“持续时间”文本框中输入2 s，如图3-53所示。

⑥按“空格”键，预览其效果。

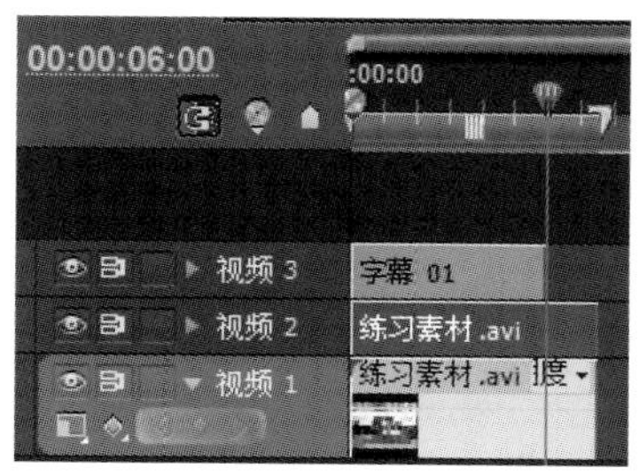

图3-51　片头字幕的位置

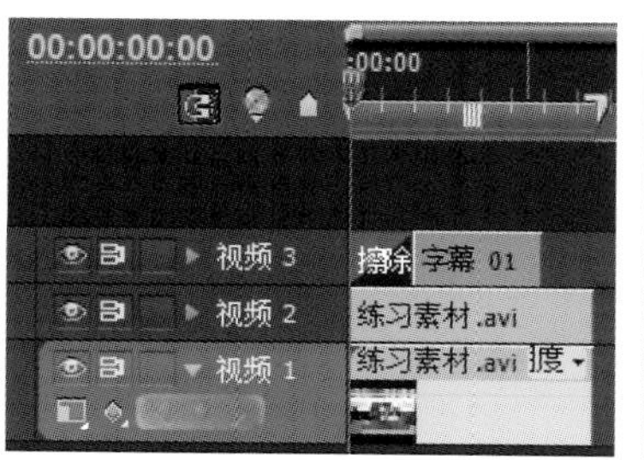

图3-52　字幕特效位置

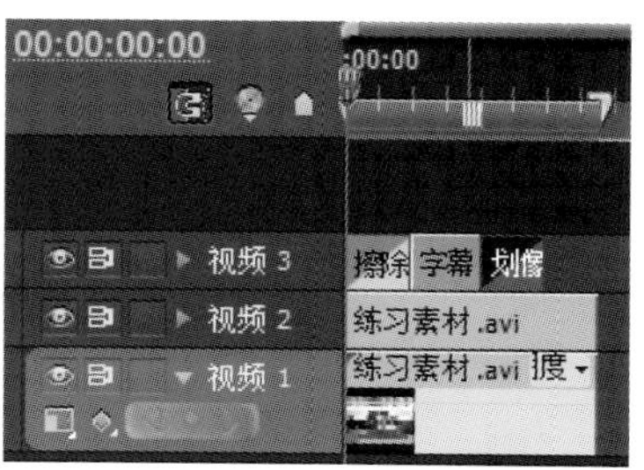

图3-53　添加字幕特效

2）片尾滚动字幕的制作

①执行菜单命令“字幕”→“新建字幕”→“默认滚动字幕”，在“新建字幕”对话框中输入字幕名称，单击“确定”按钮，打开字幕窗口，自动设置为纵向滚动字幕。

②使用文字工具输入演职人员名单，插入赞助商的标志，输入其他相关内容，如图3-54所示。

③输入完演职人员名单后，按<Enter>键，拖动垂直滑块，将文字上移出屏为止。单击字幕设计窗口合适的位置，输入单位名称及日期，如图3-55所示。

图3-54　输入演职人员名单

图3-55　输入单位名称及日期

④执行菜单命令“字幕”→“滚动/游动选项”或单击字幕窗口上方的“滚动/游动选项”按钮，打开“滚动/游动选项”对话框。在对话框中勾选“开始于屏幕外”，使字幕从屏幕外滚动进入。

“后卷”：滚屏停止后，静止多少帧。

设置完毕后，单击“确定”按钮即可，如图3-56所示。

可以在“缓入”和“缓出”中分别设置字幕由静止状态加速到正常速度的帧数，以及字幕由正常速度减速到静止状态的帧数，平滑字幕的运动效果。

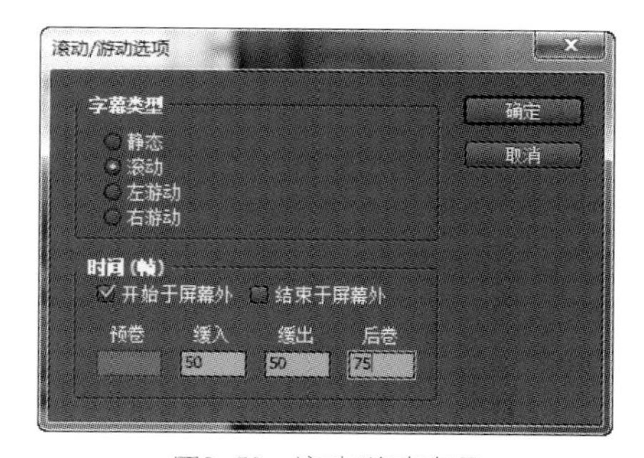

图3-56　滚动/游动选项

⑤关闭字幕设置窗口，拖放到时间线窗口中的相应位置，预览其播放速度，调整其延续时间，完成最终效果。

3.2.5　视频特效

视频特效是非线性编辑系统中很重要的一大功能，使用视频特效能够使一个影视片段拥有更加丰富多彩的视觉效果。

Premiere Pro CS5.5包含数十种视频、音频特殊效果，这些效果命令包含在效果窗口中，将其拖放到时间线的音频或视频素材上，并可以在特效控制台窗口中调整效果参数。

在Premiere Pro CS5.5中，可以为任何视频轨道的视频素材使用一个或者多个视频特效，以创建出各式各样的艺术效果。

1）视频特效具体操作步骤

①在效果窗口中，单击“视频特效”文件夹，展开特效面板，如图3-57所示。

图3-57　视频特效窗口　图3-58　色彩校正特效　图3-59　将特效拖动到视频轨道中

②在“视频特效”文件夹下，可以看到还有一个“色彩校正”文件夹，单击“色彩校正”文件夹可展开该文件夹中包含的特效文件，如图3-58所示。

③单击“视频特效”文件夹，通过右侧的滚动条找到“浮雕”特效，按住鼠标左键将其拖动到“视频1”轨道片段上，释放鼠标左键，如图3-59所示。效果如图3-60所示。

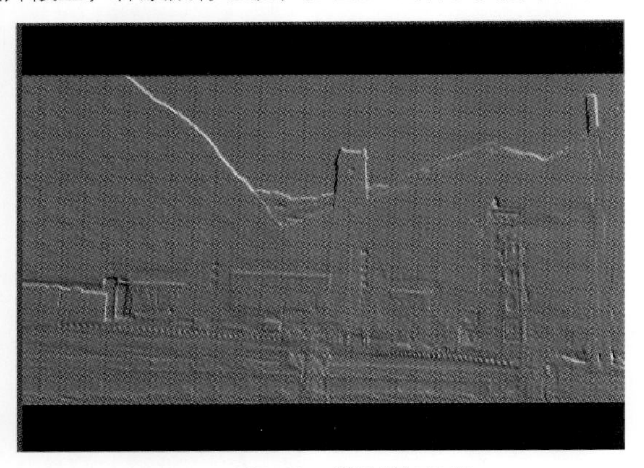

图3-60　浮雕滤镜效果　　图3-61　“浮雕”对话框

④在特效控制台窗口中调节“浮雕”的“方向”和“凸现”参数，直到效果满意为止，如图3-61所示。

⑤要想删除视频特效，则在特效控制台窗口中选择要删除的特效，按<Delete>按钮，即可删除该视频滤镜。

2）滤镜效果

（1）马赛克效果

在新闻报道中，有时候为了保护被采访者，将被采访者的面貌用马赛克隐藏起来，其操作步骤如下。

①用鼠标右键单击桶窗口的空白处，从弹出的快捷菜单中选择“添加文件”菜单项，打开“导入”对话框，选择本书配套教学素材“项目3\任务2\素材”文件夹中的“练习素材”，单击“打开”按钮。

②将“练习素材”拖到源监视器窗口，标记入点为33:10，出点为36:21，将其拖到“视频1”和“视频2”轨道上，与起始位置对齐，如图3-62所示。

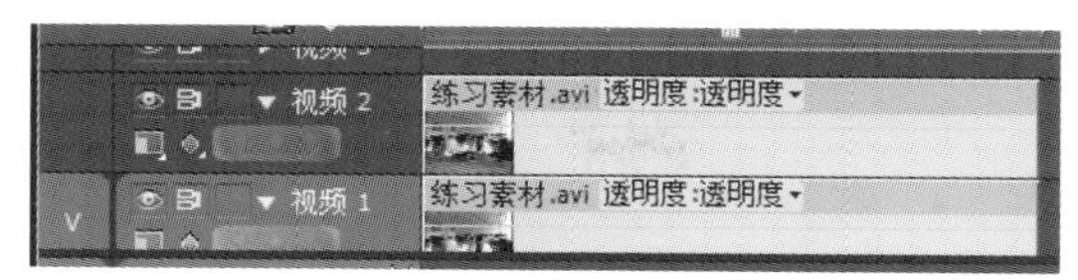

图3-62 时间线素材排列

图3-63 马赛克对话框

③在效果窗口中选择“视频特效”→“风格化”→“马赛克”，拖到“视频2”轨道素材上。

④在特效控制台窗口中将“马赛克”特效的“水平块”和“垂直块”参数调节为50，如图3-63所示，单击“确定”按钮。

⑤在效果窗口中将“视频特效”→“变换”→“裁剪”特效，拖到“视频2”轨道素材上，设置“左侧”为57，“顶部”为36，“左侧”为32，“底部”为44，如图3-64所示。效果如图3-65所示。

图3-64 裁剪效果

图3-65 马赛克效果

（2）圆形效果

创建一个自定义的圆形或圆环，操作步骤如下：

①从“练习素材”中选择两段片段33:10—36:21和00:00—3:17分别添加到“视频2”“视频1”轨道中，在效果窗口中选择“视频特效”→“生成”→“圆”，添加到“视频2”轨道上。

②在特效控制台窗口中展开“圆”参数，单击“混合模式”下拉列表，选择“模板Alpha”，“居中”设置为（445，262），“半径”设置为75，“羽化外部边缘”设置为20，如图3-66所示。效果如图3-67所示。

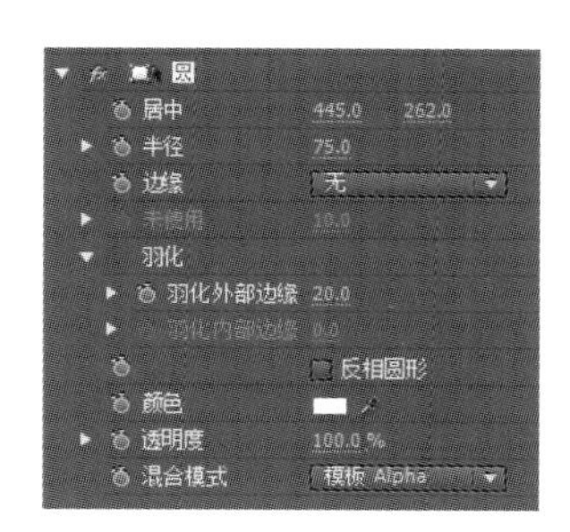

图3-66 “圆”特效

图3-67 效果

3.2.6 抠像

色键（键控）在影视节目制作中用来完成特殊画布的叠加与合成，也是电视播出的一种特技切换方式。它能把演播室单色幕布（常用蓝色幕布）前表演的镶嵌到另一背景。

轨道遮罩可以使用一个文件作为遮罩，在合成素材上创建透明区域，从而显示部分背景素材，以进行合成。这种遮罩特效需要两个素材片段和一个轨道上的素材片段作为遮罩。遮罩中的白色区域决定合成图像的不透明区域；遮罩中的黑色区域决定合成图像的透明区域；而遮罩中的灰色区域则决定合成图像的半透明过渡区域。

色键是键控的一种形式，使图像中某一部分透明，将所选颜色或亮度从图像中去除，从而使去掉颜色的图像部分透出背景，没有去掉颜色的部分依旧保留原来的图像，以达到合成的目的。

亮度键特效可以抠出素材画面的暗部，而保留比较亮的区域。此抠像特效可以将画面中比较暗的区域除去，从而进行合成。在特效控制台窗口中可以对亮度键抠像属性进行设置，Premiere Pro CS5.5提供15种键控方式，可通过这15种方式为素材创建透明效果。

1）轨道遮罩键

①导入遮罩素材到项目文件管理器窗口中，将要透明的片段“练习素材”的人物、背景片段和遮罩文件分别拖到时间线窗口的“视频2”和“视频1”轨道中，遮罩拖到“视频”轨道上，如图3-68所示。

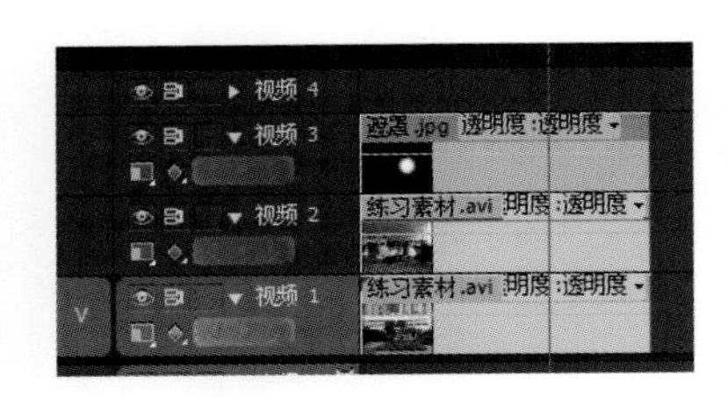

图3-68 片段所在的位置

图3-69 抠像效果

②选择效果窗口的“视频特效”→“键控”→“轨道遮罩键”，按住鼠标左键不放，将其拖到“视频2”轨道“练习素材”片段上，松开鼠标左键。

③将“视频3”轨道左边的“眼睛”关闭，在特效控制台窗口设置“遮罩”为“视频3”，“合成方式”为Luma遮罩，效果如图3-69所示。

2）色度键

①导入“图像5”到项目文件管理器窗口中，将“图像5”和背景片段分别拖到时间线窗口的“视频2”和“视频1”轨道中，如图3-70所示。“图像5”如图3-71所示。

图3-70 排列位置

图3-71 原素材效果

②选择效果窗口的“视频特效”→“键控”→“色度键”，按住鼠标左键不放，将其拖到“视频2”轨道“图像5”片段上，松开鼠标左键。

③选择“视频2”轨道“图像5”片段，在特效控制台窗口中选择滴管工具，在“图像5”的蓝背景处单击一下，设置“相似性”为20，效果如图3-72所示。

图3-72 抠像效果

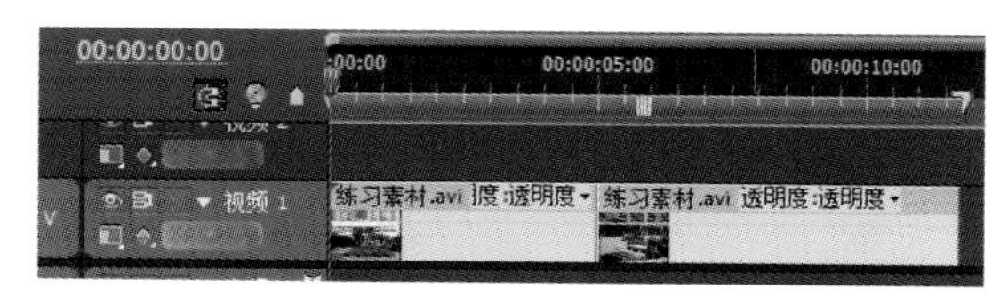

图3-73 导入片段

3）淡入与淡出

①在时间线窗口中导入两个片段，并将其放置在“视频1”轨道上，如图3-73所示。

②选择“钢笔工具”，将鼠标分别放在第一片段黄线上的结束处前2 s和结束处出现一个加号并单击，添加两个关键帧，如图3-74所示，再将结束处的关键帧拖到最低部。

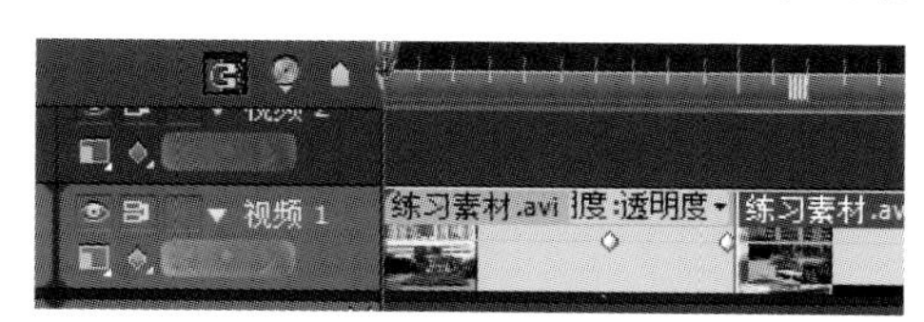

图3-74 加入关键帧

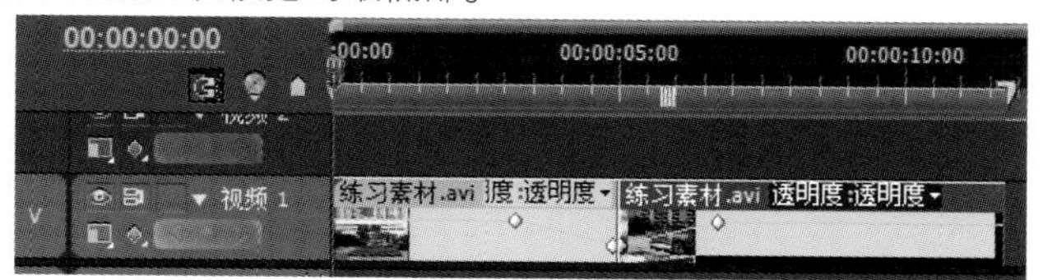

图3-75 拖动关键帧

③将鼠标分别放在第二片段黄线上的开始处后2 s和开始处出现一个加号并单击，添加两个关键帧，再将开始处的关键帧拖到最低部，如图3-75所示。

3.2.7 输出多媒体文件格式

在Premiere Pro CS5.5中，不但可以输出AVI、MOV等基本的视频格式，还可以输出为WMA、HDV、MPEG、P2、H.264等多媒体文件格式。

1）指定输出范围

在Premiere Pro CS5.5中，输出范围默认为第一片段的开始点到最后片段的结束点，也可改变其输出范围。

①在时间线窗口中，将工作区域的开始点放置到轨道所需指定输出范围的开始位置，完成入点设置。

②将工作区域的结束点放置到轨道所需指定输出范围的结束位置，完成结束点设置。

③如果需要对所设置的入点或出点，再次进行调整，可以通过按住鼠标左键拖拽工作区域开始点或结束点进行调整。

④执行菜单命令“文件”→“导出”→“媒体”或按<Ctrl+M>键，打开“导出设置”对话框，如图3-76所示。

图3-76　导出设置

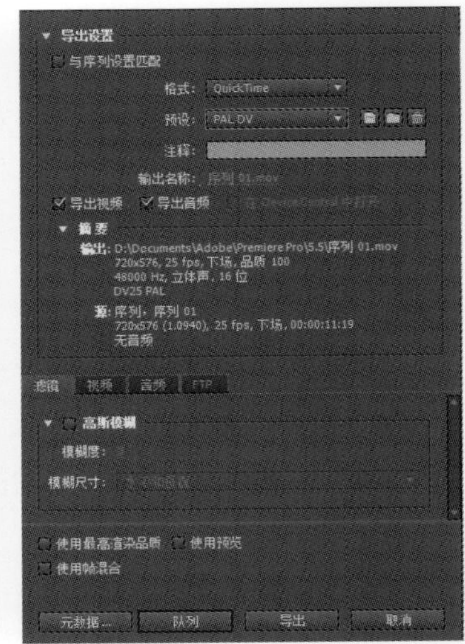

图3-77　PAL DV格式

⑤在“格式”中选择QuickTime，“预设”中选择PAL DV，如图3-77所示。单击“输出名称”后的序列“01.mov”，打开“另存为”对话框，设置保存位置及文件名后，如图3-78所示。单击“确定”按钮，系统将在所设置的入点与出点间进行指定区域输出操作。

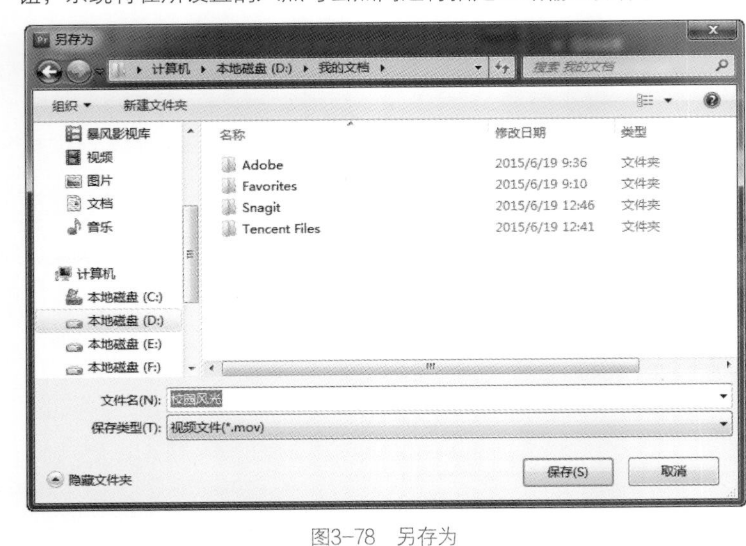

图3-78　另存为

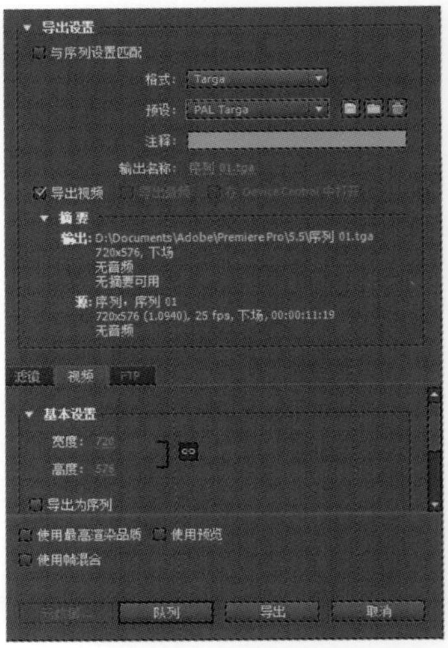

图3-79　静态图像序列

⑥单击“导出”按钮，开始导出。

2）输出静止图像序列

Premiere Pro CS5.5不但可以将节目输出为一个视频文件，而且还可以以帧为单位将节目输出为一个静止的图像序列。

①按<Ctrl+M>键，打开“导出设置”对话框，在“预置”中选择“Targa”。单击“输出名称”后的序列“01.tga”，打开“另存为”对话框。设置保存位置及文件名后，如图3-79所示，单击“确定”按钮。

②单击“导出”按钮，即可输出静帧。

3）输出H.264格式

Premiere Pro CS5.5可以将制作好的剪辑输出为H.264格式的流媒体文件，从而便于在网上发布。

①按<Ctrl+M>键，打开“导出设置”对话框，在“预置”中选择“H.264”。单击“输出名称”后的序列“01.mp4”，打开“另存为”对话框。设置保存位置及文件名后，如图3-80所示，单击“确定”按钮。

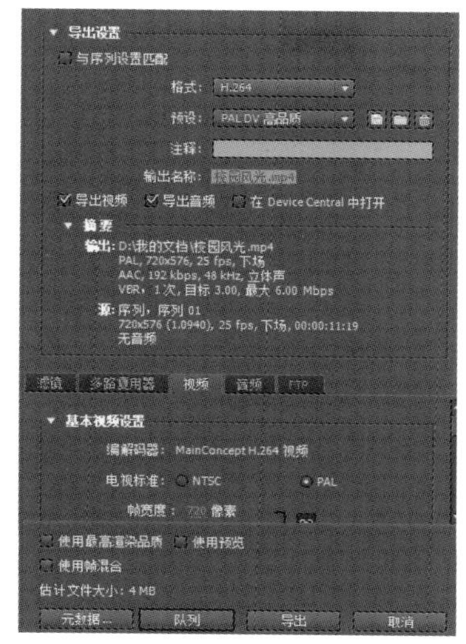

图3-80　H.264格式

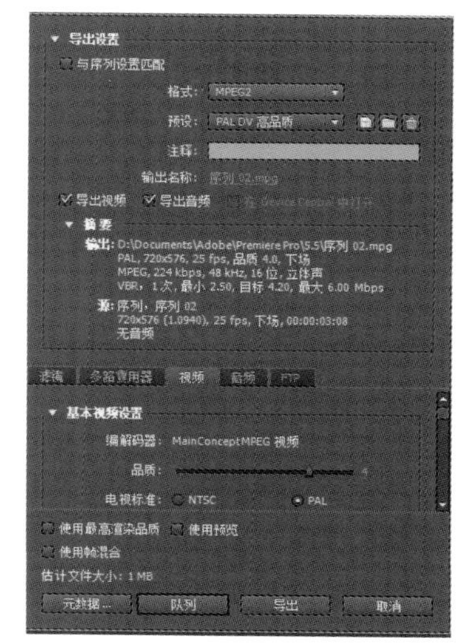

图3-81　mpeg格式

②单击“导出”按钮，即可输出Mp4格式。

4）导出MPEG格式

在Premiere Pro CS5.5版本中，提供了直接将项目文件导出并保存为可以直接用于制作VCD或者DVD格式的MPEG电影格式。

①按<Ctrl+M>键，打开“导出设置”对话框，在“预置”中选择“mpeg2”，单击“输出名称”后的序列01.mpg，打开“另存为”对话框，设置保存位置及文件名后，如图3-81所示，单击“确定”按钮。

② 单击“导出”按钮，即可输出MPG格式。

5）导出音频格式

在Premiere Pro CS5.5版本中，提供了输出音频格式，包括WAV、AC35.1声道、AC3双声道、AC3单声道等。

①按<Ctrl+M>键，打开“导出设置”对话框，在“预置”中选择“Windows Waveform”，单击“输出名称”后的序列“01.wav”，打开“另存为”对话框，设置保存位置及文件名后，单击“确定”按钮。

②单击“导出”按钮，即可输出WAV格式。

3.3 视频格式的转换

视频转换工具软件“魔影工厂”，支持常见视频格式文件的相互转化、把视频文件格式转化为GIF动画。支持的视频文件包括MPEG1/2/4、VOB、DAT、AVI、RM。它能直接把DVD影碟转化为VCD格式的视频文件，可保存到硬盘上自带播放功能；可以在导入一个视频文件后，进行预览，并且在预览的同时就可以进行转化，并且互不干扰，支持批量转化；可以批量导入相同或者不同格式的视频文件进行转化；能够迅速地完成大批量的转化工作。支持Intel最新推出的超线程（Hyper-Thread）技术，可使计算机在CPU内部同时执行多个任务而大大加速转化的进程、提高转化的效率。设置功能简单明了而且实用，读者可以很方便地对要转化的目标格式文件进行相关设置，符合读者需求。

“魔影工厂”可在FLV、MPEG-2、MPEG-4、RM、GIF等几种格式的影片或动画之间任意进行格式转换。下面以将MPEG-2片段转换为MP4格式为例，介绍一下转换的过程。

①在桌面上双击“魔影工厂”图标，打开“魔影工厂”主界面，如图3-82所示。

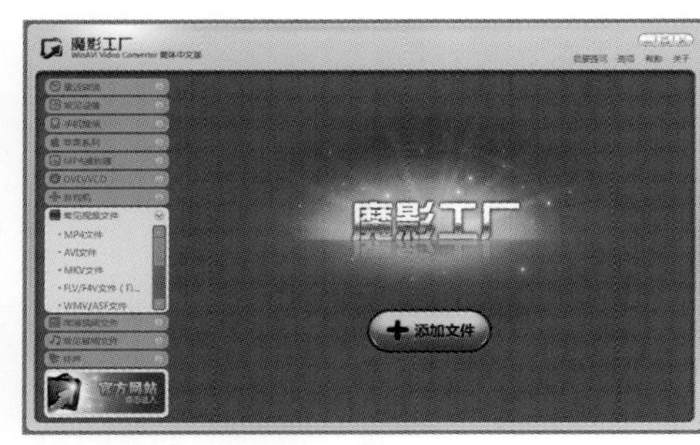

图3-82 “魔影工厂”主界面

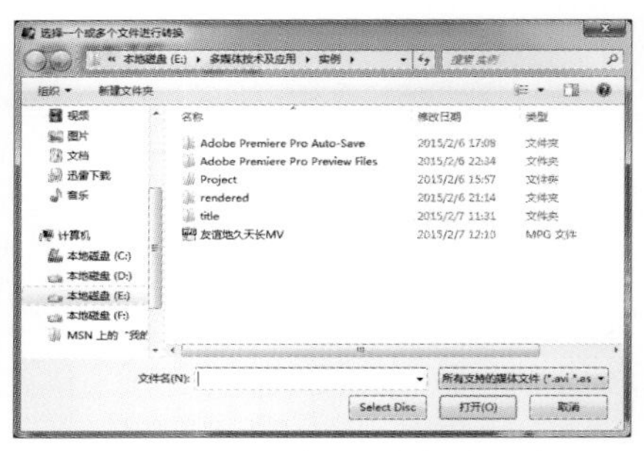

图3-83 “选择文件夹”对话框

②单击“常见视频文件”→“MP4文件”按钮，打开“选择一个或多个文件进行转换”对话框，选择要进行格式转换的文件，如图3-83所示。单击“打开”按钮。

③单击输出路径右边的“浏览”按钮，打开“选择输出路径”对话框，设置好输出文件夹，如图3-84所示。单击“选择文件夹”按钮。

④单击“转换模式”右边的“高级”按钮，打开“MP4文件_高级选项”对话框，对参数进行设置，如图3-85所示。单击“确定”按钮。

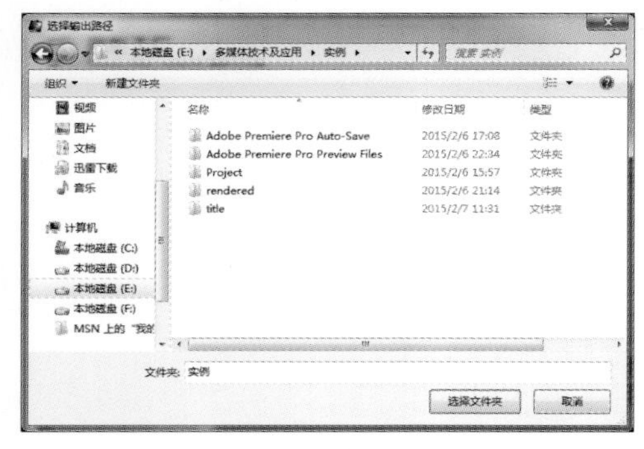

图3-84 选择输出路径

图3-85 MP4文件_高级选项

⑤单击“开始转换”按钮，系统开始进行格式转换工作，下方会显示进度条以及转换的时间，如图3-86所示。

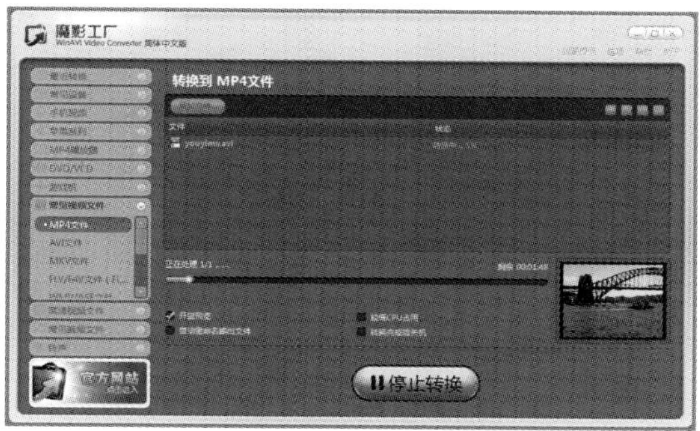

图3-86　正在转换

项目实训3

实训3.1　制作卡拉OK影碟

制作卡拉OK影碟和制作普通影碟没有什么区别，但卡拉OK的字幕需要变色，也就是要随着歌曲的推进，一个字、一个字地变色，以引导演唱者演唱。这样的字幕如果手工来制作非常麻烦，工作量也相当大。不过，读者可以使用专业的卡拉OK字幕制作工具——Sayatoo来制作字幕。

项目操作步骤3.1

实训3.2　涠洲岛风光片制作

涠洲岛位于广西北海市正南面21海里的海面上，距北海市区36海里，是中国最年轻的火山岛，也是广西最大的海岛。现将在涠洲岛拍摄的美丽风景视频和照片编辑在一起，通过添加转场、字幕和音乐等，可以制作出涠洲岛的纪录片。最终效果如图3-87所示。

图3-87　最终效果

项目操作步骤3.2

拓展练习3

题目：制作一个电视音乐片。

规格：编辑模式为AVCHD 720P，25fps，时间为一首歌的长度，输出格式为MP4。

要求：运用Eeius7软件本身的视频特效、切换等效果，制作音乐电视片头。

习题及答案

项目4
影视片头设计

【技能与知识目标】

· 能应用After Effects CS4软件进行影视片头及栏目片头的设计与制作。

· 了解After Effects CS4的功能，了解After Effects CS4的常用文件格式。

· 掌握基本图层动画、遮罩动画的设计与制作。

· 掌握预设文字动画及高级图层动画的设计与制作。

· 掌握抠像、三维动画的设计与制作。

【课前导读】

After Effects（简称AE）适合电视广告、电视栏目片头的制作，用于电视台、动画制作公司、个人后期制作工作室以及多媒体工作室。而在新兴的用户群，如网页设计师和图形设计师中，也开始有越来越多的人在使用After Effects，属于层类型后期软件。它是世界著名的图形设计、出版、图像软件设计公司开发，和Adobe公司的其他系列软件一样（如Premiere、Photoshop、Illustrator等），属于同类型后期软件。新版本的After Effects带来了前所未有的卓越功能，包含了上百种特效及预置动画效果。它与主流3D软件可很好地结合，如Maya、3dsmax等，并可与Premiere、Photoshop、Illustrator无缝结合。其最新版本为After Effects CS4，目前已随Adobe Creative Suit 4 Production Premium发布。

现在，许多第三方厂商也研发专供这项产品作为外挂（Plugins）之用的外挂程序，使得 After Effect主程序功能更增添实用性与便利性。本项目将数字图像的处理分成几个任务来学习，第一个任务是After Effects CS4概述，第二个任务是After Effects CS4的基本操作，第三个任务是文字特效，第四个任务是物理仿真和环境模拟，第五个任务是完成两个项目实训。

本章素材

成片

4.1 After Effects CS4概述

Adobe After Effects软件可以帮助用户高效且精确地创建无数种引人注目的动态图形和震撼人心的视觉效果。利用与其他Adobe软件的紧密集成和高度灵活的2D和3D合成，以及数百种预设的效果和动画，可以为用户的电影、视频、DVD和Macromedia Flash作品增添令人耳目一新的效果。

随着时代和科技的发展，影视媒体已经成为应用最为广泛、影响最为深远的媒体之一。从铺天盖地的网络视频、电视广告到好莱坞电影大片，都深深地影响着人们的生活。过去，影视特效是专业人员的工作，对于普通人还有一层非常神秘的面纱。人们几乎每天都可以在电视节目中看到特效效果，如最为常见的中央电视台《新闻联播》片头，便是一个即时的特效合成。

4.1.1 认识After Effects CS4的工作窗口

在计算机上安装完After Effects CS4汉化后，桌面将会出现快捷方式图标，双击即可打开AE进入工作界面，如图4-1所示。默认状态下的工作界面由“菜单栏”“工具箱”“项目窗口”“合成窗口”“信息窗口”“预览控制台”“效果与预置”“时间线窗口”组成。默认状态下的界面中出现的窗口都是在工作中最常用的，由于受计算机屏幕的限制，其他一些窗口被隐藏，可以通过执行菜单命令“窗口”来显示或隐藏窗口。

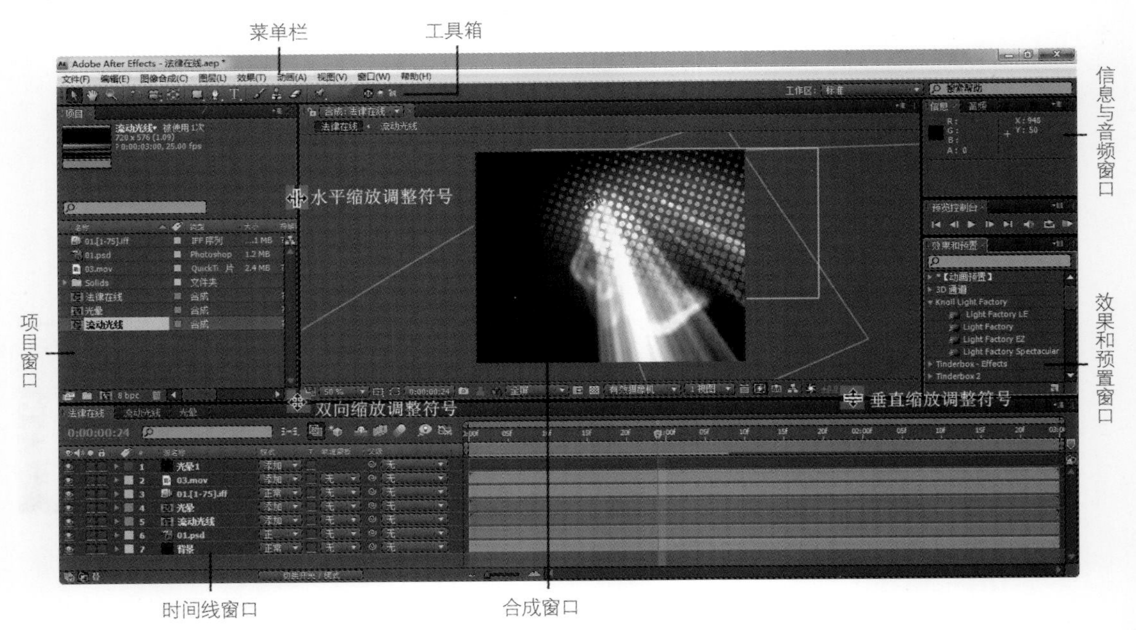

图4-1 After Effects CS4工作界面

①菜单栏：存放各种功能菜单。

②工具箱：提供常用的调整工具。

③工作区类型：单击“工作区”下拉式按钮，显示出系统预置的各种工作界面类型，用户可选择其中的任意一种作为当前工作界面。例如，选择“文字”类型，这是一个专为文字工作设置的界面，可以在这个界面上访问After Effects CS4的所有文字窗口，如图4-2所示。

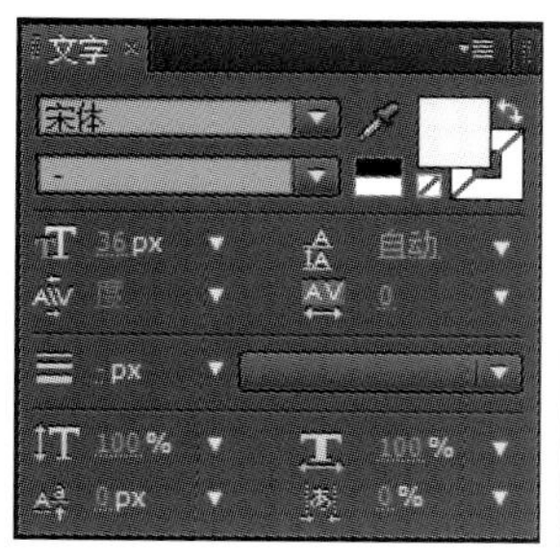

图4-2 选择文字工作窗口

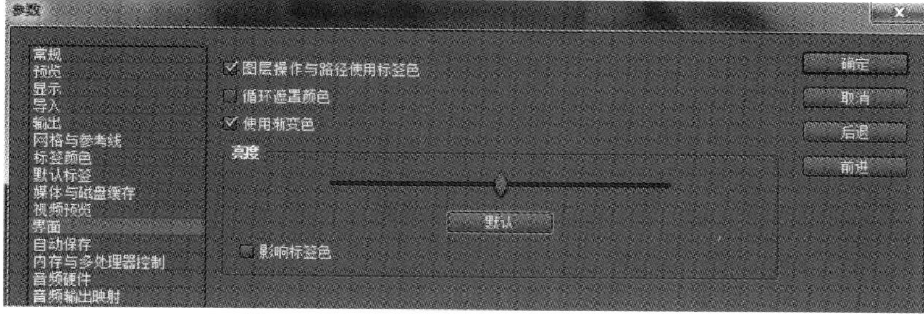

图4-3 参数

④项目窗口：用于导入、存放、查找和管理各种素材。

⑤时间线窗口：用于编辑合成窗口中所有的素材，包括素材的层次、出现的时间和位置、定义图层的属性动画和添加各种特技效果等。

⑥合成窗口：用于显示最终合成效果。

⑦工作窗口：After Effects有许多浮动的工作窗口，图4-1中显示的“信息与音频”窗口和“效果和预置”窗口是其中的两个，它们用于方便图层信息的显示、声音的调整和特效的应用与控制。

⑧水平缩放调整符号：当鼠标移动到工作界面上各窗口的水平边沿时，该符号将自动出现，此时拖动鼠标便可调整整个窗口的水平宽度。

⑨垂直缩放调整符号：当鼠标移动到工作界面上各窗口的垂直边沿时，该符号将自动出现，此时拖动鼠标便可调整整个窗口的高度大小。

⑩双向缩放调整符号：当鼠标移动到工作界面上各窗口的四周顶角时，该符号将自动出现，此时拖动鼠标便可同时调整整个窗口的水平与垂直大小。

执行菜单命令“编辑”→“参数”→“界面”，打开如图4-3所示的“参数”对话框，用户还可根据自己的偏好与需求，自由调节界面的亮度和一些元素的颜色显示，以便使界面明暗合适，缓解视觉疲劳，起到保护视力的作用。

1）项目窗口

当用户启动After Effects CS4软件时，系统自动创建了一个新的项目，并显示出项目窗口。用户也可以执行菜单命令“文件”→“新建”→“新项目”，建立一个新的项目，并显示出项目窗口。执行菜单命令“文件”→“打开项目”，则可以打开一个已经存在的项目文件，此时打开的是以前的项目窗口，如图4-4所示。

（1）预览区域

在此区域显示出用户在项目窗口中所选择的素材或合成项目的画面，其右边则会显示出该素材的名称、幅面大小、持续时间、帧速率等信息。

（2）文件夹

单击“新建文件夹”按钮，可以在项目

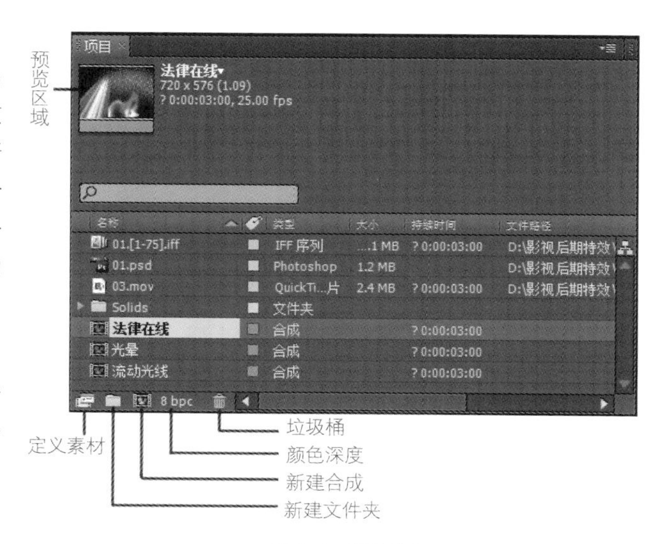

图4-4 项目窗口

窗口中新创建一个用户自己命名的文件夹，然后可将导入的各种素材放入文件夹，以便分类管理各类素材。

（3）新建合成

单击此按钮将弹出合成项目设置对话框，用户可在对话框中设置该合成项目的各项属性参数和名称，然后单击“确定”按钮创建出一个新的合成项目。用户也可以直接拖放某个素材到此按钮上释放，则创建了一个与该素材幅面大小一致、持续时间一致，并以该素材命名的新合成项目。

（4）颜色深度

该按钮用来切换项目的颜色深度，After Effects CS4支持32位的颜色深度模式。按住<Alt>键并用鼠标单击此按钮，可在8 Bits、16 Bits和32 Bits的颜色深度之间相互切换。

（5）垃圾桶

该按钮用来删除不需要的素材。在项目窗口中选中不需要的素材项目，然后单击该按钮，便可将此素材删除掉；也可以直接将不需要的素材拖到该按钮上释放，从而删除它。

执行菜单命令“文件”→“导入”→“文件”引入素材到项目窗口；也可用鼠标在项目窗口空白处双击，打开“导入文件”对话框，从而选择所需要的素材文件到项目窗口。

单击项目窗口中的“名称”（“类型”“大小”“持续时间”）等按钮，项目窗口中的素材将按照所单击的类型进行排序。

2）合成窗口

合成项目窗口是影像表演的舞台，所有被编辑的素材的效果都将通过这个舞台表现出来。执行菜单命令“图像合成→新建合成组”或者在项目窗口中单击“新建合成”按钮，打开“图像合成设置”对话框，如图4-5所示。

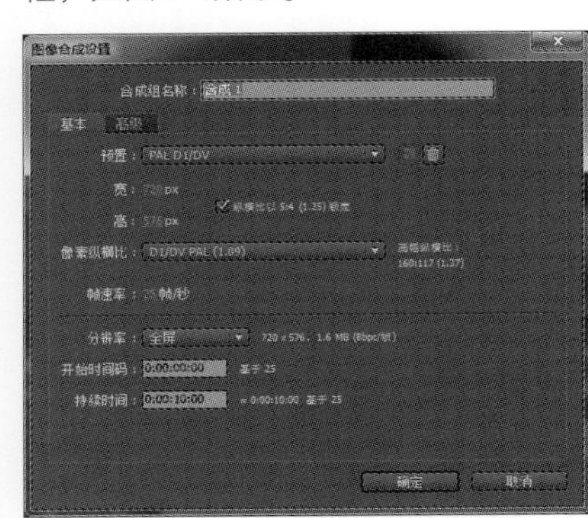

图4-5　图像合成设置

图4-6　合成窗口

合成组名称・输入合成项目的名称如下。

①“基本”选项卡下的各属性说明如下。

A.预置：选择合成项目的预置格式，包括NTSC、PAL、HDTV、DVCPRO DH、胶片以及用户自定义的格式。

B.宽：设置合成项目窗口的宽度。

C.高：设置合成项目窗口的高度。

D.纵横比以5：4锁定：勾选此单选框将锁定窗口的宽高比例。

E.像素纵横比：设置合成项目窗口的宽高比，其右边下拉式菜单中有预置的宽高比类型可供选择。

F.帧速率：设置合成项目的帧速率。

G.分辨率：设置合成项目的像素分辨率，包括全屏、1/2、1/3、1/4及自定义像素分辨率共5种，以全屏质量最好，但渲染时间最长。

H.开始时间码：设置合成项目的起始时间，用户可以输入任意一个开始的时间值，系统默认是0。

I.持续时间：设置合成项目的持续时间。

②“高级”标签下则可设置合成项目的一些高级属性，比如合成项目的定位点；决定模糊强度的快门角度；决定模糊方向的快门相位以及影像三维渲染的引擎模式（高级3D）等。

设置完成后，单击“确定”按钮，退出设置对话框，一个新的合成项目窗口便显示出来。合成项目窗口中有许多功能按钮，如图4-6所示。

A.合成项目窗口的菜单按钮。单击该按钮将弹出合成项目窗口的控制菜单，如图4-7所示。

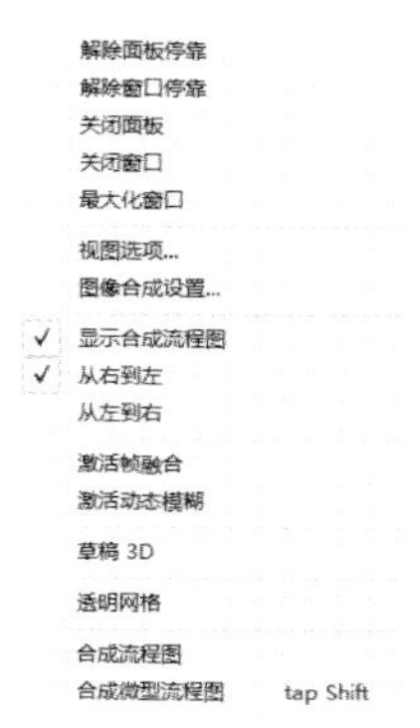

图4-7　合成窗口菜单

图4-8　安全区域的设置

图4-9　时间设置对话框

B.合成项目窗口缩放按钮。其下拉式按钮中预置有各种缩放比例的选项可供用户选择；用户也可以将鼠标移动到合成项目窗口的边沿，当鼠标变为水平缩放调整符号、垂直缩放调整符号或双向缩放调整符号时，拖动鼠标便可自由调整合成项目窗口的大小，此时，该按钮也将实时显示出调整中的合成项目窗口大小。

C.安全区域按钮。单击该按钮，从弹出的快捷菜单中选择“字幕/活动安全框”菜单项，合成项目窗口中将显示出影像播放的安全区域，如图4-8所示。也就是说，影像素材在编辑时要尽量放在安全区域内，以防止在电视机上播放时被切除掉。

D.遮罩显示按钮。单击该按钮将显示出合成项目窗口中图层的遮罩形状，否则将隐藏遮罩。

E.时间显示按钮。单击该按钮，将弹出时间设置对话框，如图4-9所示。对话框中显示了影像播放的当前时间。在对话框中重新输入时间数字，合成影像将直接跳转到设定的时间点上。

F.快照按钮。单击此按钮，可以捕捉当前合成项目窗口中的图像画面。

G.通道选择按钮。单击此按钮的下拉式菜单，显示出可选择的通道类型，如图4-10所示。用户可选择其中的某一通道，使合成项目窗口显示出该通道的状态，从而查阅各通道的信息。比如单击Alpha，则合成项目窗口中仅显示出图层的Alpha通道图形。

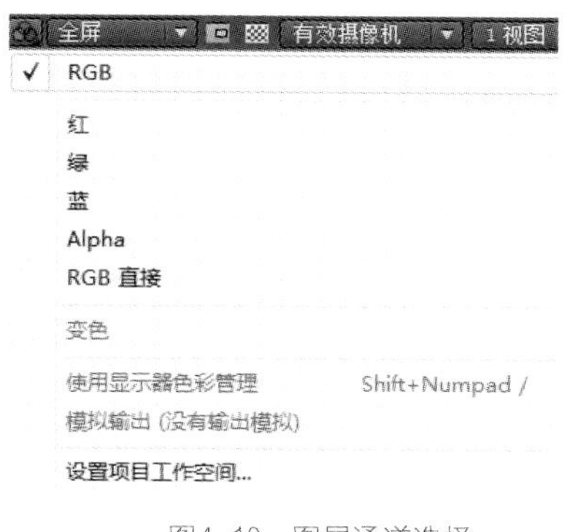

图4-10　图层通道选择

图4-11　图层分辨率选择

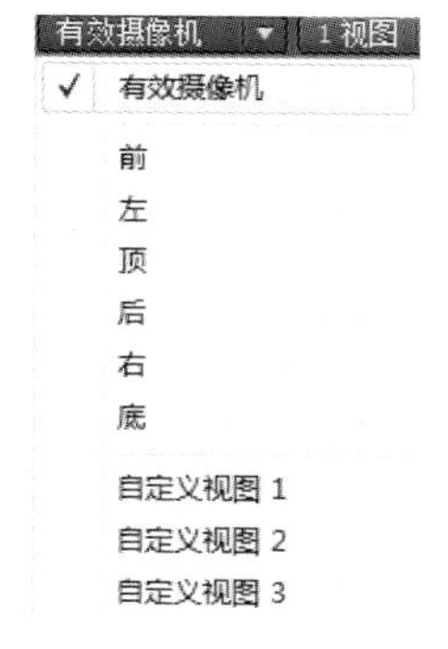

图4-12　3D视图显示模式

H.分辨率按钮。单击此按钮，显示出可选择的5种图层分辨率类型，如图4-11所示。

I.透明背景选择按钮。单击此按钮，合成项目窗口的背景将由系统默认的有色背景变为棋盘格状的透明背景。

J.视图模式按钮。当图层被设置为3D图层时，可单击此按钮下的下拉式菜单选择3D视图显示模式，如图4-12所示。

K.合成流程图按钮。单击此按钮，可打开合成项目的流程图窗口。

当创建了一个合成窗口后，还可以通过执行菜单命令“图像合成”→“图像合成设置”，对合成项目的设置进行修改。

执行菜单命令“图像合成”→“背景色”，则可修改合成项目窗口的背景颜色。

3）时间线窗口

在打开一个项目窗口时，同时也打开了一个时间线窗口。时间线窗口是和项目窗口一一对应的。时间线窗口是编辑素材，设置动画和添加各种特效，对素材图层进行数字化精确调整的场所。时间线窗口的显示如图4-13所示。

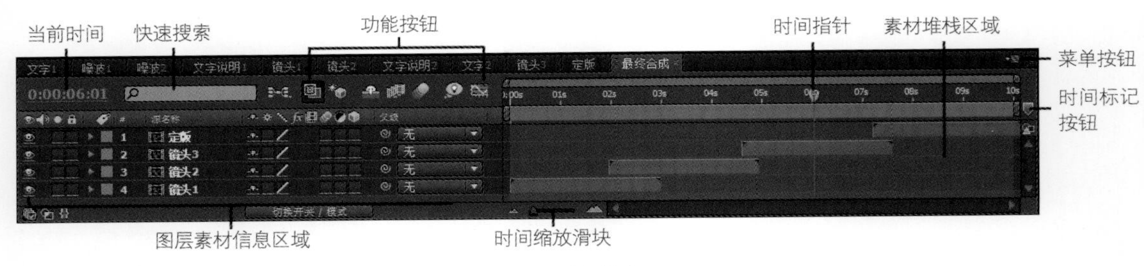

图4-13　时间线窗口

（1）当前时间

显示合成项目的当前时间，当时间指针移动时，当前时间也将实时改变。

（2）功能按钮

对合成项目的图层性质进行总设置的功能按钮，其中包括以下方面。

① “实时更新”按钮。当打开此按钮时，可以阻止合成窗口画面的实时更新；只有当时间指针停止拖动时，合成画面才进行更新。

② 3D图层限制开关。当打开此开关时，3D图层的灯光效果暂时失效，从而可以加速画面刷新。

③ 图层隐蔽开关。选择图层后，点击此开关可使所选图层被隐蔽；再次点击，可使隐蔽的图层重新显示出来。

④ 帧融合开关。点击此开关，程序会自动在帧之间添加过渡帧，以保证素材播放的流畅性。

⑤ 运动模糊开关。打开此开关，可为运动图层增加模糊效果。

⑥ 动画曲线编辑器开关。点击此开关，可使动画关键帧改变为动画曲线显示方式。

具体到每个图层，还有与合成项目总功能按钮相对应的图层分功能开关。只有总按钮与分开关都打开了，图层性质才能得到确定。

（3）时间指针

确定合成项目影像播放时间的指针。该指针可被左右拖动到任意位置，合成项目窗口中将显示时间指针对应处的影像画面。

（4）素材堆栈区域

该区域用来摆放所有参与合成的全部素材。当我们拖放素材到合成项目窗口中时，时间线窗口中也将自动添加一个相对应的素材图层。在该区域中，素材是按层摆放的，通过安排素材所在层的上下与前后位置来确定素材与素材的相互关系。比如，放在上层的素材将在合成项目窗口的前面显示出来，而放在下层的素材将被前面的素材所挡住；位置在前的素材将在合成项目窗口中先显示出来等。在这个区域中还可用鼠标拖动图层两端的括号来调整素材的入点与出点，以配合整个合成效果的需要。图层颜色条的长短表示了该图层素材播放时间的长短。

（5）菜单按钮

下拉式菜单中有关于图层操作的各种命令。

（6）时间标记按钮

拖动该按钮到时间指针活动区释放便可在释放点产生一个时间标记，从而精确地对合成影像定位。

（7）时间缩放滑块

拖动该滑块可以扩展或压缩整个时间区域，从而改变时间的显示单位。

（8）图层素材信息区域

这个区域是图层状态、属性、动画设置的信息显示区域。在这个区域中，素材按层进行排列，拖动图层上下移动可改变素材在时间线上的层次。

点击每个图层名称前的小三角可打开图层的常规属性“变换”设置窗口，在这里可以设置图层的位置、缩放及旋转属性。这个区域的最上边有一排对图层进行控制的窗口，其功能如图4-14所示。

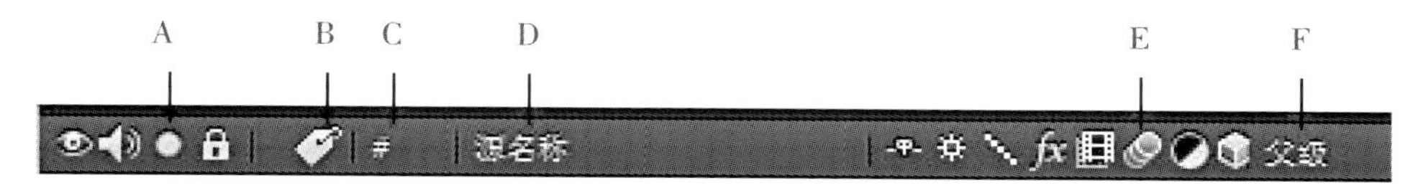

图4-14　素材信息区域控制窗口

①A：这是一个A / V功能设置窗口，是一个视频开关，关闭这个开关将使该图层素材在合成窗口中不可见；是一个音频开关，在图层包含有音频信息时才可用，打开它可使合成影像播放时听到图层中的音频信息；是一个单独编辑开关，打开它可使合成项目窗口中只显示单个图层，以便对其进行单独编辑；是一个锁定开关，打开它可以锁定该图层素材不让编辑。

②B：这是一个显示图层中素材标签颜色的窗口，点击它可使图层按颜色进行排序。

③C：这是一个显示图层编号的窗口，图层编号越小，图层越在上，其在合成窗口中显示越在前。

④D：这是一个图层名称和源名称显示窗口，点击时可相互切换；该窗口显示了素材的名称与类型，以及图层的名称；按<Enter>键可修改图层的名称。

⑤E：这是一个图层属性分功能设置开关窗口。在合成项目总功能按钮打开后，还要打开这些分功能开关才能使设置的图层功能属性有效。其中是一个图层隐藏开关；是一个矢量图形转换开关；是一个图层显示质量开关；是一个效果应用开关；是一个帧融合开关；是一个运动模糊开关；是一个调节层开关；是一个3D图层开关。

⑥F：这个区域是一个时间窗口的扩展窗口显示区域。因为时间窗口中的扩展窗口较多，无法一次性全部显示出来。因此，系统将这些扩展窗口隐藏起来，在需要使用哪一个时就将哪一个调出来。在此单击鼠标右键，弹出如图4-15所示的扩展窗口项目菜单。

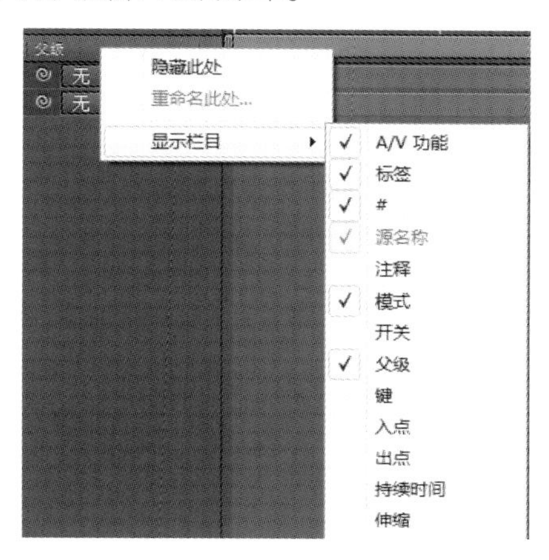

图4-15　扩展窗口项目菜单

菜单中被打勾的项目表示已经显示出来，而尚未打勾的项目都隐藏在里面，用户可根据需要选择其中的项目让其显示出来进行设置。

扩展窗口除了上面已经介绍的以外，还有如下几个。

A.模式：这是一个图层模式设置窗口，如图4-16所示。它可以设置图层的混合模式和遮罩层模式。

图4-16　模式窗口

B.父级：父子图层设置窗口。按照图4-17所示的方法便可将一个图层设置为另一个图层的子图层。

C.键：关键帧导航器窗口。

D.入点 / 出点：图层切入 / 切出窗口，如图4-18所示。在此窗口中可查看图层的切入时间和移出时间，在窗口数字上单击则可修改图层的切入 / 切出时间。

图4-17　父子图层设置方法

入点	出点
0:00:00:00	0:00:08:09
0:00:00:00	0:00:08:09
0:00:00:00	0:00:08:09
0:00:00:00	0:00:01:29

图4-18　图层入点/出点

E.持续时间：图层持续时间窗口。应用该窗口可查看和修改图层在时间窗口中的持续时间长短。

F.伸缩：图层时间缩放窗口，如图4-19所示。在该窗口中可以修改时间长短的百分数，从而延长或缩短图层在合成影像中的播放时间。

图4-19　时间伸缩

图4-20　隐藏窗口的操作

要隐藏这些扩展窗口，只需用鼠标右键单击该窗口，然后在弹出来的菜单中选择“隐藏此处”便可将其隐藏，如图4-20所示。

4）工具箱

After Effects CS4工具箱为用户提供了进行影像合成过程中常用的操作工具，如图4-21所示。

图4-21　工具箱

①选择工具：适用于在“时间线”窗口选择图层，在“合成”窗口中选择、移动、缩放对象。

②抓手工具：当在“合成”窗口图像显示范围放大时，允许用“抓手”工具移动窗口查看超出范围的图像效果。

③缩放工具：允许放大或缩小“合成”窗口中的显示范围；结合<Alt>键可将“放大”工具切换为“缩小”工具，如需要返回100％显示，只需双击“缩放”工具，便能将合成显示范围区域返回100％显示。

④旋转工具圈：单击按钮将图层转换成三维图层后，可对图层进行旋转操作。

⑤摄像机工具：此工具需建立摄像机层时才能使用，可以对摄像机进行旋转操作。用鼠标左键单击此工具不放，出现其他摄像机工具。这时，若选择“移动摄像机”工具，则可对摄像机进行移动操作；若选择“摄像机拉伸”工具，则可对摄像机进行接伸操作。这些工具通常用来在三维空间设置摄像机的位置。

⑥定位点工具：允许改变对象的轴心点位置。

⑦遮罩工具：允许用来建立矩形遮罩。用鼠标左键点击此工具不放，将会出现其他“遮罩”工具。这时，若选择“圆角矩形”工具，则允许用来建立圆角矩形遮罩；若选择“椭圆形遮罩”工具，则允许用来建立椭圆遮罩；若选择“多边形遮罩”工具，则允许用来建立多边形遮罩；若选择“星形遮罩”工具，则允许用来建立星形遮罩。

⑧钢笔工具：在“图层”窗口中允许添加不规则遮罩。用鼠标左键单击不放可弹出其他路径工具。这时，若选择“顶点添加”工具，则允许为路径添加节点；若选择“顶点清除”工具，则允许对路径进行删除节点操作；若选择“顶点转换”工具，则允许对路径曲率进行调整。

⑨文字工具：允许用来建立文字图层，用鼠标左键单击不放，将弹出“竖排文字”工具，允许建立竖排的文字图层。

⑩画笔工具：用于直接在“图层”窗口中对图层进行特效绘制。

⑪图章工具：以克隆的方式对图层内容进行复制。通常需要结合<Alt>键采集源点，再直接使用图章工具进行复制。

⑫橡皮擦工具：用于清除图层中多余部分的图像。

⑬自由位置定位工具：用于创建变形动画，使用时可自动添加关键帧从而自动产生变形效果。

5）效果和预置窗口

执行菜单命令“窗口”→“效果和预置”，打开效果和预置窗口，可在这个窗口中直接查找和应用它们。在这个窗口中，包含有系统预置的13种文字与动画特效模板和效果菜单下的全部滤镜项目，如图4-22所示。可展开各个特效项目，用鼠标拖拉到图层上（或者双击它），便为选择的图层添加了这种特效。在框中输入特效名称便可以在窗口中显示出相应的特效。

6）层排列窗口

执行菜单命令“窗口”→“对齐”，便可打开层排列窗口。当我们需要对齐或均匀隔开几个图层时，可以首先同时选择好这几个图层，然后单击排列窗口中的相应图标便可实现。排列窗口中的图标功能如图4-23所示。

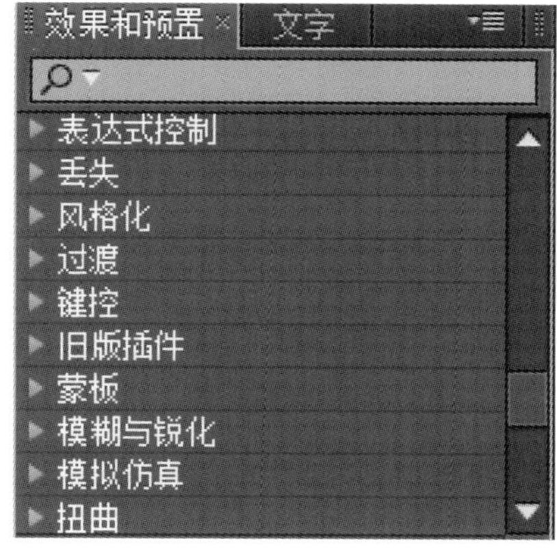

图4-22 效果和预置窗口

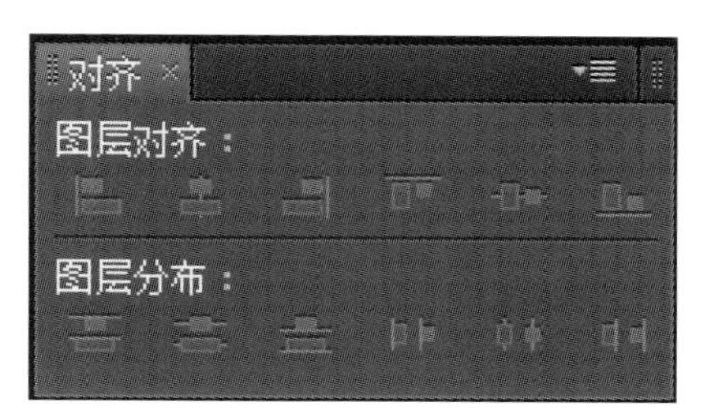

图4-23 图层排列窗口

4.1.2 插件的安装

对于AE里面插件的安装，大致可分为两大类：一类是直接复制到AE安装目录里就可以使用的（例如后缀名是“.aex”的），这一种是比较容易操作的；另一种则是需要安装和注册完之后才能使用的（例如后缀名是“.exe”的可执行文件）。

①选择后缀名是“.aex”的插件，按<Ctrl+C>组合键复制，如图4-24所示。然后找到AE安装目录（C:\Program Files\Adobe\Adobe After Effects CS4\Support Files\Plug-ins），按<Ctrl+V>组合键，把刚才复制的插件粘贴进来，如图4-25所示。

②单击“.exe”应用程序，打开安装对话框，勾选“I accept”复选框，安装路径指定在AE CS4软件安装文件夹的Plug-ins中，如图4-26所示。单击“Install”按钮，进行安装。

图4-24 选择.aex插件

图4-25 粘贴.aex插件

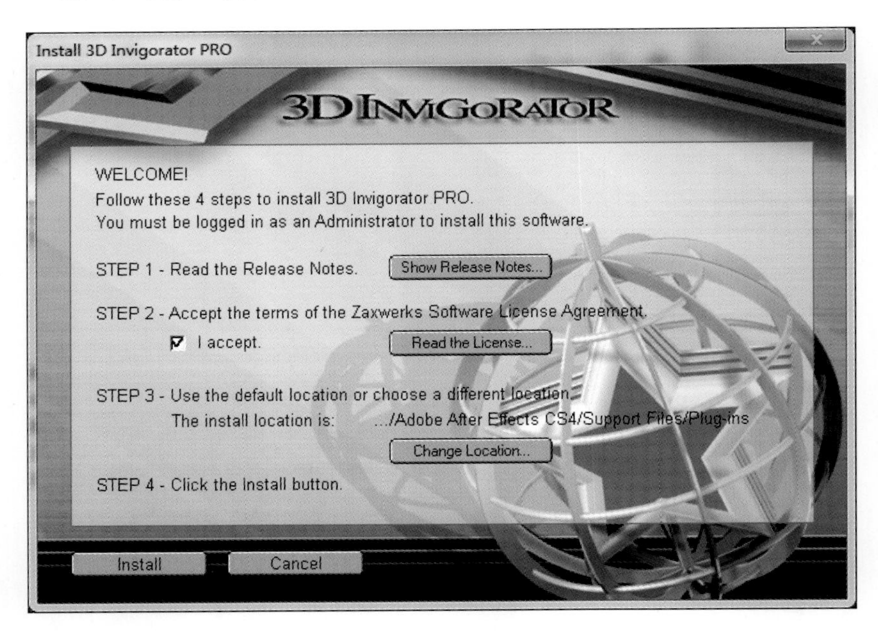

图4-26 安装设置界面

重启After Effects软件后，选中时间线窗口中要添加特效的图层。然后，执行菜单命令“效果”选择相应的特效，在特效控制台窗口中设置其参数。

AE安装时最好安装在C盘里，并多留一点空间。如果装了几个AE版本，请留意安装到哪一个目录里了。

4.2 Affter Effects CS4基本操作

After Effects CS4是专业的影视特效制作软件，软件本身就是专门为制作视频特效设计的。在After Effects CS4中的大部分操作都是制作特效，这里就以制作一个“燃烧纸卷”动画来介绍特效的操作方法。

4.2.1 制作燃烧纸卷

After Effects CS4自身带有大量的视频特效，而且可以安装更多的外挂插件特效以快速制作各种视觉效果，其中“CC 胶片烧灼”特效就是专门用于制作烧焦效果的外挂插件。这里就以它为例来介绍添加特效和制作关键帧动画的方法，其效果如图4-27所示。具体的操作步骤如下。

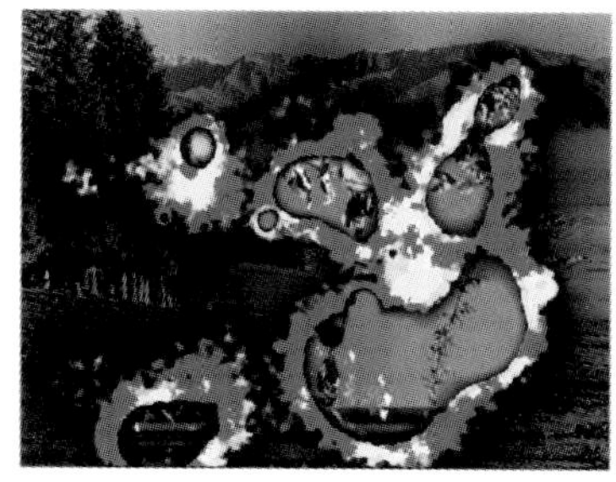

图4-27　最终效果

①启动After Effects CS4，新建一个名称为“纸卷烧焦效果”，尺寸为720×576，时间为5 s的合成。

②按<Ctrl+I>组合键，打开“导入”对话框，选择配套光盘中“项目4\任务1\素材\图像1、图像2和音效1”，单击“确定”按钮。

③从项目窗口中将刚才导入的“图像1”文件插入时间线窗口中，如图4-28所示。

图4-28　插入时间线

图4-29　素材文件

图4-30　添加“胶片烧灼”特效

④从合成查看视图中可以看到素材文件的原始效果，如图4-29所示。

⑤在效果和预设窗口中的“包含”文本框中输入“CC胶”快速查找到“CC 胶片烧灼”特效并添加到时间线窗口的“图像1”图层。

⑥在特效控制台窗口中层开“CC 胶片烧灼”特效，如图4-30所示。保持默认参数设置不变。

⑦确定时间指针停在0 s处，单击“烧灼”选项前面的动画记录按钮，开始记录动画关键帧，参数值设置为0，如图4-31所示。

⑧移动时间指针至4：24 s处，将“烧灼”选项此时的参数值设置为100，系统自动将参数值变化记录为第二个关键帧，如图4-31所示。

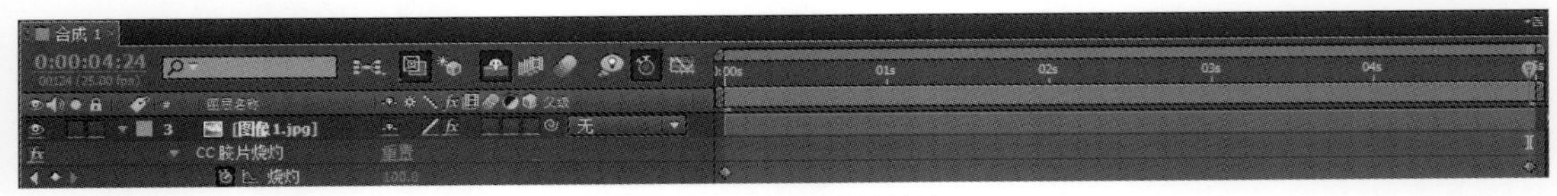

图4-31　设置两个关键帧

⑨拖动时间滑块，可以在合成窗口视图中看到图像逐渐烧焦的动画效果，如图4-32所示。但是画面中没有火焰，效果很不真实，需要继续制作特效。

图4-32　烧焦效果

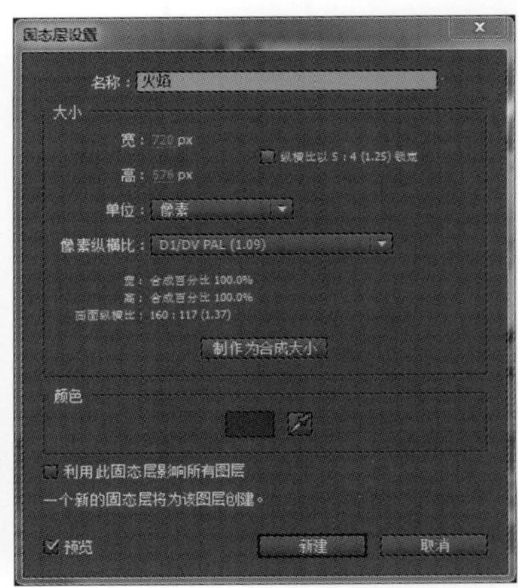

图4-33　输入图层名称

⑩用鼠标右键单击时间线窗口的空白处，从弹出的快捷菜单中选择“新建”→“固态层”菜单项，从打开的“固态层设置”对话框中单击“颜色”选项下面的小色块，打开“实色”面板中将颜色设置为纯蓝色，然后单击“确定”按钮。

⑪回到“固态层设置”对话框中，输入名称“火焰”，然后单击“确定”按钮，如图4-33所示。

⑫新建的固态层“火焰”自动插入时间线窗口中并放置在“图像1”上层，如图4-34所示。

图4-34　插入时间线

图4-35　固态层效果

⑬由于蓝色的固态层“火焰”在时间线的最上层，因此在合成窗口视图中只能看到蓝色的固态层，如图4-35所示。

火焰的变化应该与烧焦的效果一致，可以将“图像1”的特效复制并粘贴到“火焰”图层，然后再通过添加其他特效来制作动态燃烧的火焰效果。具体的操作步骤如下。

A.在时间线窗口选择“图像1”图层，再在特效控制台窗口选择“CC 胶片烧灼”特效按<Ctrl+C>组合键复制，选择“火焰”图层，按<Ctrl+V>组合键粘贴到“火焰”图层，如图4-36所示。

图4-36　复制特效

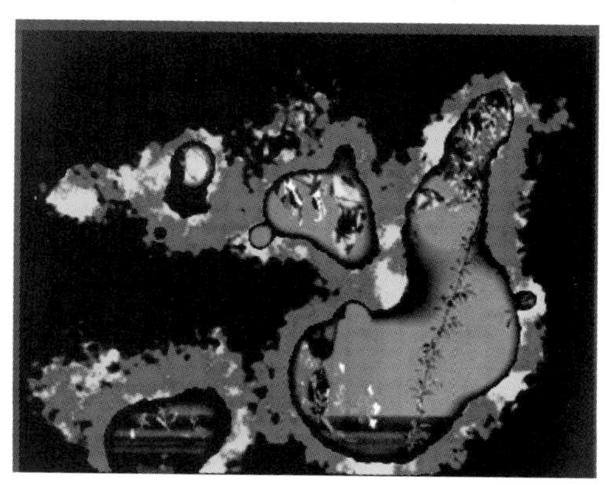

图4-37　烧焦效果

B.按键盘的U键打开“火焰”图层的关键帧选项，可以看到“图像”的关键帧也和特效一起复制到了“火焰”图层。

C.拖动时间指针，也可以在合成窗口看到蓝色图层的烧焦效果，如图4-37所示。

D.按下合成窗口下方工具栏中的“透明栅格开关”按钮，以透明的方式显示合成背景，可以看到烧焦的图像逐渐消失，就像是灰烬消散一样，如图4-38所示。

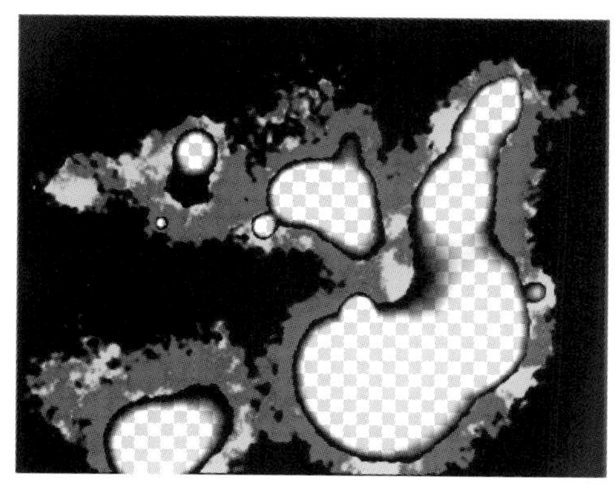

图4-38　灰烬消散效果

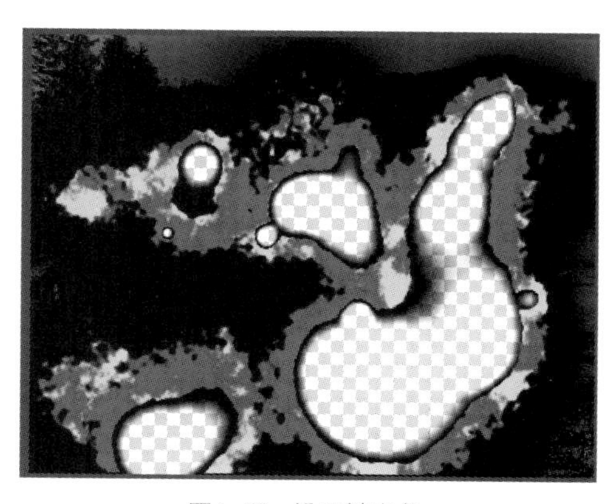

图4-39　设置键出色

E.给“火焰”图层添加一个“键控”→“Keylight”特效，然后在特效控制台面板中层开Keylight特效，单击“屏幕色”选项右边的颜色块。在弹出的“屏幕颜色”对话框中将颜色设置为纯蓝色，单击“确定”按钮。效果如图4-39所示。

F.在时间线窗口中单击“火焰”图层前端的“独奏”按钮，将该图层独立显示，如图4-40所示。

G.从合成窗口视图中可以看到“火焰”键出蓝色之后的效果，如图4-41所示。

H.给“火焰”图层添加一个“粗糙边缘”特效，如图4-42所示。

I.在“粗糙边缘”特效的“边框”选项在0 s和4：24 s处添加两个关键帧，其参数值为0和3，现在合成窗口视图中的画面效果如图4-43所示。

J.给“火焰”图层添加一个“分形噪波”特效，在“演变”选项的0 s和2：24s处添加两个关键帧，其参数值分别设置为0和180，现在从合成窗口可以看到画面效果，如图4-44所示。

图4-40　独立显示火焰图层

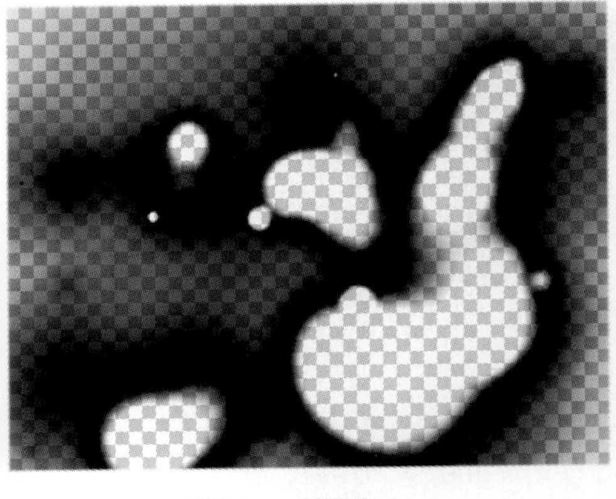

图4-41　抠像效果

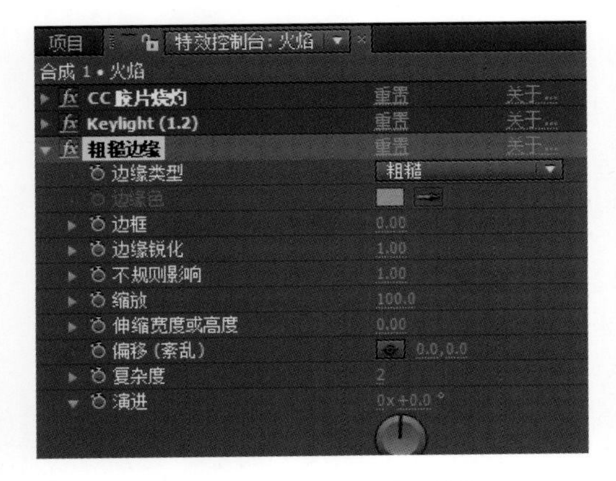

图4-42　添加“粗糙边缘”特效

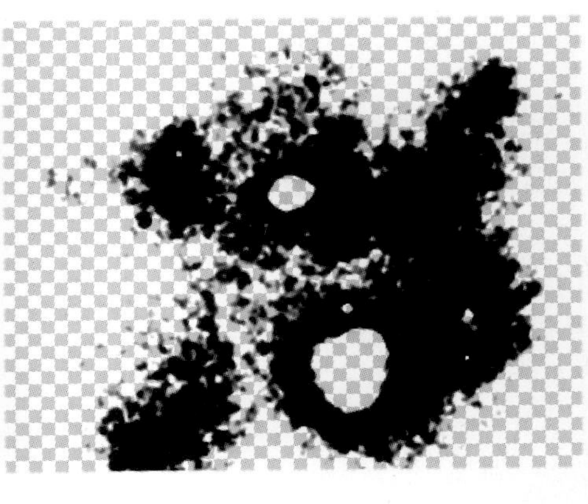

图4-43　画面变化

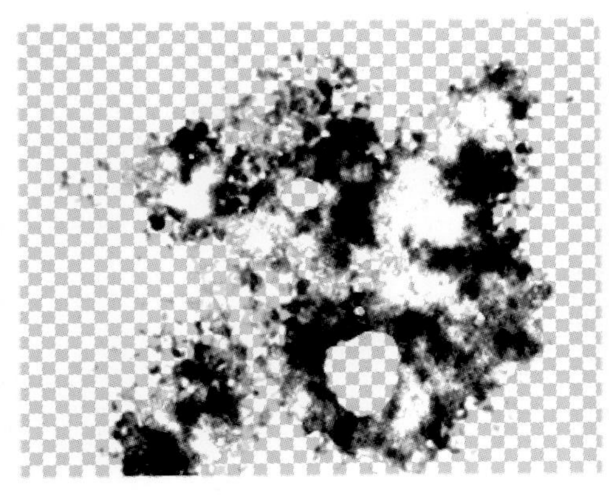

图4-44　画面变化

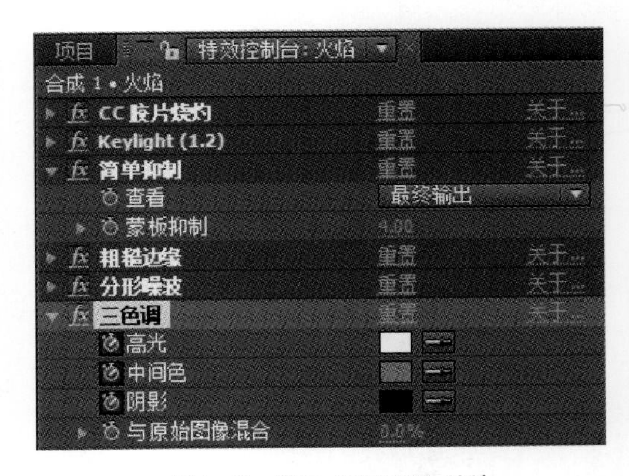

图4-45　添加“三色调”特效

K.给“火焰”图层添加一个“三色调”特效并依次将“高光”设置为浅黄色（FFFFCC），将“中间色”设置为橙红色（FF6000），将“阴影”设置为深红色（3B0000），如图4-45所示。

L.同时显示所有图层，现在可以看到火焰燃烧的效果，如图4-46所示。效果还不太真实，还需要继续修饰。

前面制作的火焰颜色与亮度都与真实的火焰存在着不小的差距，这里将继续添加其他特效使火焰的形状更真实，然后使用图层模式来调节火焰的颜色和亮度。具体的操作步骤如下。

M.给“火焰”图层添加一个“简单抑制”特效，将该特效移动至Keylight特效下面并设置参数“蒙版抑制”为4，如图4-47所示。

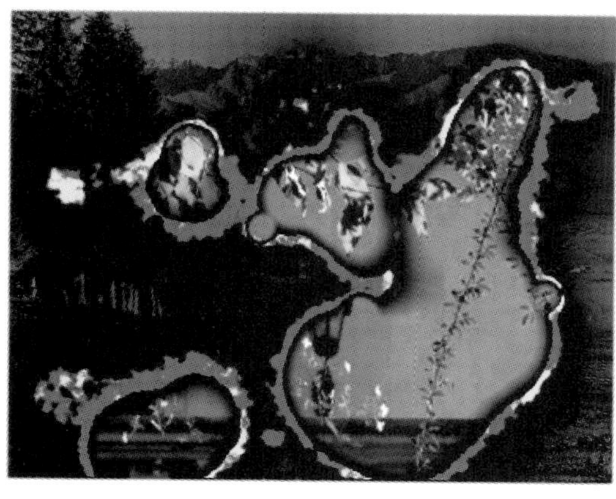

图4-46　火焰燃烧效果

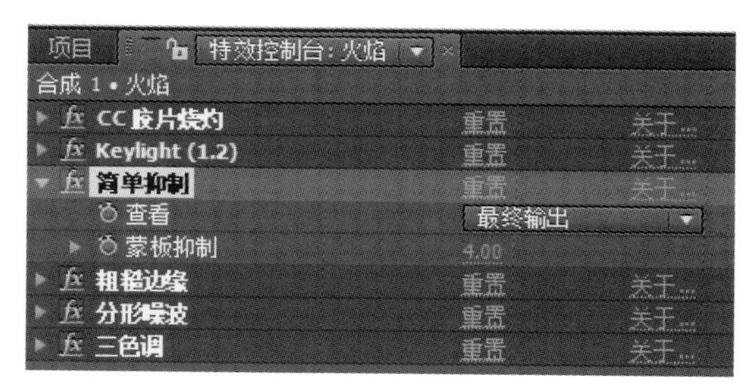

图4-47　添加“简单抑制”特效

N.现在从合成中查看视图，可以看到火焰的形状比较真实了，颜色和亮度还差一些，如图4-48所示。

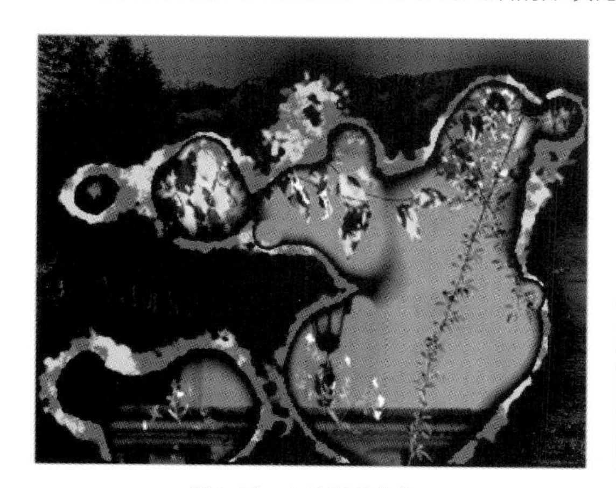

图4-48　火焰形状变化

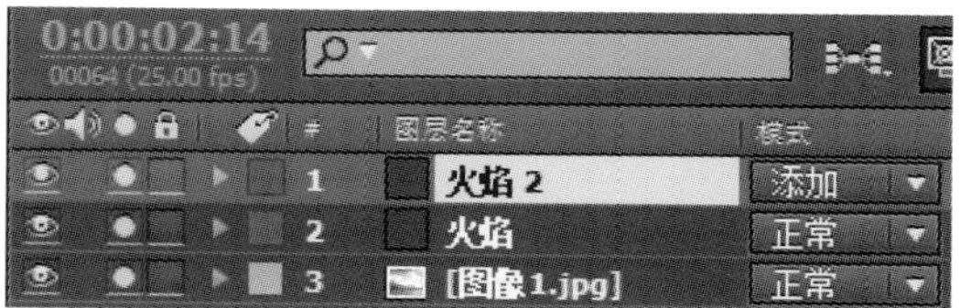

图4-49　设置图层模式

O.选中“火焰”图层，然后按键盘的<Ctrl+D>组合键复制一个“火焰”图层放置在最上层。

P.单击时间线窗口下方的“切换开关/模式”按钮，打开“模式”选项，将第一层“火焰”图层的层模式设置为“添加”模式，如图4-49所示。

Q.将第一层“火焰”图层的“简单抑制”特效的“蒙版抑制”设置为1，现在合成窗口的画面效果如图4-50所示，火焰的形状、颜色和亮度都显得很真实了。

R.将“图像2.jpg”文件插入时间线窗口，并放置在最底层，如图4-51所示。

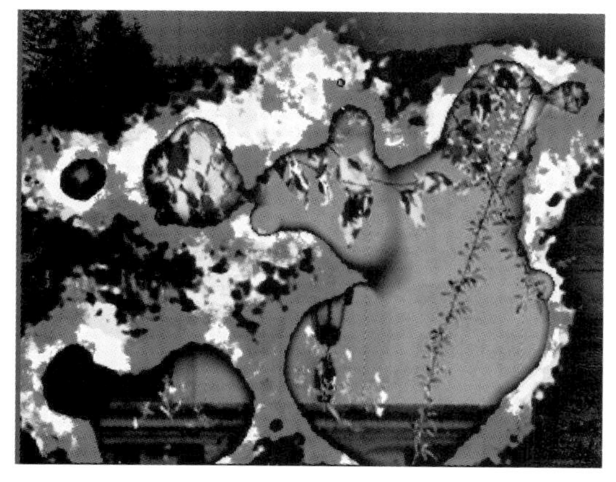

图4-50　火焰效果

图4-51　插入背景图层

⑭After Effects CS3也可以完成对音频的一般性编辑，这里通过给火焰添加燃烧的音效来介绍音频的编辑方法。具体的操作步骤如下。

A.将“音效1. wav”文件插入时间线窗口的最底层，将音频的开始点放置在0：15 s处，如图4-52所示。

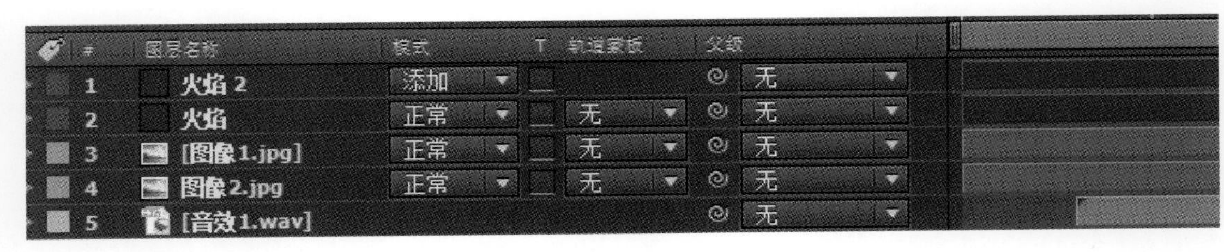

图4-52　插入音频层

B.为“音效1”的“音频电平”选项在0：15 s、2 s、3：20 s和4：10 s处添加4个关键帧，其参数值设置为-20、0、10和-20，如图4-53所示。

图4-53　设置四个关键帧

C.按数字键盘“0”，可以在合成窗口中预览动画最终效果，如图4-27所示。

4.2.2　蜜蜂飞舞

使用静态的图片素材，通过在其运动选项中添加关键帧制作动态的视频，是影视创作中常用的手法。本例就利用After Effects CS4的运动略图功能、摇摆器和平滑器来制作一个飞舞的蜜蜂动画，这个动画的难点是模拟蜜蜂飞舞时的随机摆动效果。效果如图4-54所示。

图4-54　最终效果

这个效果是使用摇摆器和平滑器相配合完成的。本例的具体操作步骤如下。

①启动After Effects CS4程序，新建一个尺寸为720×576，持续时间为5 s的合成，“合成组名称”为“蜜蜂飞舞”，单击“确定”按钮。

②双击项目窗口的空白处，在打开的“导入文件”对话框中选择本书配套光盘“项目4\任务1\素材\卡通蜜蜂.psd”和“花朵.jpg”文件，然后单击“打开”按钮，导入的素材文件保存在如图4-55所示的项目窗口中。

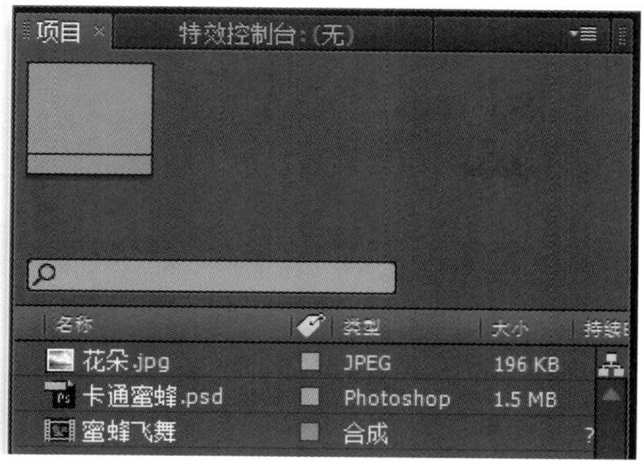

图4-55　导入素材

图4-56　插入时间线

③从项目窗口将“卡通蜜蜂.psd”文件插入时间线窗口，如图4-56所示。现在从合成窗口可以看到蜜蜂图像的原始效果，如图4-57所示。

图4-57　查看合成窗口画面

图4-58　缩小后的蜜蜂

图4-59　显示透明背景

④按键盘的<S>键打开“卡通蜜蜂”图层的“比例”属性选项，将其参数值设置为28，缩小之后的蜜蜂图像如图4-58所示。单击合成窗口下方工具栏中的“开关透明栅格”按钮，将视图背景变成透明，可以看到画面中除了蜜蜂其他区域都是透明的，如图4-59所示。

⑤单击主窗口右上角的工作区选项右边的下拉菜单按钮，在弹出的下拉菜单中选择“动画”菜单项，将工作窗口切换至“动画”模式。

⑥在“动态草图”窗口中设置参数如图4-60所示，然后单击“开始采集”按钮。

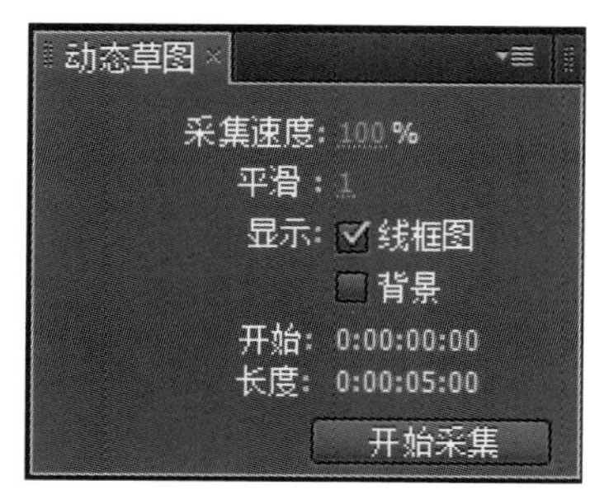

图4-60　单击“开始采集”按钮

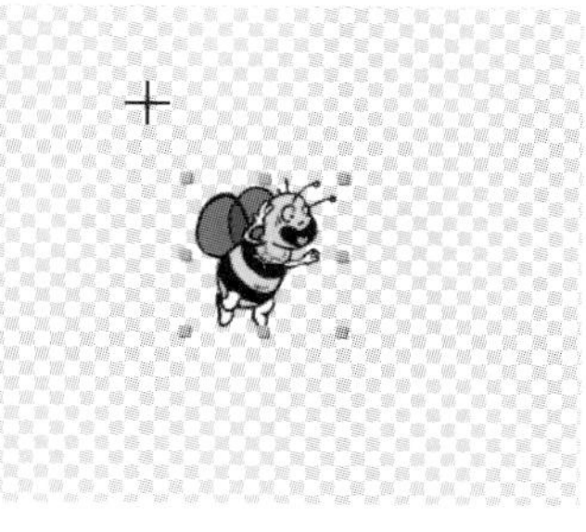

图4-61　十字光标

图4-62　完成绘制

⑦将鼠标移动到合成窗口视图中，可以看到鼠标变成了一个小十字光标，表示可以开始绘制运动路径了，如图4-61所示。

⑧按下鼠标左键在视图中绘制图层的运动路径，绘制完成之后，蜜蜂图层的运动路径如图4-62所示。

⑨按键盘的<P>键打开蜜蜂图层的“位置”选项，可以看到在该选项下面生成了很多关键帧，这就是图层的运动关键帧，如图4-63所示。

图4-63　查看关键帧

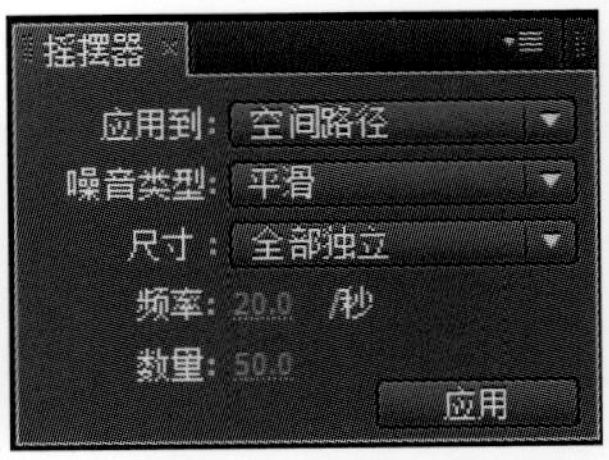

图4-64　添加摆动效果

⑩框选“位置”关键帧，在“摇摆器”窗口中设置“频率”为20，“数量”为50，其余参数不变，如图4-64所示，然后单击“应用”按钮，给蜜蜂的运动添加随机的摆动效果。

⑪回到合成窗口视图中，会发现蜜蜂的运动路径变得很复杂了，如图4-65所示。

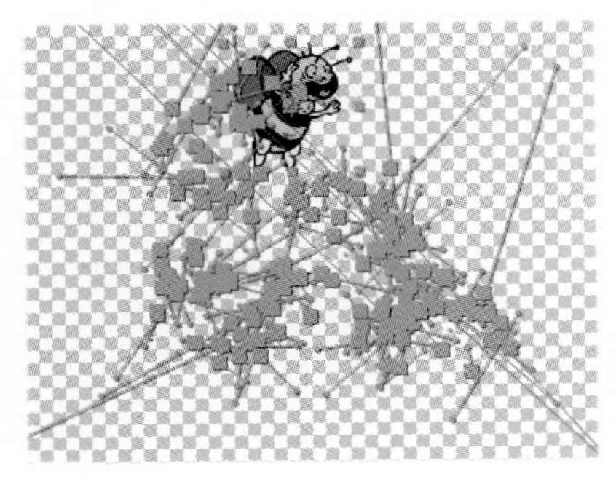

图4-65　查看运动路径变化

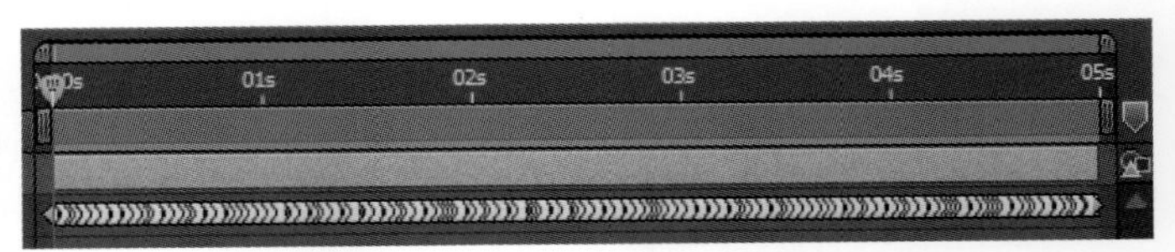

图4-66　查看增加的关键帧

⑫回到时间线窗口，可以看到在原来的基础上又增加了很多关键帧，如图4-66所示。现在拖动时间滑块，可以看到蜜蜂的运动状态发生了跳跃。

⑬在平滑器窗口中将“宽容度”选项的参数值设置为80，然后单击“应用”按钮，如图4-67所示。

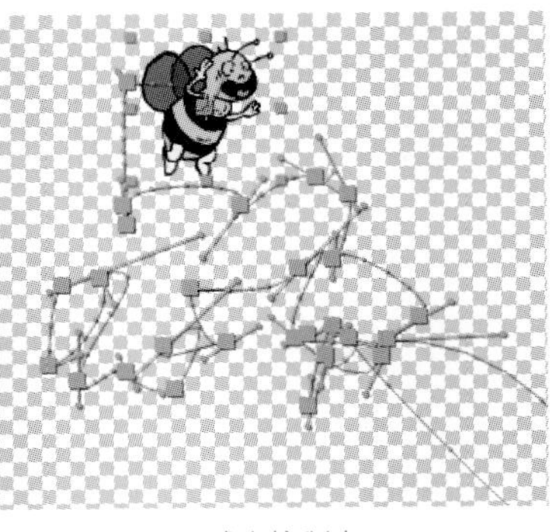

图4-67　应用平滑效果

图4-68　减少控制点

⑭回到合成窗口视图中，可以看到运动路径上面的点减少了很多，运动路径变得简单了一些，如图4-68所示。

⑮在时间线窗口，可以看到“位置”选项的关键帧也减少了很多，如图4-69所示。

图4-69　减少关键帧

⑯从项目窗口将“花朵.jpg”文件插入时间线窗口，放置在蜜蜂图层下面，在合成窗口视图中叠加背景图层之后的效果如图4-70所示。

图4-70　图层叠加效果

⑰选择“卡通蜜蜂.psd”图层，执行菜单命令“透视”→“阴影”，添加一个“阴影”特效并设置特效参数，“距离”为30，“柔化”为80，如图4-71所示。

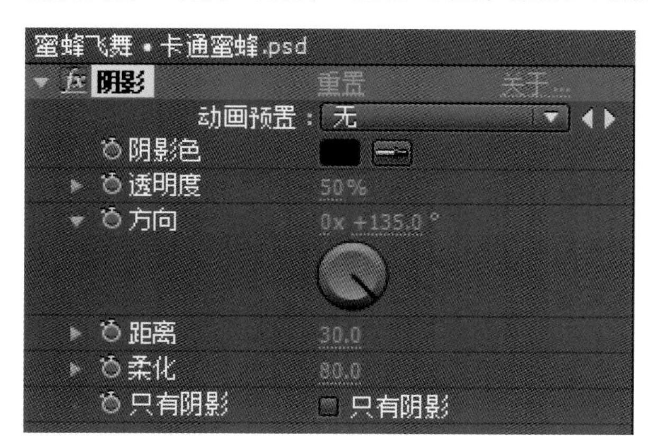

图4-71　添加阴影特效

图4-72　阴影效果

⑱在合成窗口视图中为蜜蜂添加阴影之后的效果如图4-72所示。

⑲拖动时间滑块，可以在合成窗口中预览动画最终效果，如图4-54所示。

4.2.3　使用遮罩为画面调色

为画面调色是后期制作中的一个重要内容，After Effects CS4本身提高了众多调色工具，可以随意控制画面的色彩。而利用遮罩和图层叠加模式对画面调色，可以得到意想不到的效果。本例的具体操作步骤如下所示。

①启动After Effects CS4程序，新建一个尺寸为720×576，持续时间为3 s的合成，取名为“使用遮罩调色”。

②用鼠标右键单击项目窗口的空白处，在弹出的快捷菜单中单击“导入”→“文件”命令。

③在打开的“导入文件”对话框中选择附书光盘实例“文件\项目4\素材\图像17.jpg”文件，然后单击“打开”按钮。

④将“图像17.jpg”文件插入到时间线窗口中，用鼠标右键单击“图层1”，从弹出的快捷菜单中选择“变换”→“适配到合成”菜单项，效果如图4-73所示。

图4-73　插入时间线

图4-74　素材效果

⑤现在从合成窗口中可以看到“图像17.jpg”文件的原始效果，如图4-74所示，画面色彩暗淡、层次感欠佳。

⑥选中“图像17”图层，按键盘的<Ctrl+D>组合键复制一层，如图4-75所示。

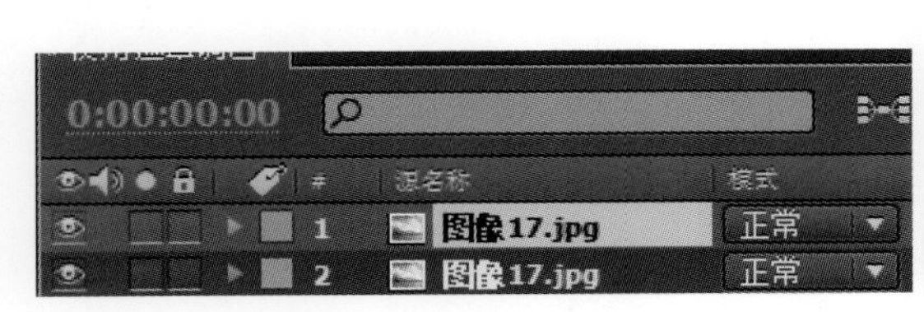

图4-75　复制图像

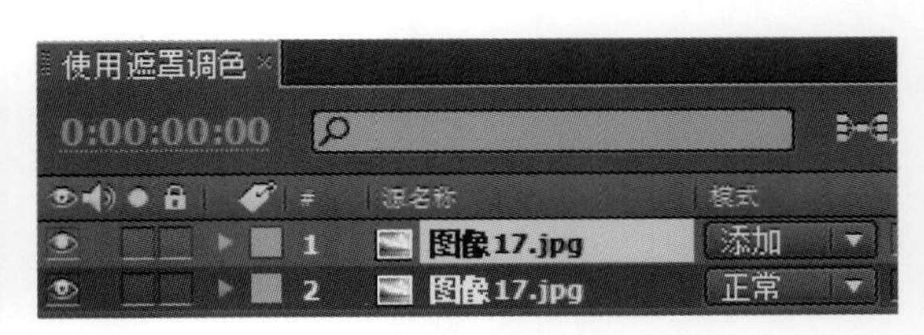

图4-76　设置图层混合模式

⑦将上面图层的混合模式设置为叠加模式，如图4-76所示。

⑧现在从合成窗口视图中可以看到，画面的亮度和对比度都大大增加，以致画面有点曝光过度的效果，如图4-77所示。

图4-77　图层添加效果

图4-78　降低透明度

图4-79　查看画面变化

⑨选择上层图层，按<T>键，将上层图层的“透明度”选项的参数值设置为40％，如图4-78所示。

⑩现在画面的亮度和对比度比较合适了，但是感觉画面的边缘亮度稍强，需要进一步调整，如图4-79所示。

⑪在上层图层上面绘制一个椭圆形遮罩，如图4-80所示，这样就可以降低画面边缘的亮度。

⑫选择上层图层，按<F>键，将“遮罩1”的“遮罩羽化”值设置为40，如图4-81所示。给遮罩添加羽化效果之后，两个图层很好地融合在一起，如图4-82所示。

图4-80　绘制遮罩

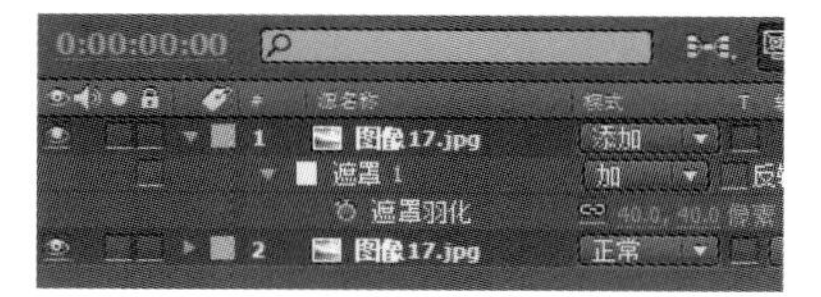

图4-81　添加羽化效果

图4-82　查看图层融合效果

⑬执行菜单命令“图层”→“调节层”，新建一个调节层l放置在时间线的最上层。

⑭给调节层1添加一个“色彩校正”→“色相/饱和度”特效并设置其选项，“主饱和度”为36，增加饱和度之后，画面的色彩更加丰富，层次感也更好了，如图4-83所示。

图4-83　画面变化

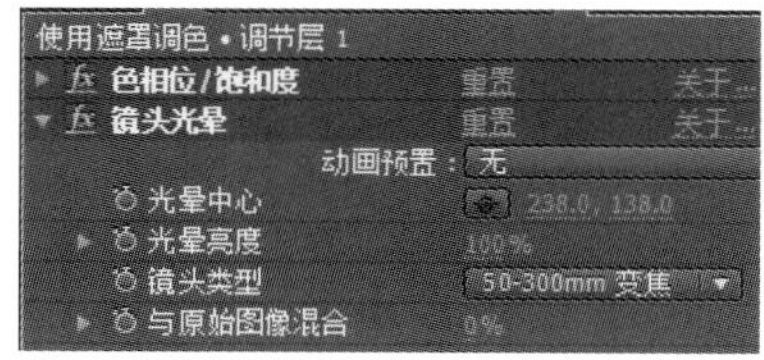

图4-84　添加“镜头光晕”特效

图4-85　最终效果

⑮再给调节层l添加一个“生成”→“镜头光晕”特效并设置其选项，“光晕中心”为（238，138），如图4-84所示。画面的最终效果如图4-85所示。

4.3 文字特效动画

4.3.1 变形文字

将文字扭曲或者分解，并将扭曲或者分解的变化过程记录下来就是变化动画。变形文字一直是最常用的文字动画，通过给文字添加各种变形特效，可以制作诸如水波文字、烟雾文字、爆炸文字等各种动画效果。

在波浪中先出现一点文字的碎影，然后碎影随波浪的晃动逐渐汇聚成完整的文字，这就是这里所说的“波浪文字”，这里的重点是如何制作逼真的动态波浪，并将波浪的运动状态应用到文字。其效果如图4-86所示。具体的操作步骤如下所示。

图4-86　最终效果

①启动After Effects CS4程序，新建一个尺寸为720×576，持续时间为5 s的合成，将合成取名为“波浪文字”。

②用鼠标右键单击时间线窗口的空白处，从弹出的快捷菜单中选择“新建”→“固态层”菜单项，从打开的“固态层设置”对话框中将新建图层命名为“波浪”，颜色设置为黑色，单击“确定”按钮。将刚才创建的固态层“波浪”插入时间线窗口中。

③在效果和预置窗口的包含处输入“分形噪波”特效，并将其拖到“波浪”图层上。在特效控制台窗口设置其选项，“对比度”为150，“亮度”为-15，展开“变换”选项，去掉“统一比例”的勾选。“缩放宽度”为400，“缩放高度”为40，“乱流偏移”为（180，0），展开“附加设置”选项，“附加影响”为10，其他参数默认不变，如图4-87所示。

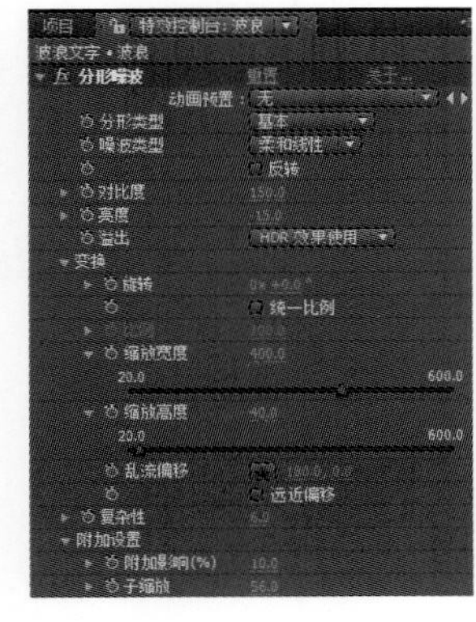

图4-87　添加“分形噪波”特效

图4-88　画面效果

④现在合成窗口的画面效果如图4-88所示。

⑤为“分形噪波”特效下面的“乱流偏移”和“演变”选项分别在0 s和4：24 s处添加两个关键帧，其参数值分别为[（360，288），0]和[（180，0），1x]。拖动时间滑块，可以看到黑白噪波运动的动画效果，如图4-89所示。

图4-89　预览噪波动画

图4-90　波浪效果

⑥给“波浪”图层添加一个“色彩校正”→“三色调”特效，将“中间色”设置为浅蓝色，将“阴影”设置为蓝色，染色之后，画面中的噪波变成了波浪效果，如图4-90所示。

⑦给“波浪”图层添加一个“辉光”特效并设置其选项，“辉光阈值”为80，“辉光半径”为60，“辉光强度”为0.5，效果如图4-91所示，波浪显得更漂亮了。

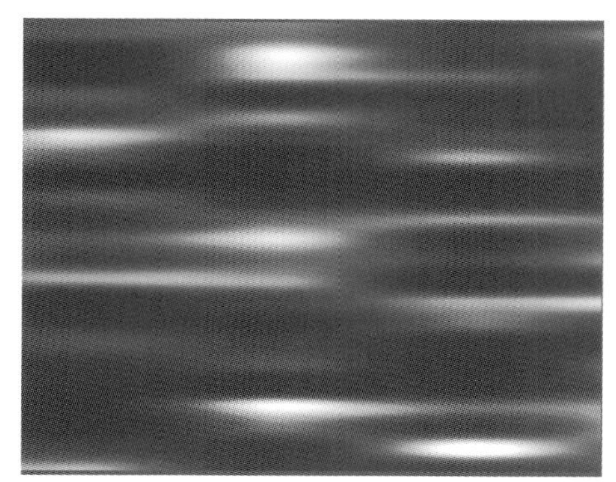

图4-91　画面变化

图4-92　创建文字层

⑧创建一个文字层并输入文字“水波荡漾”，如图4-92所示。

⑨在“文字”窗口中设置文字选项，“字体”为经典粗黑简，“字号”为105，如图4-93所示。

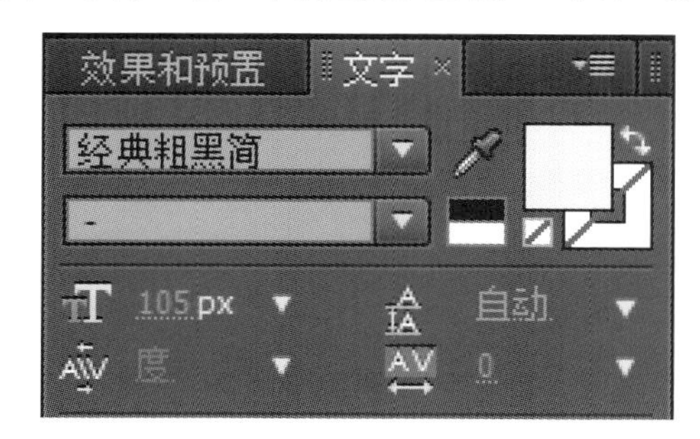

图4-93　文字设置

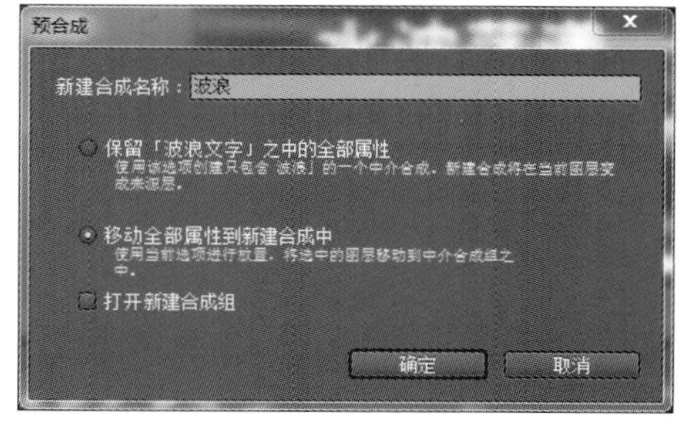

图4-94　重组波浪图层

⑩选择“波浪”图层，然后按键盘的<Ctrl+Shift+C>组合键将图层重组，并设置重组之后的图层名称为“波浪”，如图4-94所示。重组之后的“波浪”图层图标显示为合成图标，如图4-95所示。

图4-95　图标变化

图4-96　图标变化

⑪使用相同的方法将文字图层重组，并将重组之后的图层命名为“文字”，两个图层都被重组之后，合成“波浪文字”的时间线中的两个图层都成了合成图层，如图4-96所示。

⑫给重组之后的“文字”图层添加一个“置换映射”特效并设置其选项，“映射图层”为2.波浪，“最大水平置换”为-100，“最大垂直置换”为200，勾选“像素包围”，如图4-97所示。

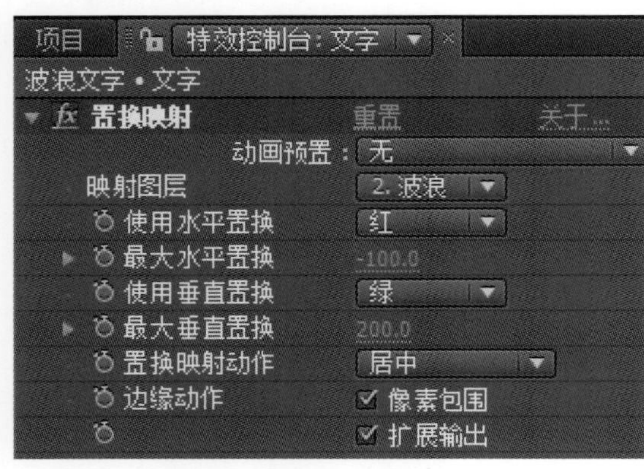

图4-97　添加“置换映射”特效

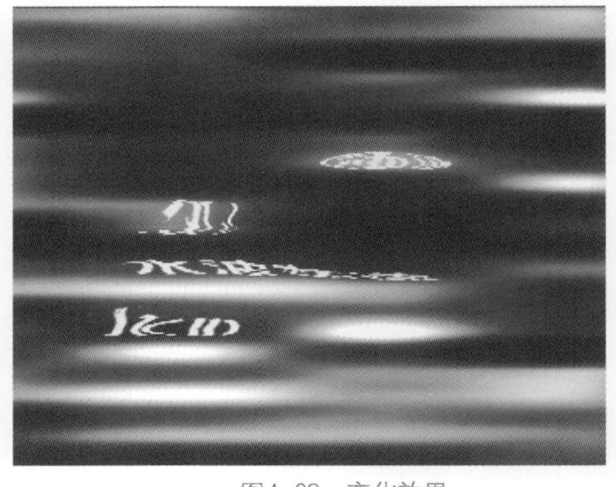

图4-98　变化效果

⑬添加“置换映射”特效之后，“文字”图层变成了波浪上面的碎影，如图4-98所示，碎影会随波浪运动而变化。

⑭为“置换映射”特效下面的“最大水平置换”和“最大垂直置换”选项在0 s和4 s处添加关键帧，其参数值分别为（-100，200）和（0，0），如图4-99所示。

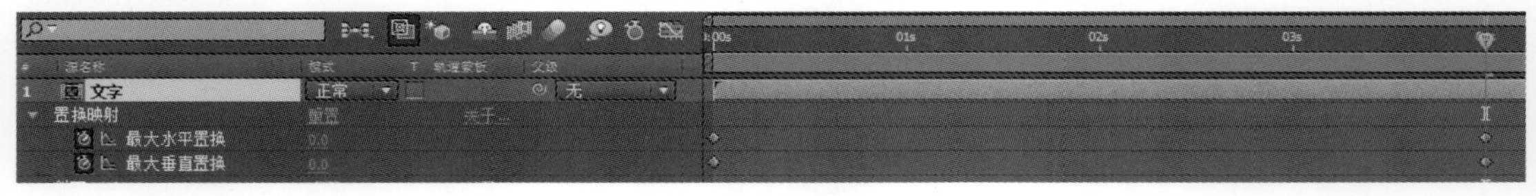

图4-99　参数设置

⑮现在拖动时间滑块，可以看到水面的碎影逐渐汇聚成文字的动画效果，如图4-100所示。

图4-100　影汇聚文字

图4-101　涂抹扭曲文字

⑯重新打开“文字”合成，其时间线中只有一个“T水波荡漾”文字图层。

⑰给“T水波荡漾”文字图层添加一个“液化”特效，然后单击选中“工具”选项区域中的第一排的第一个“扭曲工具”。

⑱移动时间滑块至3 s处，记录下“液化”特效下面的“变形网格”选项此时的关键帧。这个关键帧是没有参数值的，它记录的是文字的形状变化，记录关键帧移动时间滑块至1 s处，使用“扭曲工具”在合成窗口中涂抹文字，使文字产生扭曲变形，如图4-101所示，系统会自动将扭曲之后的文字形状记录为关键帧。

⑲回到“波浪文字”合成，可以看到文字的碎影更加自然了，如图4-102所示。

图4-102　碎影变化

图4-103　文字产生厚度

⑳给“文字”图层添加一个“斜面Alpha”特效并设置其选项。

㉑为“斜面Alpha”特效下面的“边缘厚度”在3 s和4 s处添加两个关键帧，其参数值设置为0和2。

㉒现在可以看到汇聚之后的文字产生了一些厚度，如图4-103所示。

㉓按数字键盘的“0”键预览动画最终效果，可以看到水面的碎影逐渐汇聚为完整的文字效果，如图4-86所示。

4.3.2　涟漪波光文字

涟漪波光文字是非常经典的一个文字动画，黑色的屏幕中先出现一点水波涟漪。涟漪呈同心圆扩散慢慢将画面照亮，涟漪映出扭曲的文字影像，直到涟漪平静下来，文字也恢复正常状态。其效果如图4-104所示。本例的具体操作步骤如下所示。

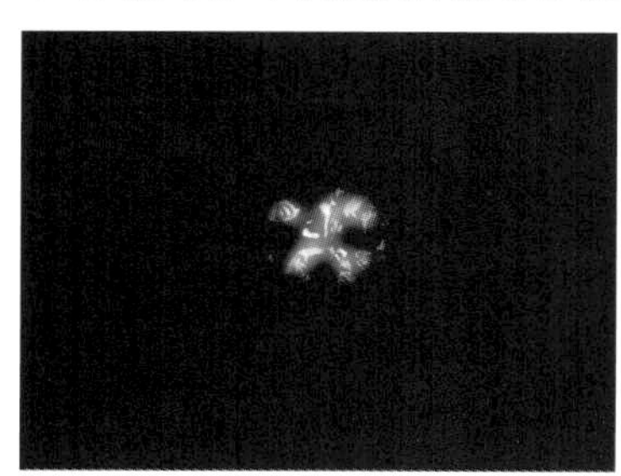

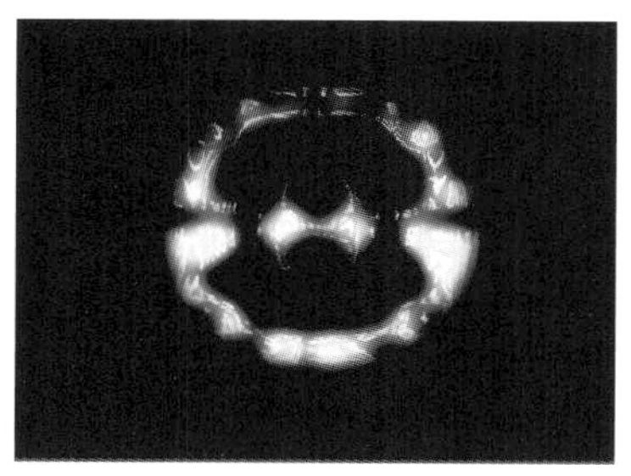

图4-104　最终效果

①启动After Effects CS4程序．新建一个尺寸为720×576．持续时间为5 s，名称为“涟漪光波文

字”的合成。

②用鼠标右键单击时间线窗口的空白处，在弹出的快捷菜单中单击“新建”“固态层”菜单项，创建一个黑色固态层“涟漪”。

③给“涟漪”图层添加一个“模拟仿真”→“水波世界”特效，默认参数不变。

④拖动时间滑块，可以在合成窗口视图中看到三维的动态涟漪网格结构，如图4-105所示。

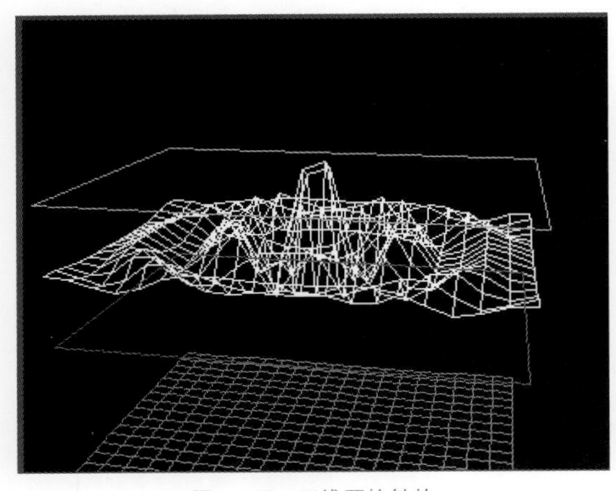

图4-105 三维网格结构

图4-106 设置关键帧

⑤分别为“水波世界”→“制作1”特效下面的“高度 / 长度”“宽度”“振幅”和“频率”在2 s和4 s处添加两个关键帧，其参数值设置为（0. 1，0. 1，0. 5，1）和（0.001，0.001，0，0），如图4-106所示。

⑥拖动时间滑块，可以看到三维网格涟漪从无到有，逐渐加强，然后逐渐减弱并消失的动画效果，如图4-107所示。

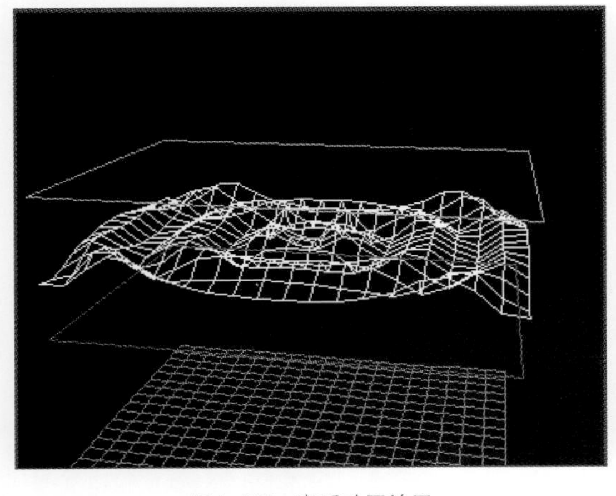

图4-107 查看动画效果

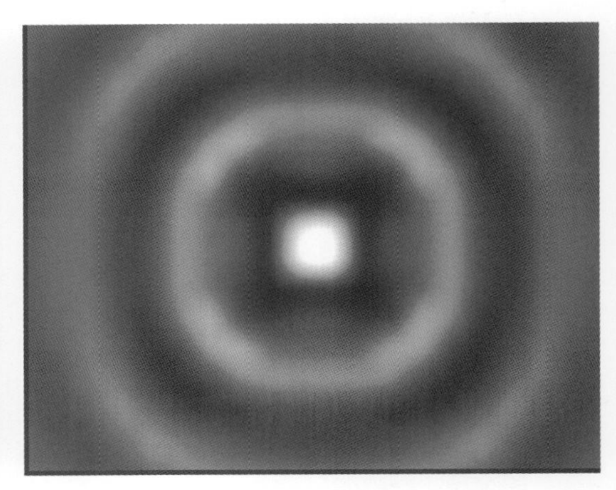

图4-108 查看画面变化

⑦在特效控制台窗口中将“水波世界”特效下面的“查看”方式设置为高度贴图，改变视图方式之后，原来的三维网格结构变成了呈同心圆运动黑白动态蒙版，如图4-108所示。

⑧选中“涟漪”图层，执行菜单命令“图层”→“预合成”，打开“预合成”对话框，把重组之后的图层命名为“涟漪”。选择“移动全部属性到新建合成中”单选按钮，单击“确定”按钮。重组之后的“涟漪”图层在时间线窗口中显示为合成图标。

⑨创建一个文字层，并输入文字内容“After Effects CS4影视特效完全制作”，“字号”为70，“字体”为经典粗黑简，并加入黑边，如图4-109所示。

图4-109　创建文字层

图4-110　查看特效效果

⑩将“涟漪”图层的“眼睛”关闭，给文字层添加一个“模拟仿真”→“焦散”特效并设置其选项，“水面”为2.涟漪，“波形高度”为0.66，“平滑”为8，“水深”为0.5，“折射率”为1.5，“灯光类型”为首先合成照明，“漫反射”为1。现在文字变成了随涟漪运动而变化的水中倒影，效果如图4-110所示。

⑪将“焦散”特效下面的“波形高度”“水深”“折射率”和“表面透明度”选项在3 s和4：24 s处添加两个关键帧，其参数值设置为（0.66，0.5，1.5，0.3）和（0，0，1，0）。现在拖动时间滑块，可以看到文字影像逐渐恢复为正常状态的效果，如图4-111所示。

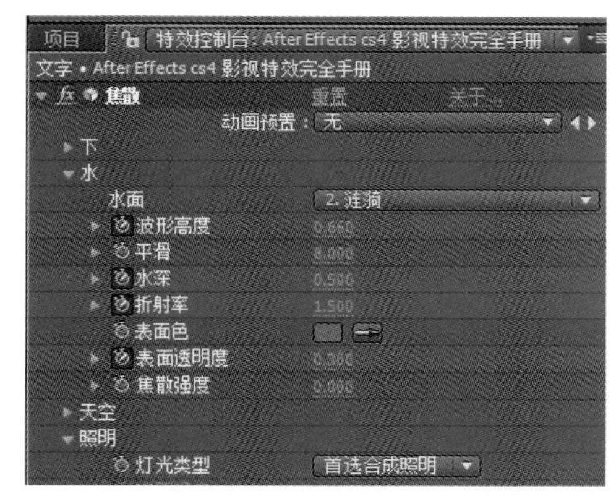

图4-111　设置关键帧

图4-112　重组图层

⑫将文字层也进行重组，设置重组之后的图层名称为“文字”。重组之后，在“涟漪波光文字”合成的时间线中的两个图层都变成了合成图层，如图4-112所示。

⑬在重组之后的“文字”图层上面绘制一个圆形遮罩，如图4-113所示。

图4-113　绘制遮罩

图4-114　画面变化

⑭将图层“文字”的遮罩的“遮罩羽化”值设置为30，效果如图4-114所示。

⑮将“文字”图层的遮罩的“遮罩扩展”选项在0 s和4 s处添加两个关键帧，其参数设置为（-80，150）。

⑯给“文字”图层添加一个“风格化”→“辉光”特效并设置其选项，“辉光阈值”为10，“辉光半径”为30，“辉光强度”为2，“辉光色”为A和B颜色，“颜色A”为FFF838，“颜色B”为E16C04。添加“辉光”特效之后的画面效果如图4-115所示。

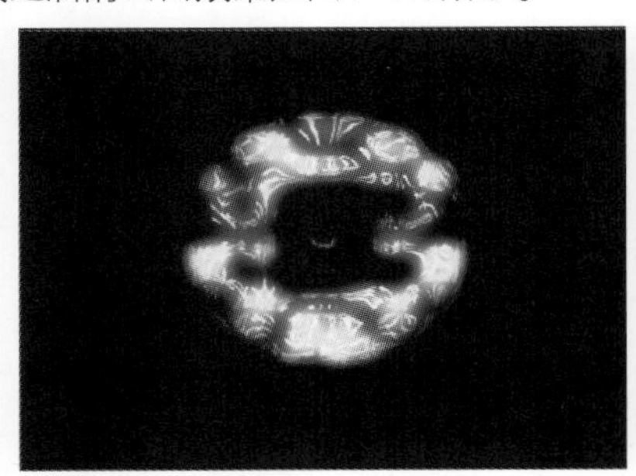

图4-115　查看画面效果

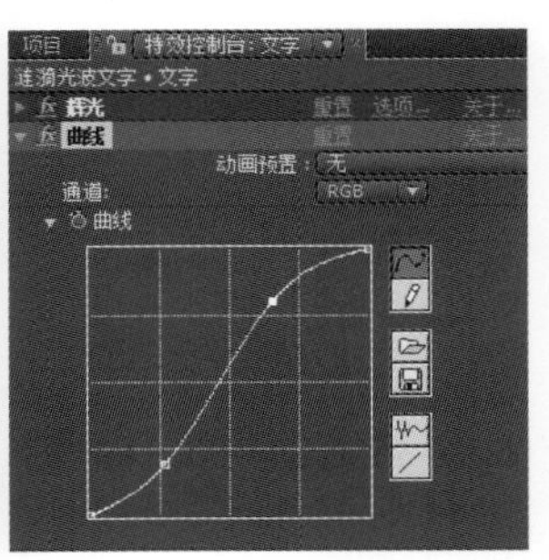

图4-116　添加曲线特效

⑰给“文字”图层添加一个“彩色校正”→“曲线”特效并调节RGB通道曲线，如图4-116所示。调节RGB通道颜色之后的画面效果如图4-117所示。

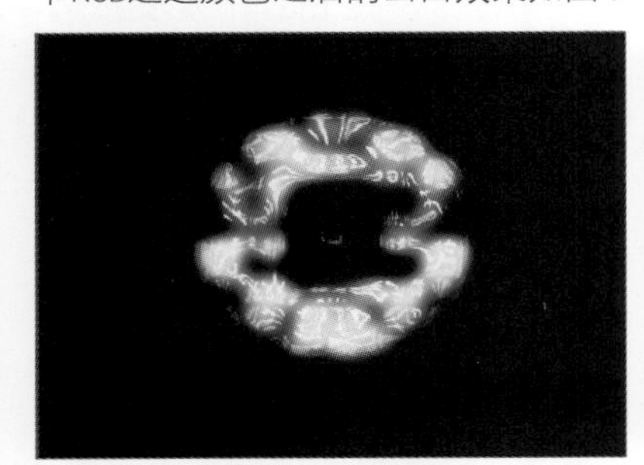

图4-117　查看画面变化

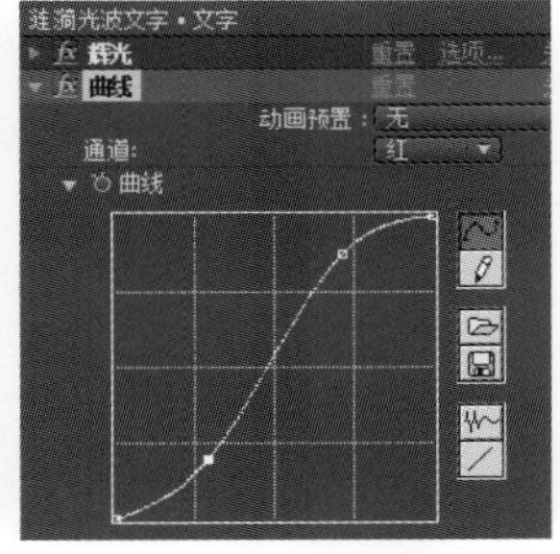

图4-118　调节红通道曲线

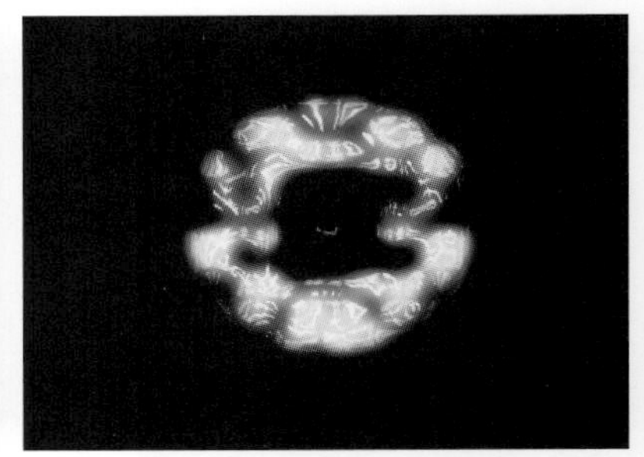

图4-119　查看画面效果

⑱调节红通道的曲线如图4-118所示。调节红通道之后的画面效果如图4-119所示。

⑲现在按数字键盘的<0>键，可以预览最终动画效果，如图4-104所示。

4.3.3　烟雾文字

烟雾文字是在屏幕中出现一些烟雾，烟雾越聚越多并不断变换，最后汇聚为完整的文字，这是影视片头中比较常见的一种文字动画效果。烟雾一般用分形噪波制作，通过置换贴图将文字变成烟雾，然后再添加模糊发光效果，其效果如图4-120所示。具体的操作步骤如下所示。

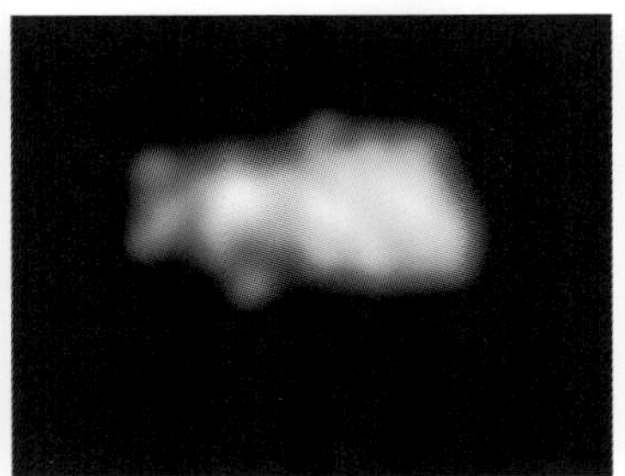

图4-120　最终效果

①启动After Effects CS4程序，新建一个尺寸为720×576，持续时间为4 s的合成. 取名为“烟雾文字”。

②用鼠标右键单击时间线窗口的空白处，在弹出的快捷菜单中选择“新建”→“固态层”命令，在打开的“固态层设置”对话框中新建一个黑色固态层，命名为“烟雾”，单击“确定”按钮。

③给“烟雾”图层添加一个“噪波与颗粒”→“分形噪波”特效并设置其选项，“对比度”为95，“亮度”为14，“比例”为77，现在合成窗口的画面如图4-121所示。

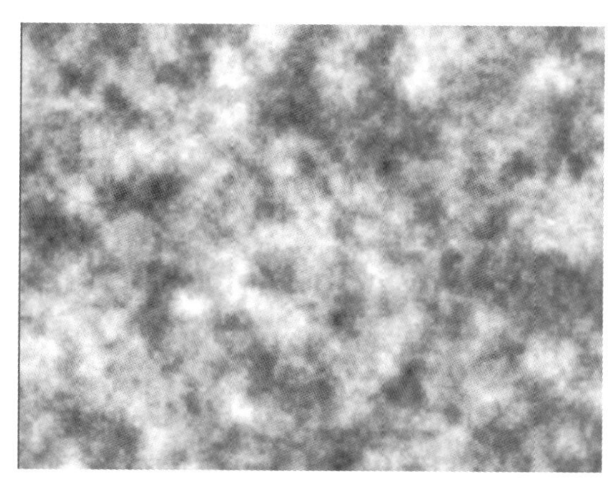

图4-121　噪波效果

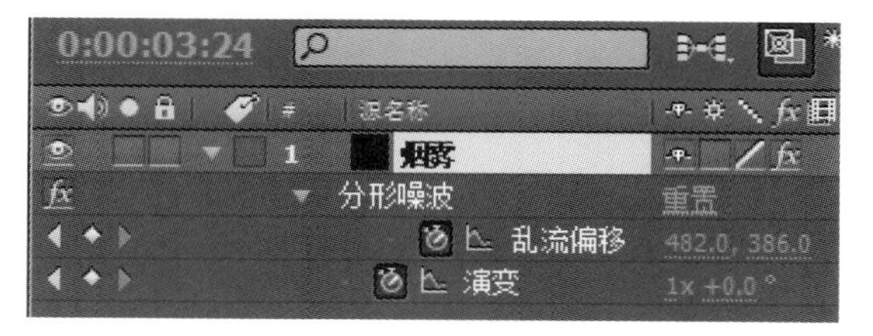

图4-122　设置关键帧

④将“分形噪波”特效下面的“乱流偏移”和“演变”选项在0 s和3：24 s处添加两个关键帧，其参数值设置为[（360，288)，0]和[（482，386)，1x]，如图4-122所示。拖动时间滑块，可以看到动态运动的噪波效果。

⑤创建一个文字层并输入文字“云雾山庄”，“字号”为120，“字体”为经典粗黑简，“颜色”为白色，如图4-123所示。

图4-123　创建文字层

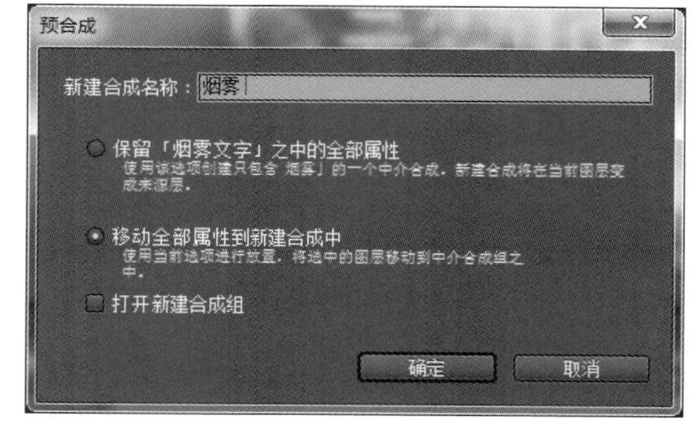

图4-124　预合成

⑥选择“烟雾”图层，按<Ctrl+Shift+C>组合键，打开“预合成”对话框，选择“移动全部属性到新建合成中”单选按钮，设置名称还是为“烟雾”，如图4-124所示。

⑦重复上述步骤，将文字层“烟雾山庄”进行重组，设置重组之后的图层名称为“文字”。

⑧重组之后，在时间线查看的两个图层都变成了合成图层。关闭“烟雾”图层的显示开关，如图4-125所示。

图4-125　关闭“烟雾”图层

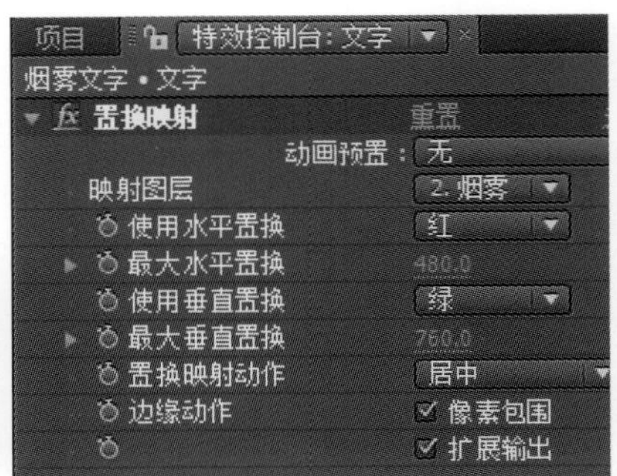

图4-126　添加“置换映射”特效

⑨给“文字”图层添加一个“扭曲”→“置换映射”特效并设置其选项，“映射层”为2.烟雾，“最大水平置换”为480，“最大垂直置换”为760，勾选“边缘动作”选项，如图4-126所示。

⑩现在从合成窗口可以看到文字扭曲变形效果，如图4-127所示。

图4-127　查看画面效果

图4-128　查看动画效果

⑪为“置换映射”特效下面的“最大水平置换”和“最大垂直置换”选项在1 s和3 s处的添加两个关键帧，其参数值设置为（480，760）和（0，0）。拖动时间滑块，现在可以看到扭曲变形的文字逐渐恢复正常状态的效果，如图4-128所示。

⑫给“文字”图层添加一个“模糊与锐化”→“快速模糊”特效并设置其选项，“模糊量”为40。现在可以看到扭曲的文字有点像烟雾的形态了，如图4-129所示。

图4-129　查看画面效果

图4-130　图层排列

⑬复制一个“文字”图层重命名为“文字1”，如图4-130所示。将“文字1”图层的“快速模糊”特效下面的“模糊量”设置为80，现在可以看到叠加图层之后的烟雾效果更逼真了，如图4-131所示。

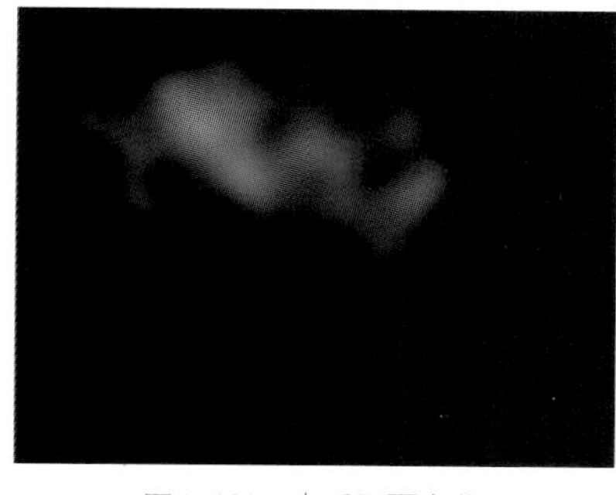
图4-131　查看画面变化

图4-132　查看动画效果

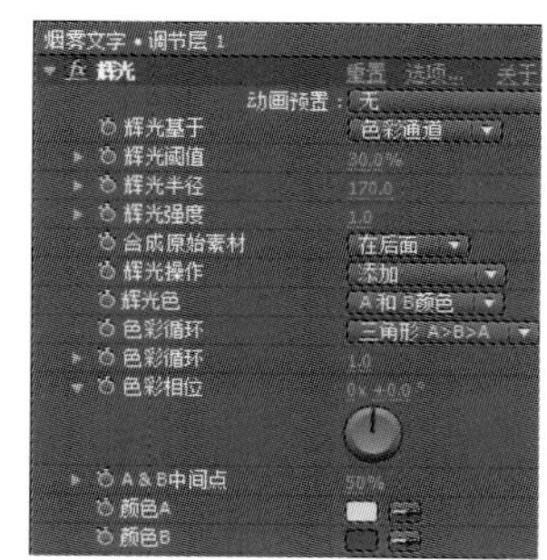

图4-133　辉光特效

⑭将“文字”图层的“快速模糊”特效下面的“模糊量”选项在2 s和3：24 s处添加两个关键帧，其参数值设置为40和0。拖动时间滑块，可以看到烟雾汇聚为文字的动画效果，如图4-132所示。

⑮用鼠标右键单击时间线窗口的空白处，从弹出的快捷菜单中选择“新建”→“调节层”菜单项，创建一个“调节层1”放置在窗口的最上层。

⑯给调整层添加一个“风格化”→“辉光”特效并设置其选项，“辉光阈值”为30，“辉光半径”为170，“辉光色”为A和B颜色，“颜色A”为F9CE04，“颜色B”为9E2505，如图4-133所示。现在，可以看到添加“辉光”特效之后的画面效果，如图4-134所示。

图4-134　查看画面效果

图4-135　绘制遮罩

⑰在项目窗口中双击“文字”合成展开其时间线，在“文字”层上面绘制一个椭圆形遮罩，如图4-135所示。

⑱将文字图层“云雾山庄”的遮罩的“遮罩扩展”选项在0 s和2 s处添加关键帧，其参数值设置为-40和190。

⑲回到“烟雾文字”合成，拖动时间滑块，可以看到云雾汇聚为文字的动画效果，如图4-120所示。

4.3.4　光景变换

这是一个非常酷炫的文字效果，一束光线飞入屏幕中，带来后面大量的耀眼光线，最后所有的光线变形为文字。这里使用光学补偿特效来制作文字变形效果，然后将变形之后的文字制作为耀眼的光线，效果如图4-136所示。具体的操作步骤如下所示。

图4-136　最终效果

①启动After Effects CS3程序，新建一个尺寸为720×576，持续时间为3 s的合成，取名为“光景变换文字”。新建一个黑色固态层，取名为“背景”。

②给“背景”图层添加一个“生成”→“渐变”特效并设置其选项，“渐变开始”为（-14，614），“渐变结束”为（565，476），“开始色”为00687B，“结束色”为09004F，“渐变形状”为放射渐变。现在合成窗口的画面效果如图4-137所示。

图4-137　查看画面效果

图4-138　创建“文字”层

③创建一个文字层并输入文字“光影变换”，“字体”为经典行楷简，“字号”为120，“颜色”为白色，如图4-138所示。

④执行菜单命令“视图”→“显示标尺”，在合成窗口视图中显示标尺。然后，建立两条参考线，使参考线的交叉点位于屏幕的中心，如图4-139所示。

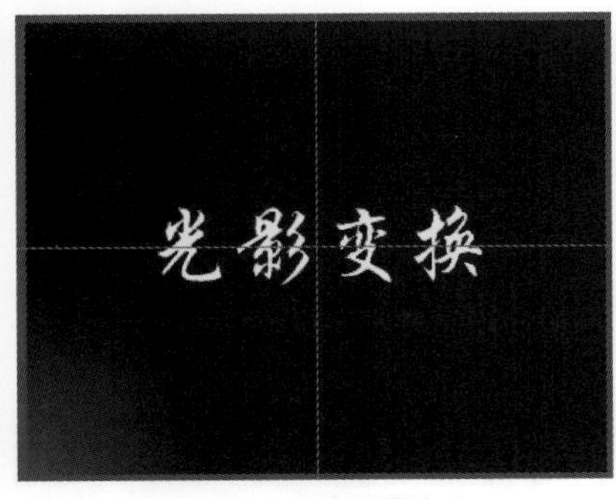

图4-139　确定画面中心

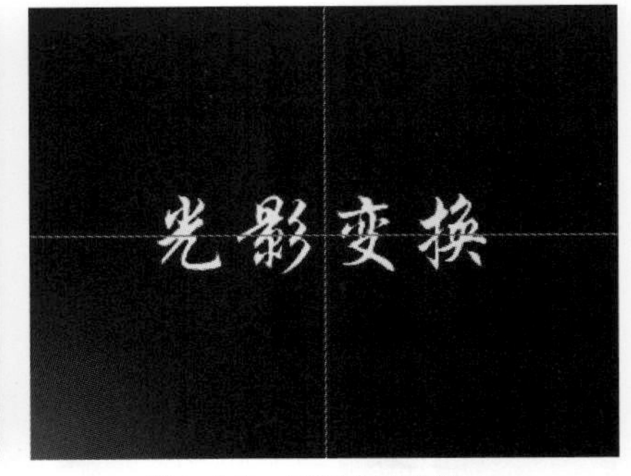

图4-140　调节文字位置

⑤合适地调节文字的尺寸，然后对照参考线将文字精确移动至屏幕的中央，如图4-140所示。现在时间线窗口有两个图层，文字层在最上层。

⑥给文字层“光影变换”添加一个“生成”→“渐变”特效并设置其选项，“开始渐变”为（387，134），“结束渐变”为（360，365）。

⑦给文字层“光影变换”添加一个“透视”→“斜面Alpha”特效并设置其选项，“边缘厚度”为

1.5，“照明强度”为0.5，现在文字产生了一点厚度，如图4-141所示。

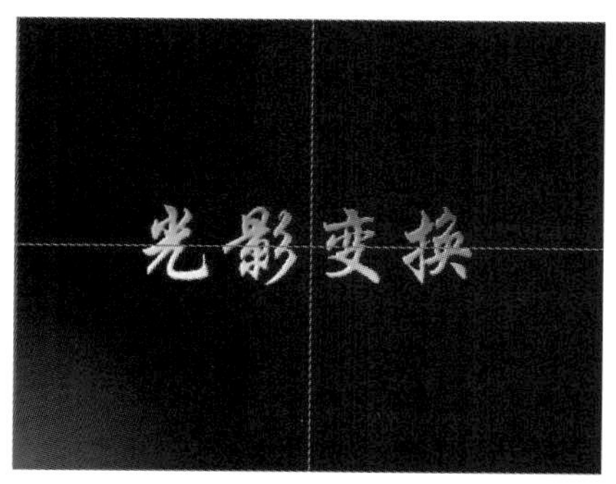

图4-141　文字产生厚度

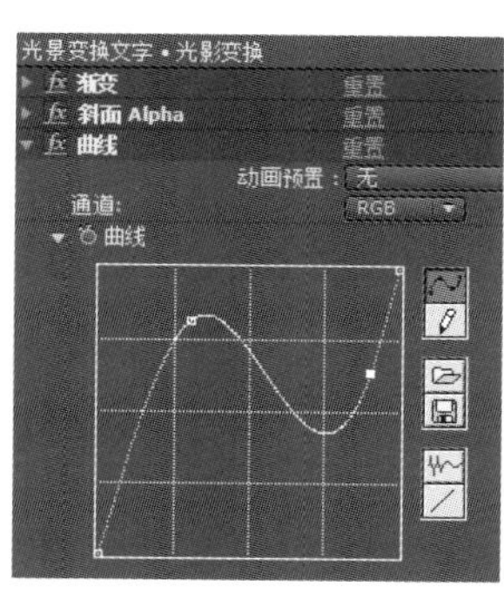

图4-142　金属文字效果

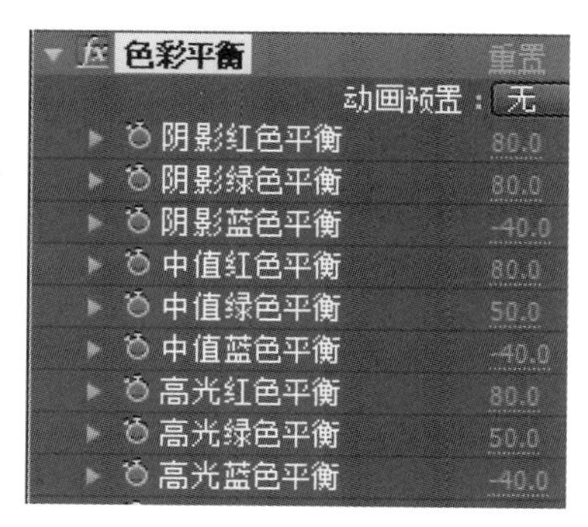

图4-143　添加“色彩平衡”平衡

⑧给文字层“光影变换”添加一个“彩色校正”→“曲线”特效并调节RGB通道曲线，现在文字变成了有金属质感的文字，如图4-142所示。

⑨给文字层“光影变换”添加一个“彩色校正”→“色彩平衡”特效并设置其选项，“阴影红色平衡”为80，“阴影绿色平衡”为80，“阴影蓝色平衡”为-40，“中值红色平衡”为80，“中值绿色平衡”为50，“中值蓝色平衡”为-40，“高光红色平衡”为80，“高光绿色平衡”为50，“高光蓝色平衡”为-40，如图4-143所示。现在文字变成了黄色的金属字，如图4-144所示。

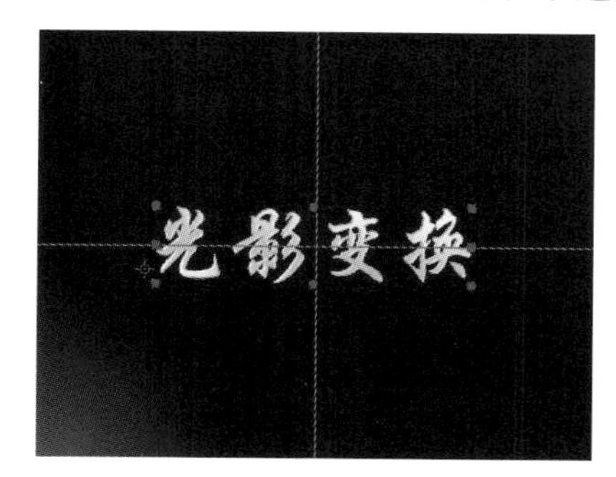

图4-144　黄色金属字

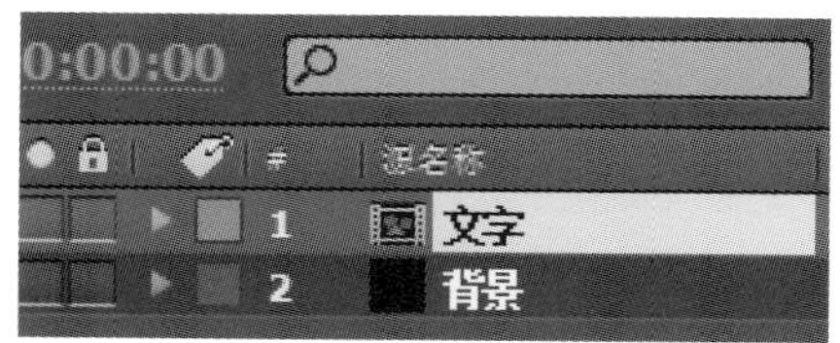

图4-145　图标变化

⑩选择“光影变换”文字层，按组合键<Ctrl+Shift+C>进行重组。设置重组之后的图层名称为“文字”，重组之后的“文字”图层变成了一个合成图层，如图4-145所示。

⑪给重组之后的“文字”图层添加一个“扭曲”→“光学补偿”特效并设置其选项，“可视区域（FOV）”为157，勾选“镜头扭曲反转”复选框。现在，文字产生了严重的扭曲变形效果，如图4-146所示。

图4-146　文字变形

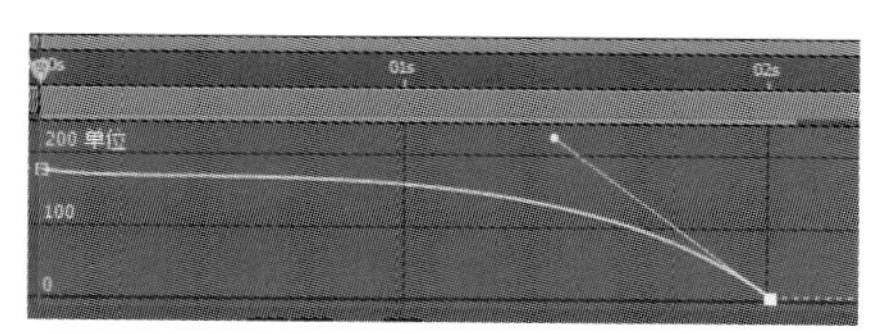

图4-147　调节动画曲线

⑫将“光学补偿”特效下面的“可视区域（FOV）”选项在0 s和2 s处添加两个关键帧，其参数值设置为（180，0）。

⑬显示“可视区域（FOV）”选项的动画曲线并调节曲线形状，如图4-147所示。

⑭给“文字”图层添加一个“Trapcode”→“发光”特效并设置其选项，“光线长度”为16，“数量”为100，“细节”为100，“光增益/提升”为6，“改变模式”为加。

⑮现在变形的文字产生了漂亮的光线效果，如图4-148所示。

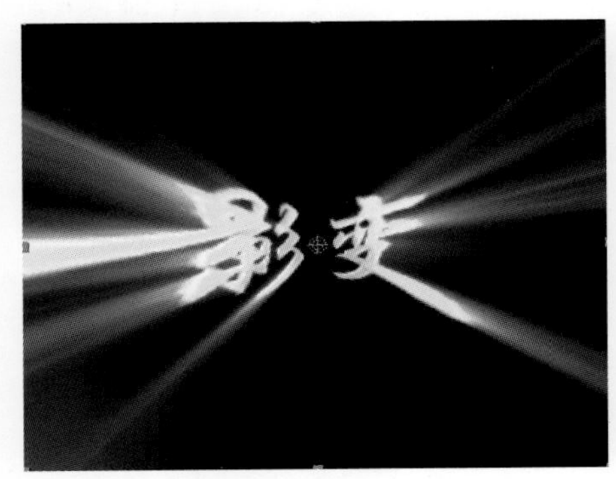

图4-148　光线效果

图4-149　查看光线变化

⑯为“发光”特效下面的“光线长度”“光增益/提升”和“光线不透明度”选项在1 s和2：24 s处分别添加两个关键帧，其参数值设置为（16，6，100）和（0，0，0）。拖动时间滑块，可以看到光线逐渐消失的效果，如图4-149所示。

图4-150　复制文字图层

图4-151　查看画面变化

⑰选择“文字”图层，按<Ctrl+D>组合键，复制一个“文字”图层，将下面的“文字”图层的“光线”特效的“原始不透明度”选项的参数值设置为0。

⑱将最上层的“文字”图层的“改变模式”设置为加，如图4-150所示。叠加图层之后，画面的光线更强烈、色彩更漂亮，如图4-151所示。

⑲按数字键盘的<0>键，可以预览最终动画效果，如图4-136所示。

4.4 物理仿真和环境模拟

4.4.1 穿梭线条

使用粒子特效可以在影片中加入大量的相似物体，并控制它们按照一定的规律运动，如制作一大群飞舞的蜜蜂、物体的剧烈爆炸等，给观众强烈的视觉冲击。

大量的发光线条在屏幕中做随机穿梭运动，是最简单的一种粒子动画，经常在一些电视片头中出现，一般可以通过给粒子特效指定粒子微粒来制作，效果如图4-152所示。具体的操作步骤如下所示。

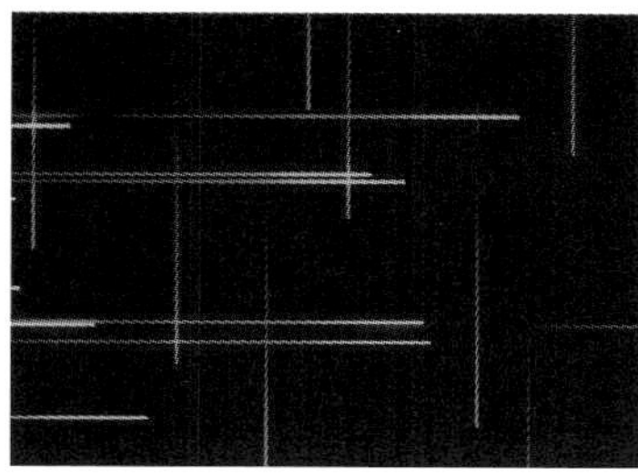

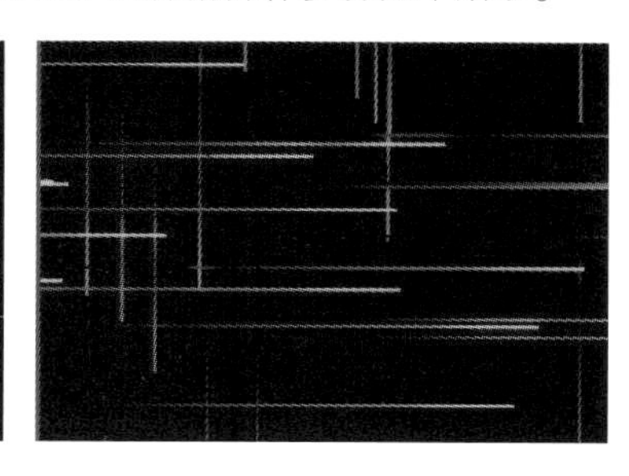

图4-152　最终效果

①启动After Effects CS4程序，新建一个尺寸为720×576，持续时间为10 s的合成，取名为“穿梭线条”。

②按<Ctrl+Y>组合键，新建一个白色固态层取名为“横线条”，设置其尺寸为720×3。

③在合成窗口视图中查看“横线条”效果，如图4-153所示。

图4-153　横线条效果

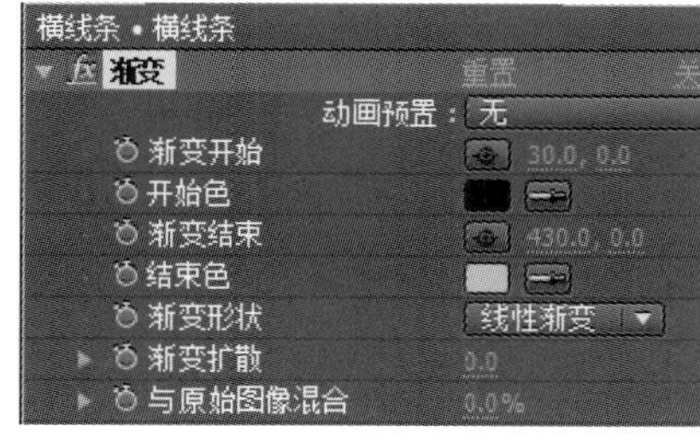

图4-154　添加“渐变”特效

图4-155　线条颜色变化

④给“横线条”图层添加一个“生成”→“渐变”特效并设置其选项，“渐变开始”为（54，0），“渐变结束”为（774，0），“开始色”为接近黑色的深蓝色（00041E），“结束色”为青色（00EAFF），其余默认不变，如图4-154所示。

⑤现在“横线条”的颜色变成了两种深浅颜色的渐变色，如图4-155所示。

⑥选择“横线条”图层，按<Ctrl+Shift+C>组合键，打开“预”对话框，选择“移动全部属性到新建合成中”单选按钮，名称还是为“横线条”，单击“确定”按钮。

⑦按<Ctrl+Y>组合键，创建一个黑色固态层取名为“粒子”，将“粒子”图层放置在时间线的最上层，如图4-156所示。

图4-156　排列图层

⑧给“粒子”图层添加一个“模拟仿真”“粒子运动”特效并设置其选项，“位置”为（-400，150），“圆筒半径”为196，“粒子/秒”为4，“方向”为90°，“随机扩散方向”为0，“速度”为269，“随机扩散速度”为0，“粒子半径”为0，“图层映射”下的“使用图层”为2.横线条，“重力”下的“力”为0，其余参数默认不变。

⑨现在拖动时间滑块，从合成窗口视图中可以看到横向穿梭的线条动画，如图4-157所示。

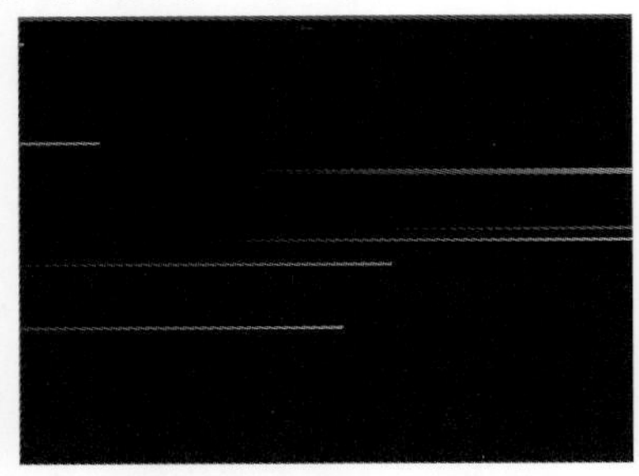

图4-157　穿梭线条效果

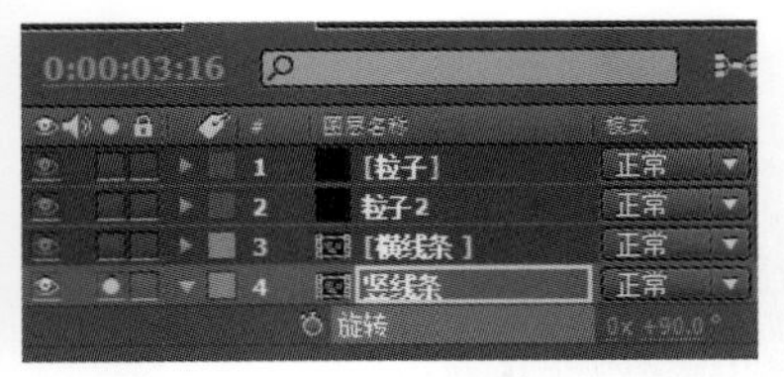

图4-158　“旋转”参数

⑩复制“粒子”并重命名为“粒子2”，复制“横线条”并重命名为“竖线条”。然后，将“竖线条”图层的“缩放”选项参数值设置为（75，100）。将“旋转”选项参数值设置为90，先暂时单独显示“竖线条”图层，如图4-158所示。

⑪现在从合成窗口视图中可以单独看到“竖线条”的效果，如图4-159所示。

图4-159　查看竖线条

图4-160　单独显示图层

⑫将“竖线条”图层重组，设置重组之后的名称还是为“竖线条”，先暂时单独显示“粒子2”图层，如图4-160所示。

⑬修改“粒子2”图层的“粒子运动”特效选项，“位置”为（200，-300），“方向”为180°，拖动时间滑块，现在可以看到纵向穿梭的线条动画，如图4-161所示。

图4-161　纵向穿梭线条

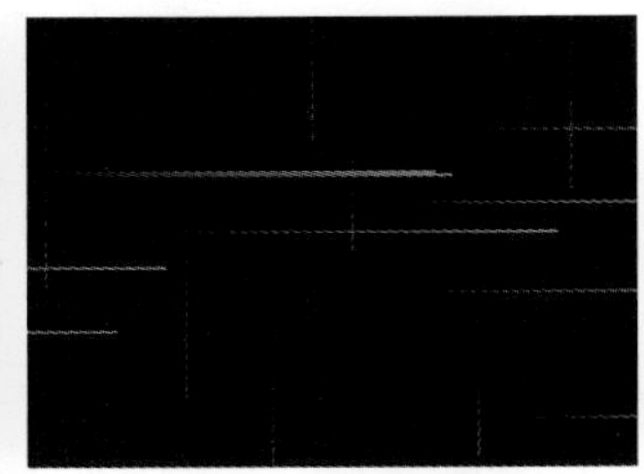

图4-162　查看线条效果

图4-163　显示所有粒子图层

⑭复制“粒子”和“粒子2”，将复制的图层重命名为“粒子3”和“粒子4”，并将其“透明度”设置为45%，单独显示“粒子3”和“粒子4”的画面效果，如图4-162所示。

⑮同时显示所有粒子图层，如图4-163所示，效果如图4-164所示。

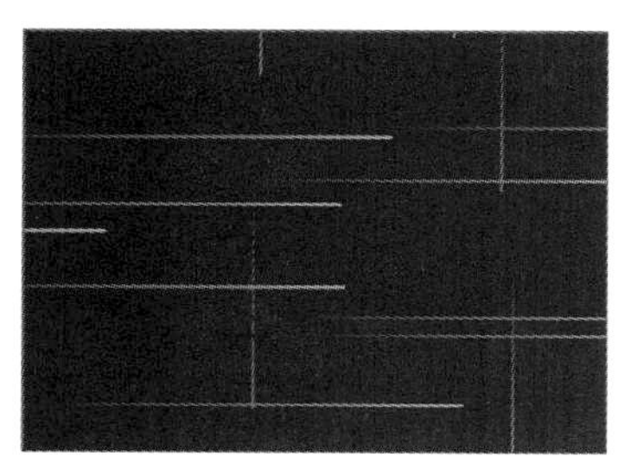

图4-164　显示所有粒子图层效果

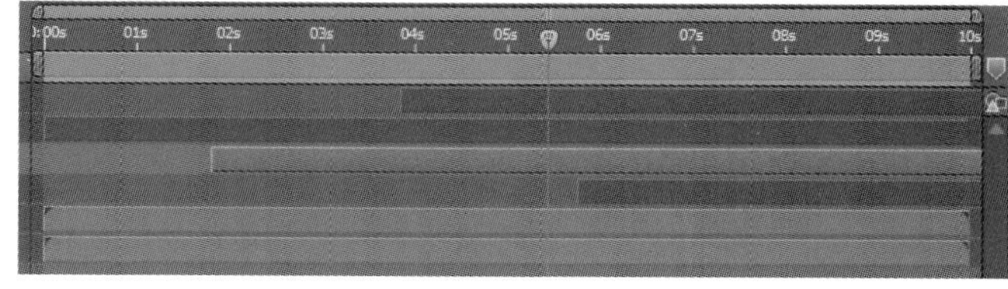

图4-165　图层时间排序

⑯合适地调节各个粒子图层的显示时间，使它们错开以增加随机效果，如图4-165所示。

⑰拖动时间滑块可以看到随机穿梭的线条动画，如图4-166所示。

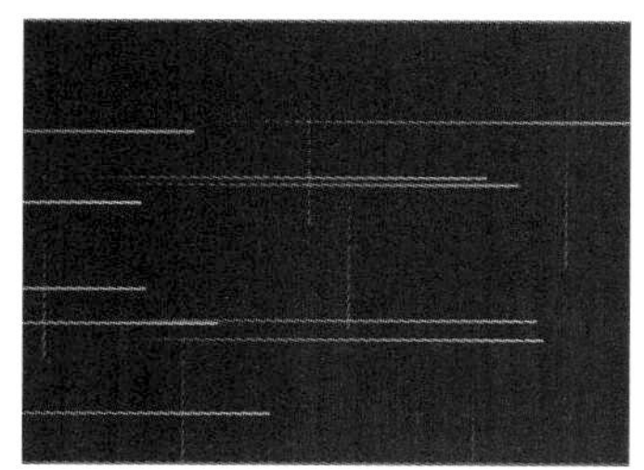

图4-166　穿梭线条效果

0:00:05:11

图4-167　创建调整层

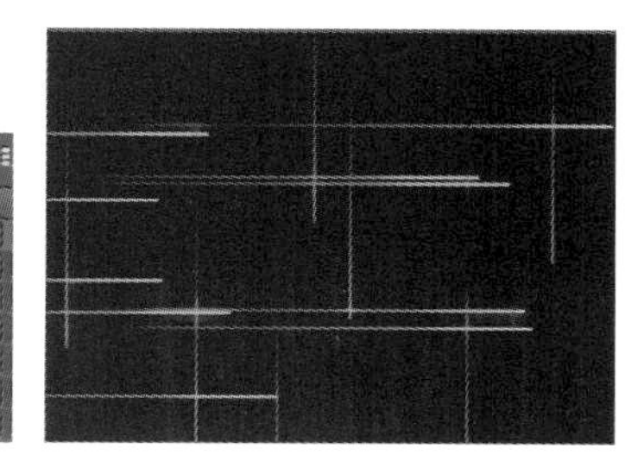

图4-168　画面变化

⑱执行菜单命令“图层”→“新建”→“调节层”，创建一个调节层1放置在时间线的最上层，如图4-167所示。

⑲给调整层添加一个“风格化”→“辉光”特效并设置其选项，“辉光阈值”为75，“辉光半径”为15，“辉光强度”为4.3，其余参数默认不变。添加“辉光”特效之后的画面效果如图4-168所示。

⑳按数字键盘的<0>键预览最终动画效果，如图4-152所示。

4.4.2　气泡头像

大量的气泡随风飘动，每一个气泡里面有一个人物的头像照片，气泡可以反射环境，透过气泡还可以看到后面的背景环境。这个动画效果可以使用After Effects CS4自带的“泡沫”滤镜来制作，效果如图4-169所示。具体的操作步骤如下所示。

图4-169　最终效果

①启动After Effects CS4程序，新建一个尺寸为720×576，持续时间为6 s的合成，取名为“气泡头像”。

②按<Ctrl+I>组合键，在打开的“导入文件”对话框中选择附书光盘实例“文件＼项目4＼素材＼卡通人物1—卡通人物4”共4张图像文件。然后，单击“打开”按钮，将“卡通人物1”文件插入到时间线窗口。

③现在从合成窗口可以看到“卡通1”文件的原始效果，如图4-170所示。

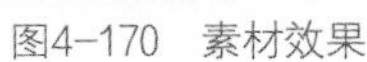

图4-170　素材效果

图4-171　绘制遮罩

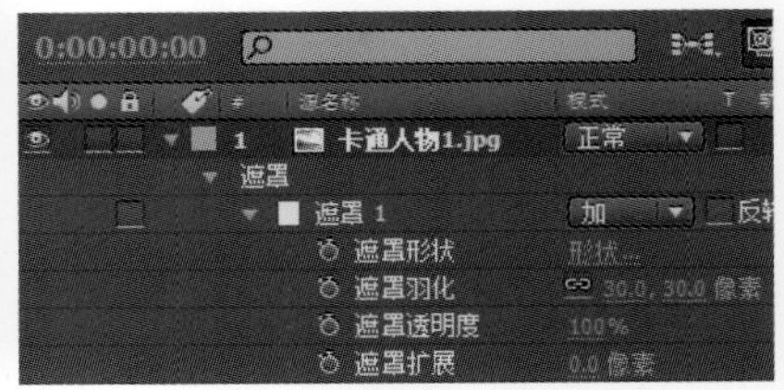

图4-172　添加羽化效果

④在“卡通人物1”图层上面绘制一个椭圆形遮罩，如图4-171所示。将“图像”的遮罩的“遮罩羽化”值设置为30，如图4-172所示。

⑤添加遮罩羽化效果之后的画面效果如图4-173所示。

图4-173　边缘羽化效果

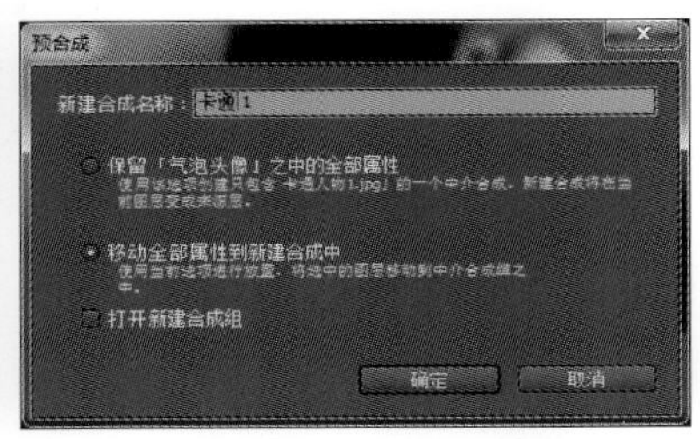

图4-174　预合成

图4-175　排列图层

⑥按<Ctrl+Shift+C>组合键，打开“预合成”对话框，将“卡通人物1”图层进行重组，设置重组之后的名称为“卡通1”，如图4-174所示。

⑦新建一个黑色的固态层取名为“气泡1”，将“气泡1”放置在时间线的最上层，然后关闭“卡通1”合成图层，如图4-175所示。

⑧给“气泡”图层添加一个“模拟仿真”→“泡沫”特效并设置其选项，“查看”为渲染，“产生方向”为174，“产生速率”为0.05，“初始速度”为1，“初始方向”180°，“风向”为0，“乱流”为0.3，“晃动量”为0.087，“弹跳速率”为1.1，“黏度”为1.71，“黏着性”为1.01，“缩放”为4.5，“泡沫材质”为水珠，“随机种子”为14，其余参数默认不变。

⑨拖动时间滑块，可以看到飘动的气泡动画效果，如图4-176所示。

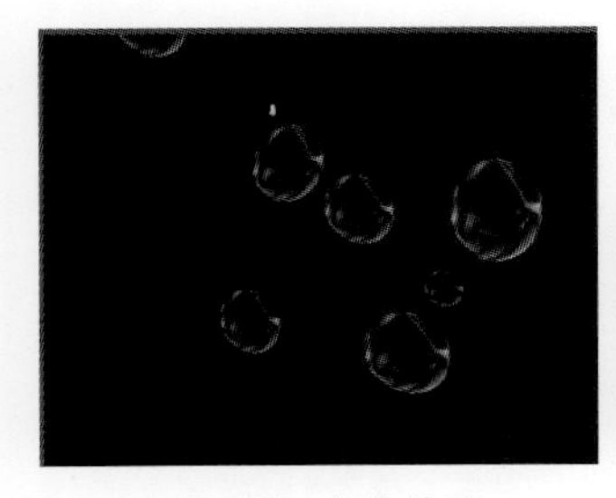

图4-176　气泡效果

图4-177　复制图层

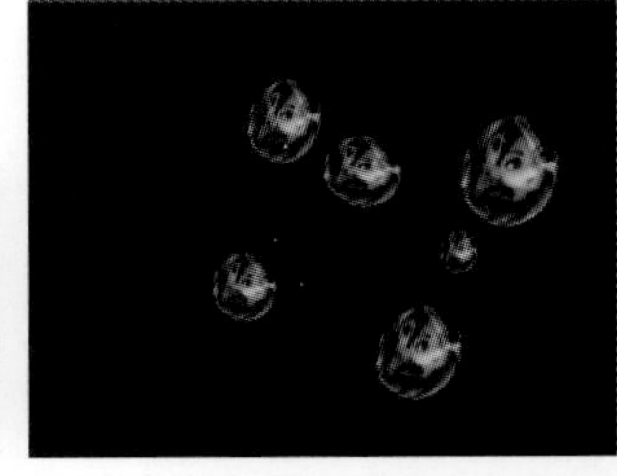

图4-178　气泡头像效果

⑩复制“气泡1”图层，将下面的图层重命名为“气泡头像1”，如图4-177所示。

⑪将“气泡头像1”图层的“泡沫”特效下面的“泡沫材质”设置为用户定义，然后将“泡沫材质层”设置为“卡通1”图层，其他选项保持与“气泡1”图层一致。现在，可以看到包含人物头像的气泡运动效果了，如图4-178所示。

图4-179　素材效果

图4-180　绘制遮罩

图4-181　添加羽化效果

⑫将“卡通人物2”文件插入到时间线窗口最底层并暂时单独显示该图层，现在从合成窗口视图中可以看到“卡通人物2”的原始效果，如图4-179所示。

⑬在“卡通人物2”图层上面绘制一个椭圆形遮罩，如图4-180所示。

⑭将“卡通人物2”图层的遮罩l的“遮罩羽化”值设置为30，如图4-181所示。添加羽化遮罩之后的画面效果如图4-182所示。

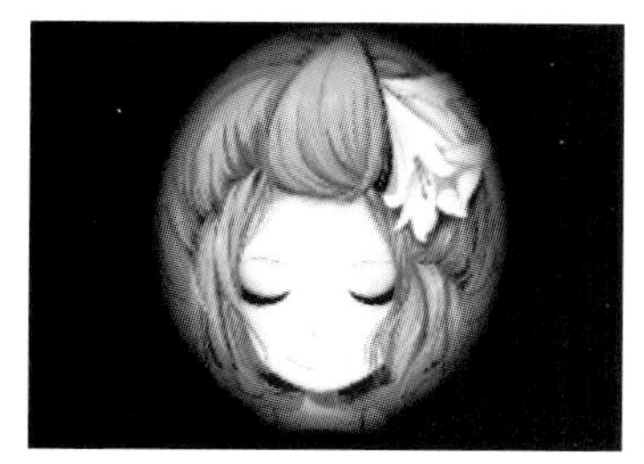

图4-182　边缘羽化效果

图4-183　重组图层

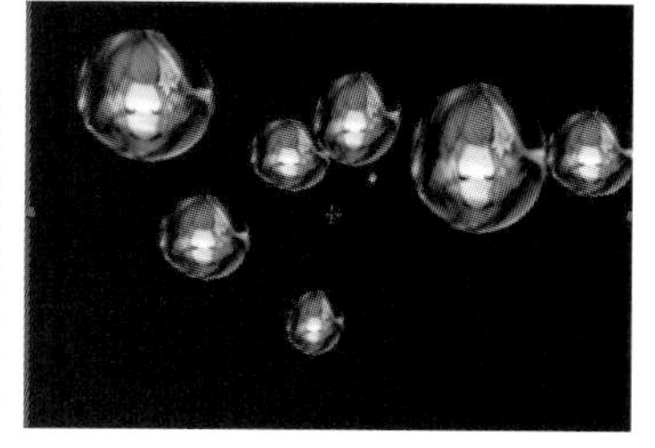

图4-184　查看动画效果

⑮将“卡通人物2”进行重组，设置重组之后的名称为“卡通2”，如图4-183所示。

⑯复制“气泡1”和“气泡头像1”图层，将复制的图层重命名为“气泡2”和“气泡头像2”，然后暂时关闭其他图层，效果如图4-184所示。

⑰将“气泡2”图层的“泡沫”特效下面的“随机种子”选项设置为11，其他选项保持不变。

⑱将“气泡头像2”图层的“泡沫”特效下面的“泡沫材质层”设置为“卡通2”图层，然后将“随机种子”选项设置为11。

⑲将“卡通人物3”插入到时间线的最底层并单独显示该图层，现在从合成窗口可以看到“卡通人物3”文件的原始效果，如图4-185所示。

图4-185　素材效果

图4-186　绘制遮罩

图4-187　边缘羽化效果

⑳在“卡通人物3”上面绘制一个椭圆形遮罩，如图4-186所示。

㉑将“卡通人物3”图层的遮罩1的“遮罩羽化”值设置为30，现在可以看到羽化之后的画面效果，如图4-187所示。

㉒将“卡通人物3”进行重组，设置重组之后的图层名称为“卡通3”。

㉓复制“气泡2”和“气泡头像2”图层，将复制的图层重命名为“气泡3”和“气泡头像3”，暂时关闭其他图层。

㉔将“气泡3”图层的“泡沫”特效下面的“随机种子”设置为6。

㉕将“气泡头像3”图层的“泡沫”特效下面的“泡沫材质层”设置为“卡通3”图层，然后将“随机种子”设置为6，现在可以看到第三组气泡头像动画效果了，如图4-188所示。

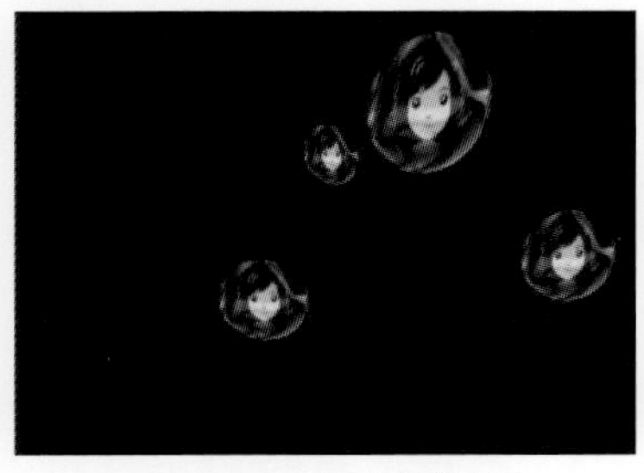

图4-188 查看动画效果

图4-189 叠加背景图层

图4-190 查看画面效果

㉖将“图像4. jpg”插入到时间线的最底层，然后打开其他所有气泡和气泡头像图层，如图4-189所示。

㉗给“图像4. jpg”图层添加一个“镜头模糊”特效并设置其选项，“景深映射通道”为蓝，“光圈形状”为三角形，“光圈半径”为10，“光圈旋转”为91，“光圈亮度”为87，“噪声分布”为高斯，勾选“重复边缘像素”复选框。现在，可以看到气泡叠加背景之后的效果，如图4-190所示。

㉘按数字键盘的<0>键可以预览动画最终效果，如图4-169所示。

4.4.3 定向爆破

使用After Effects CS4自带的“破碎”特效可以制作物体或者图像爆炸的动画。通过对爆破点、重力方向和摄像机进行控制，可以制作定向爆破的效果，再结合其他图层和特效可以制作丰富的视觉效果，最终效果如图4-191所示。本例的具体操作步骤如下所示。

图4-191 最终效果

①启动After Effects CS4程序，新建一个尺寸为720×576、持续时间为5 s的合成，取名为“定向爆破”。

②按<Ctrl+I>组合键，在打开的“导入文件”对话框中选择附书光盘实例文件＼项目4＼素材＼“图

像5.jpg”和“图像6. jpg”文件，然后单击“打开”按钮。

③将“图像5. jpg”插入到时间线窗口，现在从合成窗口可以看到“图像5. jpg”文件的原始效果。

④给“图像5”图层添加一个“风格化”→“动态平铺”特效并设置其选项，“平铺中心”为（200，167），“平铺宽度”为66.5，“平铺高度”为38，其余参数默认不变。现在，合成窗口的画面如图4-192所示。

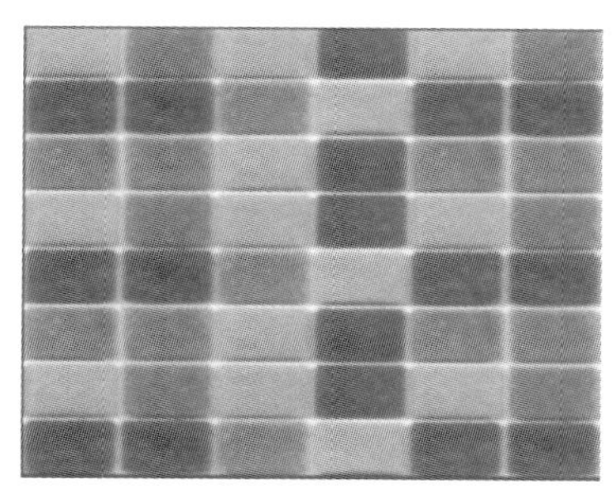

图4-192 动态平铺效果

图4-193 默认爆炸效果

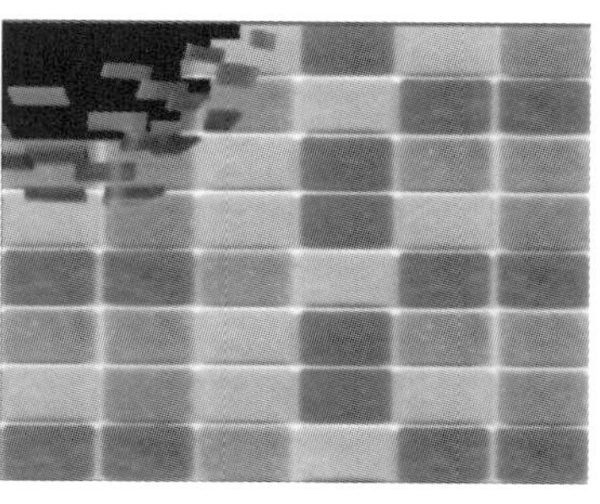

图4-194 画面变化

⑤给“图像5”图层添加一个“模拟仿真”→“碎片”特效，将“查看”选项设置为“渲染”方式，拖动时间滑块，现在可以看到画面爆炸效果，如图4-193所示。

⑥展开“碎片”特效下面的“焦点1”选项区域，将“位置”设置为（25，-3），并记录为0 s处的关键帧；将“深度”设置为0.05；将“半径”设置为0.2；将“强度”设置为5，现在只有画面左上角采用了爆破效果，如图4-194所示。

⑦再为“位置”选项在1：12 s，3 s和4：12 s处添加3个关键帧，其参数值设置为（341，85）、（49，165）和（358，226）。现在拖动时间滑块，可以看到画面沿一定的方向和路径逐渐破碎的效果，如图4-195所示。

图4-195 查看破碎效果

图4-196 三维透视效果

图4-197 查看动画变化

⑧展开“碎片”特效下面的“摄像机位置”选项区域，设置下面的选项，“X轴旋转”为-76°，“XY位置”为（200，130），“Z位置”为0.6，“焦距”为30，现在画面产生了三维透视效果，爆炸的碎片扑面而来，如图4-196所示。

⑨将“碎片”特效下面的“反复”设置为12，将“挤出深度”设置为0.5，将“焦点1”选项区域的“深度”设置为0.1，然后展开“物理学”选项区域设置下面的选项，“旋转速度”为0.3，“变量”为20，“重力”为1。现在拖动时间滑块，画面的爆炸效果如图4-197所示。

⑩按<Ctrl+Shift+C>组合键，打开“预合成”对话框，将“图像5. jpg”图层进行重组，设置重组之后的名称为“地面”，选择“移动全部属性到新建合成中”单选按钮，单击“确定”按钮。

⑪选中重组之后的“地面”图层，执行菜单命令“图层”→“时间”→“启用时间重置”，在图层下面会出现一个“时间重置”选项。将“地面”图层的“时间重置”选项的第一个关键帧移动至1 s处，如图4-198所示。

图4-198　移动关键帧

图4-199　排列图层

⑫新建一个黑色固态层取名为“激光”，将“激光”图层放置在“地面”图层的下层，如图4-199所示。

⑬给“激光”图层添加一个“生成”→“光束”特效并设置其选项，“开始点”为（572，-30），“结束点”为（138，297），“长度”为100，“开始点厚度”为5，“结束点厚度”为50，现在从画面中可以看到激光束效果，如图4-200所示。

图4-200　激光束效果

图4-201　查看画面效果

图4-202　添加“夜空”效果

⑭为“光束”特效下面的“结束点”和“结束点厚度”选项在0 s、1 s、2：12 s、3：12 s、4 s和4：24 s处添加6个关键帧，其参数值为[（565，-21），5]、[（138，298），25]、[（549，382），40]、[（130，468），55]、[（585，591），70]和[（787，589），100]，效果如图4-201所示。

⑮新建一个黑色固态层取名为“太空”，将“太空”图层放置在时间线窗口的最下层。

⑯给“太空”图层添加一个“Tinderbox-Generators→T_NightSky”（T夜空）特效并设置其选项，其参数默认不变，现在的画面效果如图4-202所示。

⑰将“图像6. jpg”插入到时间线窗口的最底层，然后将“太空”图层的叠加模式设置为“亮色”模式，如图4-203所示。现在，画面产生了从太空鸟瞰地球的效果，如图4-204所示。

图4-203　叠加图层

图4-204　鸟瞰地球效果

⑱按数字键盘的<0>键可以预览动画最终效果，如图4-191所示。

4.4.4 粒子变字

After Effects CS4自带的“碎片”特效功能强大，包含了很多控制选项，对于一些比较简单的爆炸效果就可以使用其他相对简单的方法制作。“像素多边形”特效就是一个专门制作爆炸效果的插件，它的使用方法比较简单，而且不像“碎片”特效那么耗费系统资源。这里以制作一个“闪亮粒子变字”动画来介绍“像素多边形”特效的使用方法。效果如图4-205所示。本例的具体操作步骤如下。

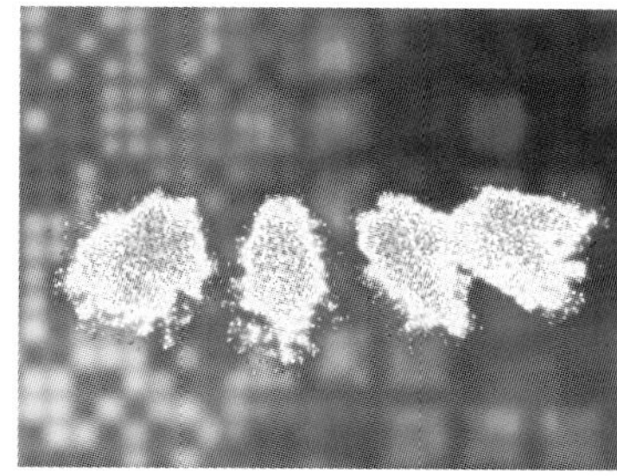

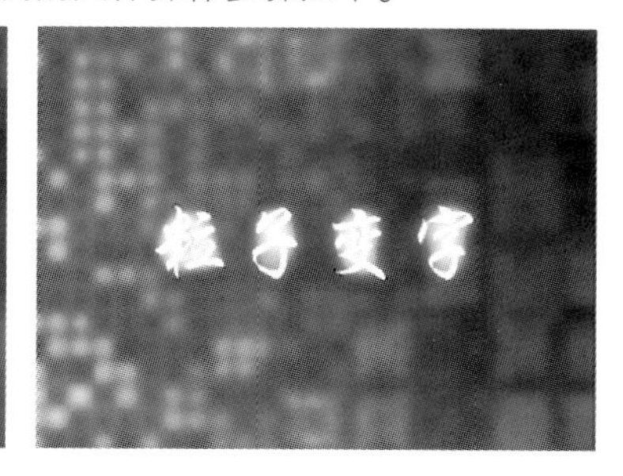

图4-205 最终效果

①启动After Effects CS4程序，新建一个尺寸为720×576，持续时间为5 s的合成，取名为“粒子变字”。

②创建一个文字层并输入文字内容“粒子变字”，在文字窗口中设置“文字”选项，“字体”为经典行楷简，“字号”为120，如图4-206所示。

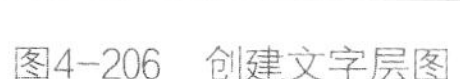
图4-206 创建文字层图

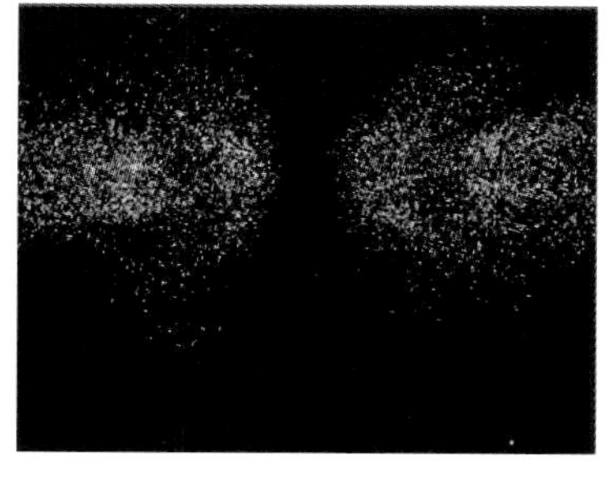

图4-207 文字爆炸效果

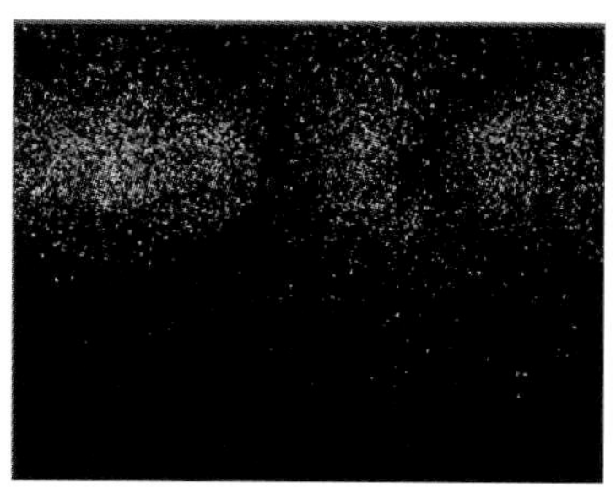

图4-208 查看画面效果

③给文字层添加一个“模拟仿真”→“像素多边形”特效并设置其选项，“强制”为10，“重力”为-0.1，“方向随机量”为12，“速度随机量”为87.5，“对象”为纹理多边形，勾选“激活景深类别”筛选框，拖动时间滑块，现在可以看到文字爆炸的动画效果，如图4-207所示。

④为“像素多边形”特效下面的“强制中心”选项在1 s、2 s和4 s处添加关键帧，其参数值设置为（200，150）、(292，187）和（410，306），现在的画面效果如图4-208所示。

⑤按<Ctrl+Shift+C>组合键，打开“预合成”对话框，将文字层进行重组，选择第二项，设置重组之后的名称为“文字”，单击“确定”按钮。

⑥用鼠标右键单击“文字”图层，从织出的快捷菜单中选择“时间”→“启用时间重置”菜单项。应用“时间重置”效果，将“时间重置”选项在0 s和4：20 s处的关键帧参数值设置为5 s和0 s，如图4-209所示。拖动时间滑块，现在可以看到粒子汇聚为文字的动画效果，如图4-210所示。

图4-209 启用“时间重置”效果

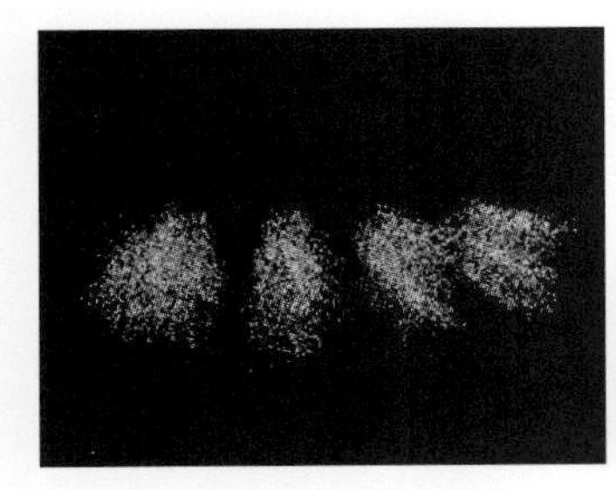

图4-210 粒子变字效果

图4-211 插入背景视频

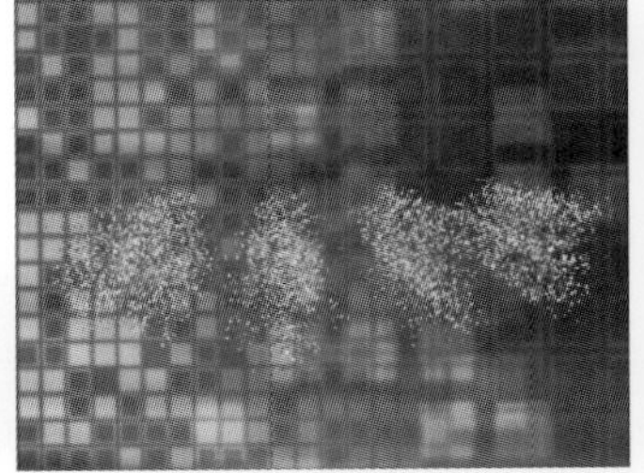

图4-212 查看画面效果

⑦按<Ctrl+I>组合键，在打开的“导入文件”对话框中选择附书光盘实例“文件 \ 项目4 \ 素材 \ 视频1.mov文”件，然后单击“打开”按钮。

⑧将“视频1.mov”插入到时间线窗口的最底层，如图4-211所示。叠加背景之后的画面效果如图4-212所示。

⑨给“视频1”背景图层添加一个“模糊与锐化”→“盒子模糊”特效并设置其选项，“模糊半径”为2，“重复”为4，勾选“重复边缘像素”筛选框。现在的画面效果如图4-213所示。

图4-213 查看画面变化

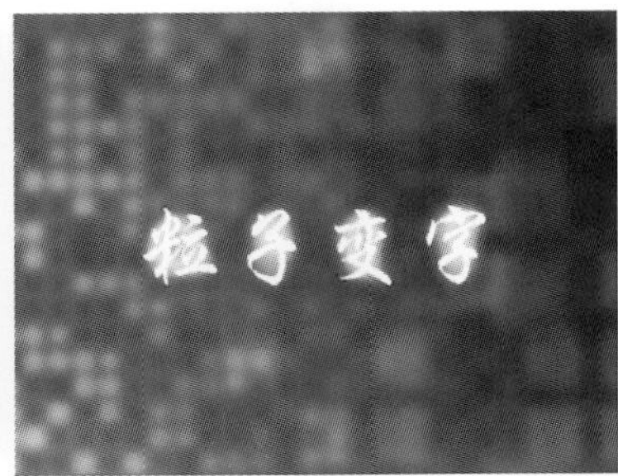

图4-214 粒子发光效果

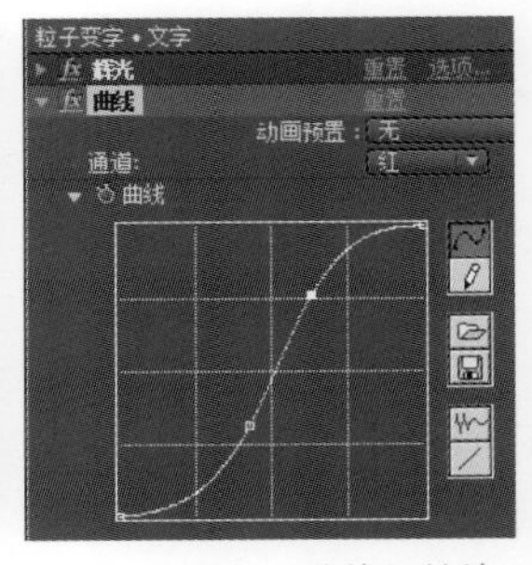

图4-215 添加“曲线”特效

⑩给“文字”图层添加一个“风格化”→“辉光”特效并设置其选项，“辉光阈值”为20，“辉光半径”为35，“辉光强度”为3，“辉光色”为A和B颜色：“颜色A”为F7FF17，“颜色B”为BD0000。现在的画面效果如图4-214所示。

⑪给“文字”图层添加一个“色彩校正”→“曲线”特效并调节“红”通道曲线，如图4-215所示。现在的画面效果如图4-216所示。

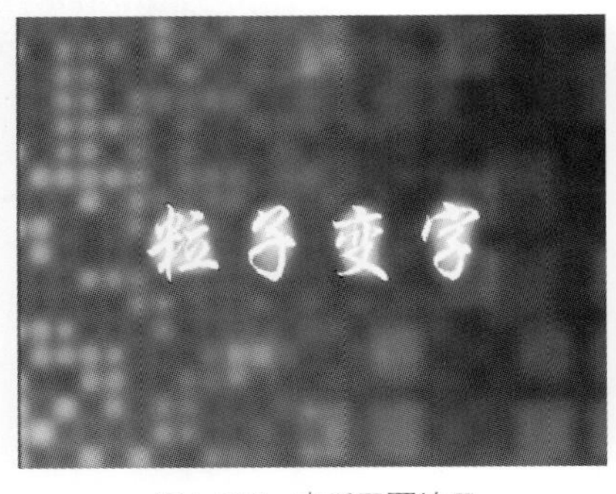

图4-216 查看画面效果

图4-217 添加“辉光”效果

⑫将“辉光”特效的“辉光半径”选项在3 s和4：24 s处添加两个关键帧，其参数值设置为10和50，现在的画面效果如图4-217所示。

⑬按数字键盘的<0>键，可以预览最终动画效果，如图4-205所示。

4.4.5 蝴蝶飞舞

在3D软件中制作一只在原地扇动翅膀的蝴蝶，输出为带通道的序列图片，然后导入After Effects CS3中添加粒子特效制作为一群飞舞的蝴蝶，就是实例“蝶群飞舞”的制作思路，效果如图4-218所示。具体的操作步骤如下。

图4-218　最终效果

①启动After Effects CS4程序，新建一个尺寸为720×576，持续时间为10 s的合成，取名为“几只蝴蝶”，如图4-219所示。

②按<Ctrl+I>组合键，在打开的“导入文件”对话框中选择附书光盘实例“文件＼项目4＼素材＼图像9. jpg”文件，然后单击“打开”按钮。

③再次打开“导入文件”对话框，选择附书光盘实例文件＼项目4＼素材＼蝴蝶＼蝴蝶20002. tga文件，勾选“targe序列”复选框，然后单击“打开”按钮，将所有序列图片导入为一个视频文件，系统弹出一个“说明素材”对话框提示素材中包含的通道信息选中“直接—放弃遮罩”单选按钮，然后单击“确定”按钮。

④用鼠标右键单击“蝴蝶”序列文件，从弹出的快捷菜单中选择“定义素材”→“主要”菜单项，打开“定义素材：蝴蝶”对话框，设置“循环”为10，单击“确定”按钮。

⑤将序列文件“蝴蝶”插入到时间线窗口中，“蝴蝶”序列文件是一只在原地扇动翅膀的蝴蝶，如图4-219所示。

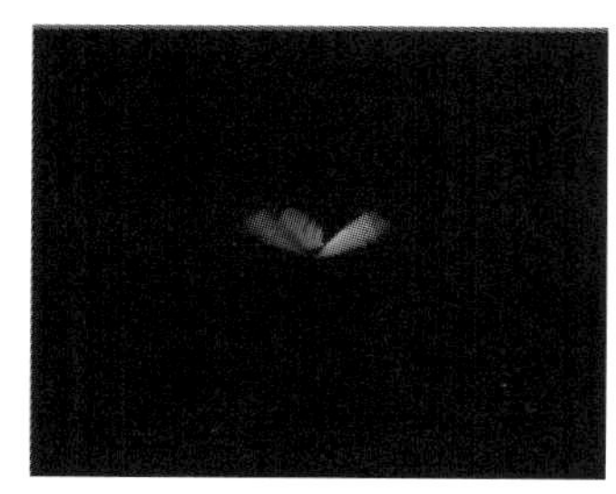

图4-219　素材效果

图4-220　插入时间线

图4-221　动画效果

⑥新建一个黑色固态层，取名为“几只蝴蝶”。

⑦将“几只蝴蝶”图层插入到时间线的第一层，然后关闭“蝴蝶”图层，如图4-220所示。

⑧给“几只蝴蝶”图层添加一个“模拟仿真”→“泡沫”特效并设置其选项，“查看”为渲染，“寿命”为200，“泡沫增长速度”为0.051，“初始速度”为1.5，“初始方向”为90°，“风速”为0，“风向”为0，“乱流”为0，“晃动量”为0，“缩放”为7.7，“泡沫材质”为用户定义，“泡沫材质层”为2.蝴蝶。拖动时间滑块，可以看到几只蝴蝶飞舞的动画效果，如图4-221所示。

⑨新建一个尺寸为720×576，持续时间为10 s的合成. 取名为“蝶群飞舞”。

⑩将“几只蝴蝶”合成插入到“蝶群飞舞”的时间线窗口中并复制两层，将每一个“几只蝴蝶”图层的入点在时间线中错开排列，如图4-222所示。

图4-222　时间排序

⑪现在画面中出现了更多的蝴蝶。它们的运动状态是不一致的，如图4-223所示。

图4-223　一群蝴蝶

图4-224　插入背景图层

⑫将“风光.jpg”插入到时间线的最底层，如图4-224所示。

⑬按数字键盘的<0>键可以预览动画最终效果，如图4-218所示。

4.4.6　水底光波

“水底波光”是一个比较高级的动画效果，主要利用Psunami（海洋）特效制作水下场景，然后使用T_Rays（下光线）插件制作水波晃动的光线，而水下游鱼的深度效果由遮罩变化来实现。本例不仅介绍了Psunami（海洋）和T_Rays（T光线）插件的使用方法，而且突出了图层叠加在场景合成中的重要性，效果如图4-225所示。本例的具体操作步骤如下。

图4-225　最终效果

①启动After Effects CS3程序，新建一个尺寸为720×576，持续时间为5 s的合成，取名为“水底光波”。创建一个黑色固态层命名为“水底”。

②给“水底”图层添加一个Atomic Power→Psunami（海洋）特效，先保持特效默认设置不变，现在可以看到默认的海洋效果，如图4-226所示。

图4-226 默认的海洋效果

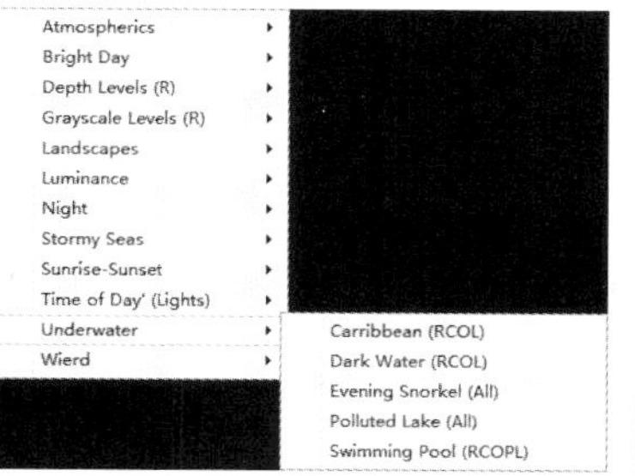

图4-227 应用预设效果

图4-228 水下效果

③选择PRESET（预设）效果下拉菜单中的Underwater（水下）→Carribbean（蓝绿色海洋）命令，单击GO按钮应用到当前图层如图4-227所示。现在的海面是从水下仰视水面的效果，如图4-228所示。

④复制一个“水底”图层，将上面一层重命名为“波光”并单独显示该层。

⑤给“波光”图层添加一个T_Rays （T_光线）特效。先保持特效默认设置不变，现在画面中出现了光线效果，如图4-229所示。

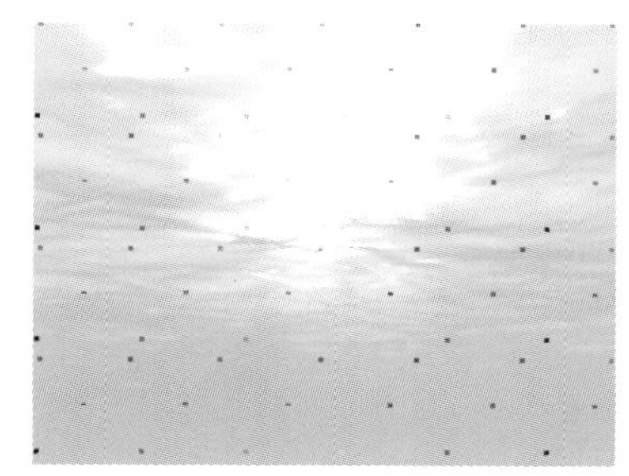

图4-229 默认的光线效果

图4-230 画面变化

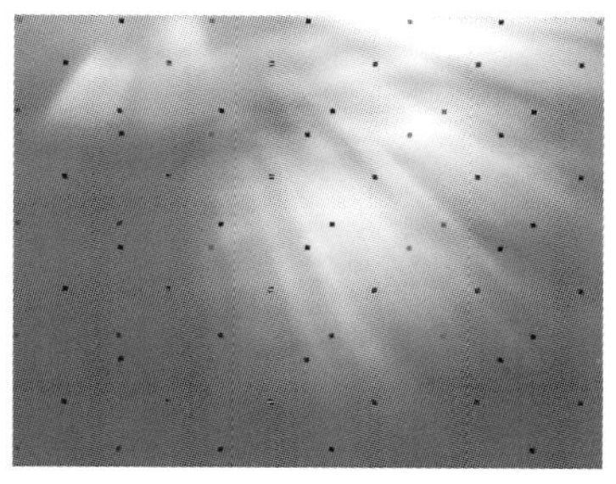

图4-231 光线效果

⑥将T_Rays（T_光线）特效的Blending（混合）选项区域下面的Method（方法）设置为None（无）模式，现在画面中只有光线，没有了源图层的海水效果，如图4-230所示。

⑦将T_Rays（放射光线）的Centre（中心）设置为196，-85，现在画面中的光线呈现出从上向下照射的效果，如图4-231所示。

⑧同时显示两个图层，现在可以看到光线透过水面的效果，如图4-232所示。

图4-232 画面合成效果

图4-233 插入时间线

图4-234 查看画面效果

⑨按<Ctrl+I>组合键，在打开的“导入文件”对话框中打开附书光盘实例文件\项目4\素材\海豚文件夹，选择序列文件中的第一张，勾选“PNG序列”复选框，然后单击“打开”按钮，将“海豚”序列文件插入到时间线窗口的最上层，如图4-233所示。用鼠标右键单击之，从弹出的快捷菜单中选择“变换”→“适配到合成”菜单项。

⑩现在游动的海豚完全在海水前面，画面显得不够真实，如图4-234所示。

⑪选择“波光”和“水底”两个图层，按<Ctrl+Shift+C>组合键，打开“预合成”对话框，将“波光”和“水底”两个图层重组为一个图层，设置重组之后的名称为“海底波光”，选择第二项。

⑫复制一个“水底波光”图层放置在时间线的最上层，先单独显示“海豚”图层，然后在时间线中选中最上层的“海底波光”图层。

⑬在合成窗口中按照海豚的位置和尺寸绘制遮罩，这里必须注意遮罩是绘制在最上层的“海底波光”图层上面的，如图4-235所示。

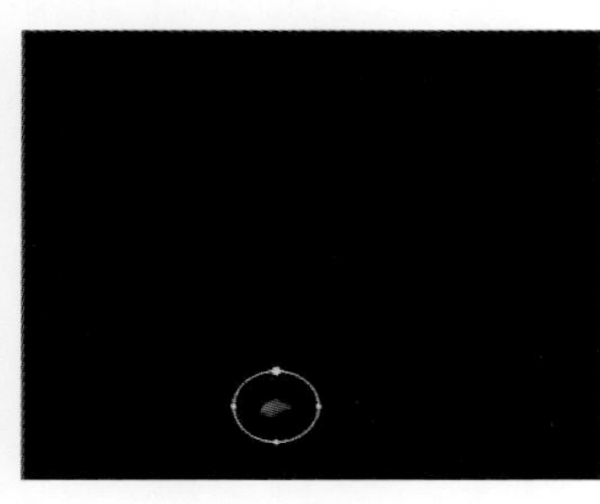

图4-235　绘制遮罩

图4-236　设置“遮罩”选项

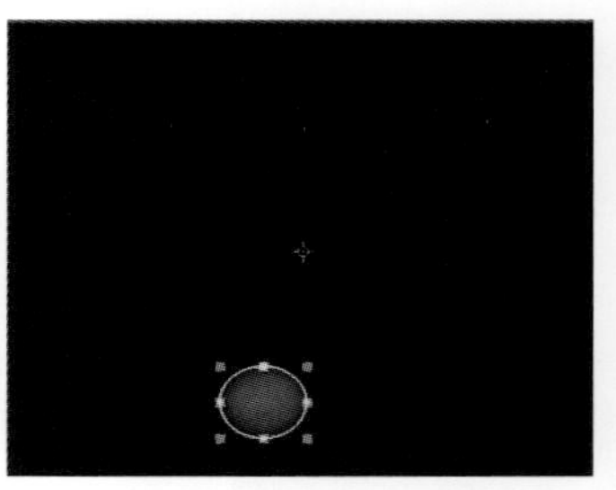

图4-237　画面变化

⑭将最上层的“海底波光”图层的遮罩1的“遮罩羽化”设置为30，将“遮罩透明度”设置为88％，如图4-236所示。

⑮同时显示最上层的“水底波光”图层和“海豚”图层，在0 s时记录下“遮罩路径”选项和“遮罩透明度”的关键帧，现在的画面效果如图4-237所示。海豚变成了在水下。

⑯移动时间滑块至3 s处，然后调整遮罩的形状与海豚相匹配，如图4-238所示。

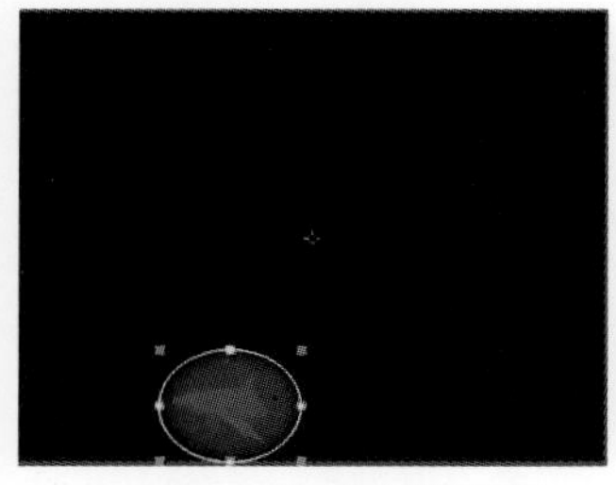

图4-238　3 s遮罩形状

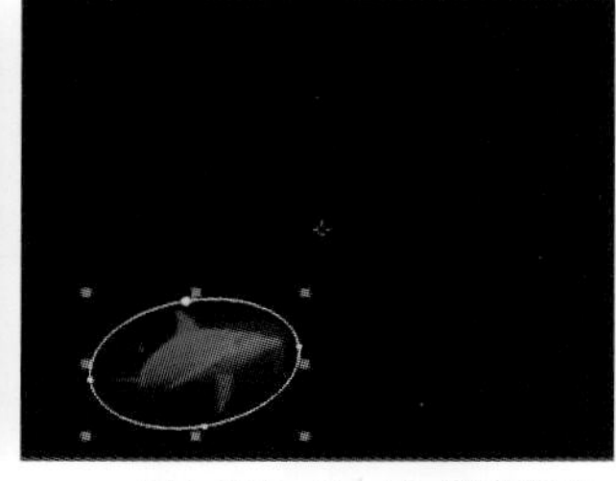

图4-239　3：16 s遮罩形状

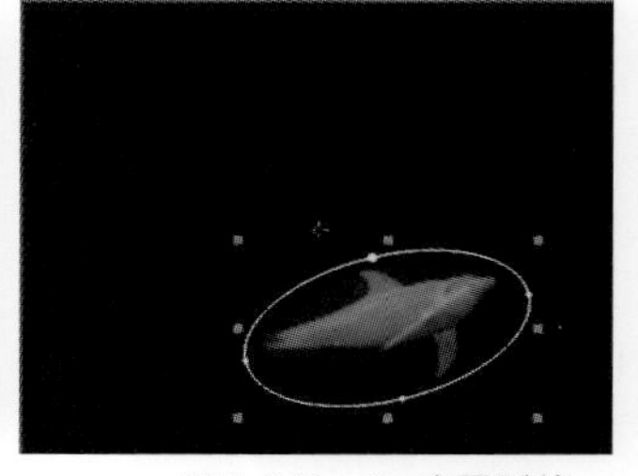

图4-240　4 s遮罩形状

⑰系统自动将遮罩形状变化记录为“遮罩路径”关键帧，将“遮罩透明度”选项此时的关键帧参数值设置为77％。

⑱移动时间滑块至3：16 s处，然后调整遮罩的形状与海豚相匹配，如图4-239所示。

⑲移动时间滑块至4 s处，然后调整遮罩的形状与海豚相匹配，如图4-240所示。

⑳系统自动将遮罩形状变化记录为“遮罩路径”关键帧，将“遮罩透明度”选项此时的关键帧参数值设置为35％。

㉑移动时间滑块至4：11 s处，然后调整遮罩的形状与海豚相匹配，如图4-241所示。

图4-241　4：11 s遮罩形状

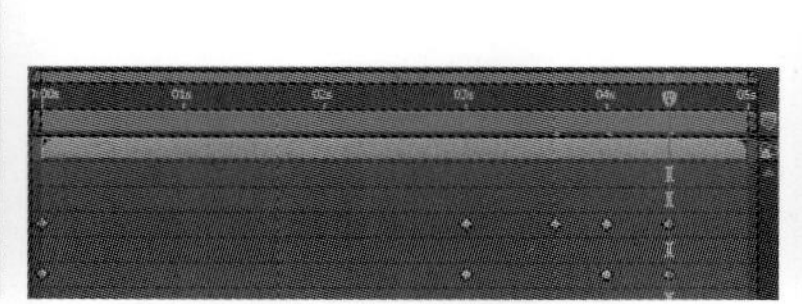

图4-242　设置关键帧

图4-243　显示效果

㉒系统自动将遮罩形状变化记录为“遮罩路径”关键帧，将“遮罩透明度”选项此时的关键帧参数值设置为20％，如图4-242所示。

㉓同时显示所有图层，可以看到画面合成的效果，如图4-243所示。

㉔按数字键盘的<0>键，可以预览最终动画效果，如图4-225所示。

4.5 表达式动画制作

1）表达式概念

After Effects的表达式是一种建立在JavaScfipt基础上的内置于After Effects中的程序语言，它的主要功能是通过输入表达式而建立起图层与图层、参数与参数之间的相互关系，从而制作出关键帧所无法做出来的复杂的动画特效。

编写复杂的表达式必须具备JavaScript的知识，但仅从应用的角度来说，具有计算机基础知识的用户，对表达式的最基本的语句与功能还是可以看得懂并进行应用的。比如说：

①this_comp.layer（“图层名称”）：表示当前合成项目中所选择的图层。

②this_comp.layer（this_layer，-1）：表示当前合成项目选择图层的上一层。

③this_comp.layer（3）：表示当前合成项目窗口中的第3图层。

④this_comp.width：表示当前合成项目窗口的宽度。

⑤this_comp.Height：表示当前合成项目窗口的高度。

⑥position[0]：表示某图层位置属性的*X*方向值。

⑦position[l]：表示某图层位置属性的*r*方向值。

⑧random（ ）：表示随机运算值。

⑨sin（a）：表示求a的正弦值。

⑩index：表示图层的序号。

另外，表达式中的赋值语句、IF语句、循环语句以及数学运算符与逻辑运算符也同其他程序语言几乎一致。

2）表达式的基本操作

向一个图层中的某属性栏添加表达式的方法有3种。

①选中需要添加表达式的属性栏后，执行菜单命令“动画”→“添加表达式”。

②选中需要添加表达式的属性栏后，按住<Alt>键的同时，用鼠标点击该属性栏前面的小码表。

③选中需要添加表达式的属性栏后，按下<Shift+Alt+=>快捷键。

当某属性栏被添加了表达式以后，该栏目的参数数值将变为红色。并且其栏目中出现4个小按钮，小按钮后面的栏为表达式输入区域，如图4-244所示。

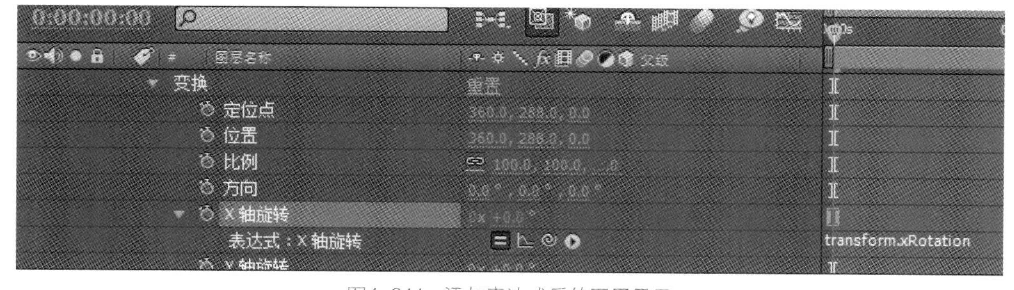

图4-244　添加表达式后的图层显示

在表达式输入区域中，用户可输入新的表达式，或者编辑表达式中的可用变量；当表达式语句较多超过输入区一个栏目时，输入栏目自动加宽并在右侧出现上下箭头按钮，用鼠标点击上下箭头可调整输入区域的宽窄，从而显示出全部表达式语句。

单击按钮，则打开或关闭表达式的动画控制功能。

单击按钮，则将显示动画的速率曲线图。

单击按钮并拖动鼠标后的连线到其他图层的某属性栏目上释放，则建立起这两个图层的属性栏目之间的联系，从而对其产生影响。

单击按钮则显示出表达式的语言列表，提示表达式中使用的语法和函数。

下面，我们将举例演示应用表达式制作动画的设计操作过程。

4.5.1 观看地图

本实例应用表达式将一个放大镜的位置属性与一个地图画面的球化中心点位置以及复制的放大镜图层位置相联系起来，从而产生放大镜地图时，在地图上产生放大镜影子的动画移动，最终效果如图4-245所示。该实例程序设计制作步骤如下。

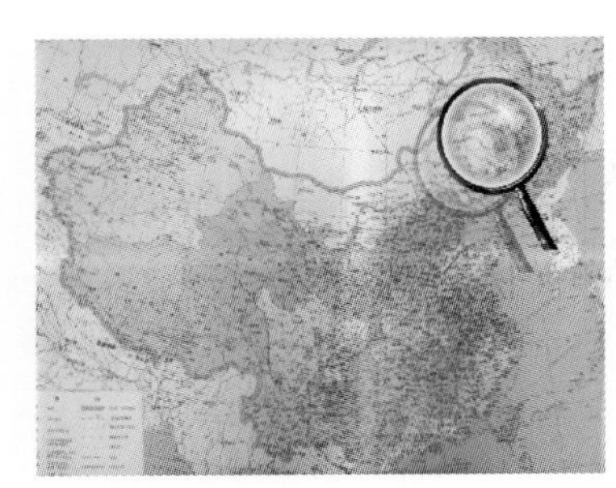
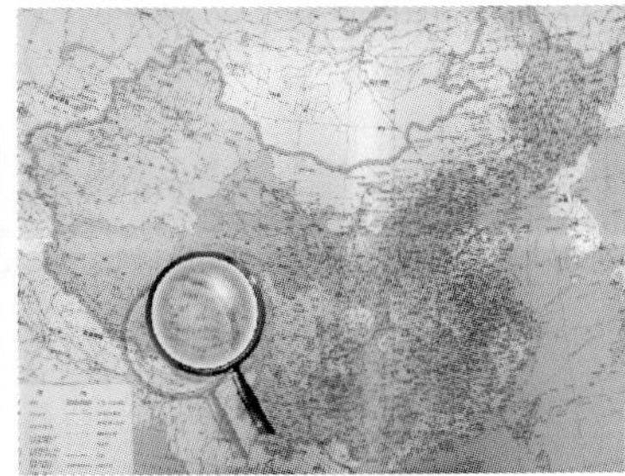
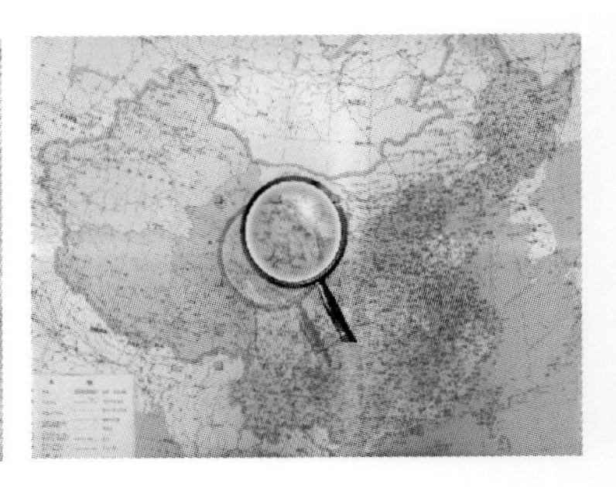

图4-245　最终效果

①打开After Effects程序，执行菜单命令“图像合成”→“新建合成组”，创建一个新的合成项目，设置该合成项目窗口的大小为720×576，帧速为25，时间为8 s，并将其命名为“移动放大镜”。

②在项目窗口中导入“放大镜.psd”图形和“地图.jpg”素材，并将它们拖入时间窗口，放大镜图形在上。

③为“地图.jpg”素材图层添加“扭曲”→“球面化”，这是一个使图形产生球面化效果的特效；为“球面中心”属性在0 s、1 s、2 s、3 s、4 s、5 s、7 s和8 s处添加8个关键帧，其值分别为（580，118）、（491，257）、（471，385）、（315，454）、（184，332）、（126，200）、（276，202）和（366，307），设置“半径”为100，如图4-246所示。

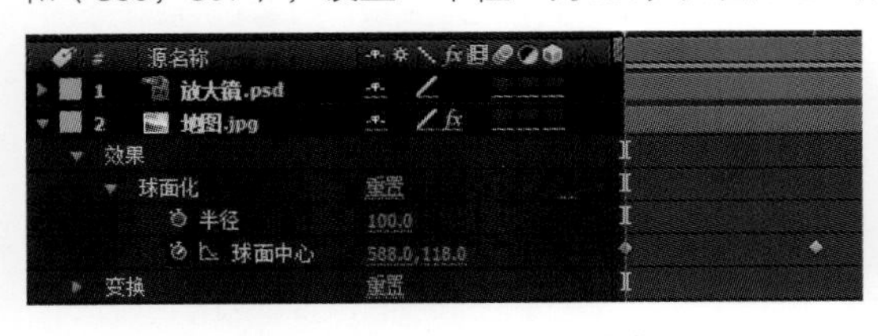

图4-246　“球面化”特效参数

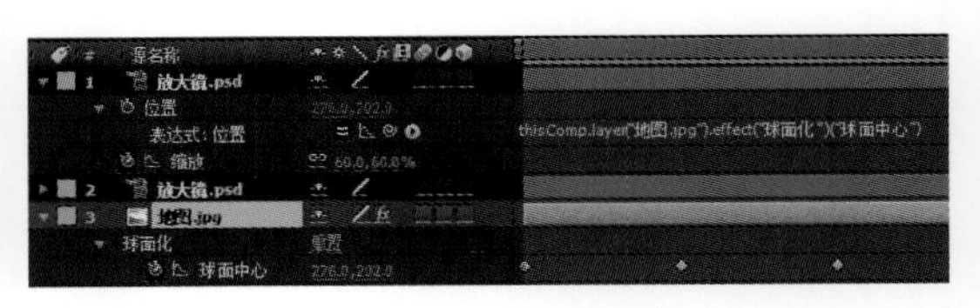

图4-247　添加表达式

④选择“放大镜.psd”图层，在工具栏中选择“定位点工具”，将“放大镜.psd”图层中心点拖到放大镜镜面的中心。打开“放大镜.psd”图层的“缩放”属性，为“缩放”属性在4 s、5.5 s和7 s处添加3个关键帧，其值分别为60％、100％和60％，即让放大镜在此期间被缩放。

⑤复制“放大镜.psd”图层，将下面的“放大镜.psd”图层的“透明度”设置为30％，使这层放大镜图形成为上层放大镜图形的阴影。

⑥按下<Alt>键的同时用鼠标点击上层“放大镜.psd”图层的“位置”属性栏前面的小码表为该位置属性添加表达式，然后按照如图4-247所示的操作将该属性与“地图.jpg”图层的“球面化”滤镜下的“球面中心”属性栏相关联，从而在“位置”属性栏得到表达式：

```
thisComp.layer("地图.jpg").effect("球面化")("球面中心")
```

这表示放大镜图层的“位置”属性与地球图层的“球面化”滤镜下的“球体中心”属性相一致。

⑦按下<Alt>键的同时用鼠标点击下层“放大镜.psd”图层的“位置”属性栏前面的小码表为该位置属性添加表达式，然后在表达式输入区输入以下表达式内容。

```
a=thisComp.layer("放大镜.psd").position[0]-30;
b=thisComp.layer("放大镜.psd").position[1]+30;
[a,b]
```

这些表达式的含义是下层放大镜图层的X位置是上层放大镜图层的X位置减去30；而Y位置是上层放大镜Y位置加上30。这样，下层放大镜的位置始终处于上层放大镜的右下边一点的位置上，从而成为上层放大镜的阴影，如图4-248所示。

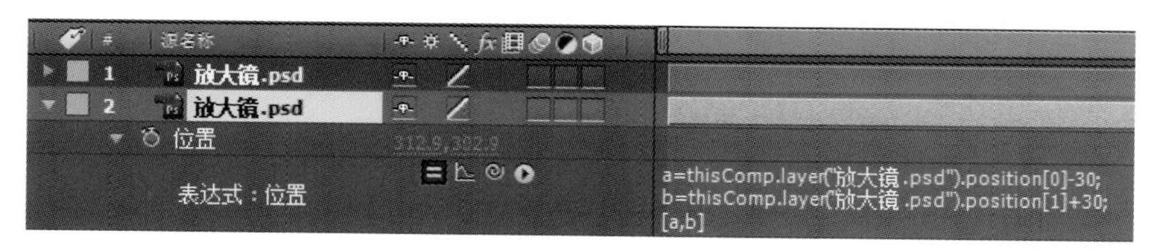

图4-248　输入表达式

要注意到位置坐标是以窗口的左角顶点为坐标原点，因此Y轴愈向下数值愈大。

⑨按<0>键预览效果。合成项目窗口中的放大镜及其阴影在地图画面上四处移动，而且移动的位置与下层的地图画面被球化的中心位置相一致；同时，在时间4 s至7 s期间，放大镜及其阴影产生缩放。如图4-245所示。

4.5.2　制作电视墙

本实例应用表达式将16张图片自动排列并缩放到窗口画面上，从而形成一个图片电视墙，最终效果如图4-249所示。该实例程序设计制作步骤如下。

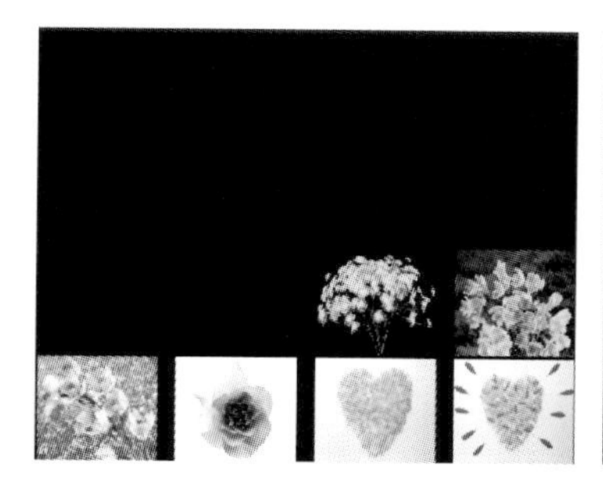

图4-249　最终效果

①打开After Effects程序，执行菜单命令“图像合成”→“新建合成组”，创建一个新的合成项目，设置该合成项目窗口的大小为720×576，帧速为25，时间为8 s，并将其命名为“电视墙”。

②在项目窗口中导入“H25.jpg”—“H40.jpg”共16张花卉图片素材，并将它们拖入时间窗口。

③打开“H25.jpg”图层的属性设置面板，按下<Alt>键的同时用鼠标点击该图层“位置”属性栏前面

的小码表（和“缩放”属性栏前面的小码表）为该属性添加表达式，然后在表达式输入区输入表达式，如图4-250所示。

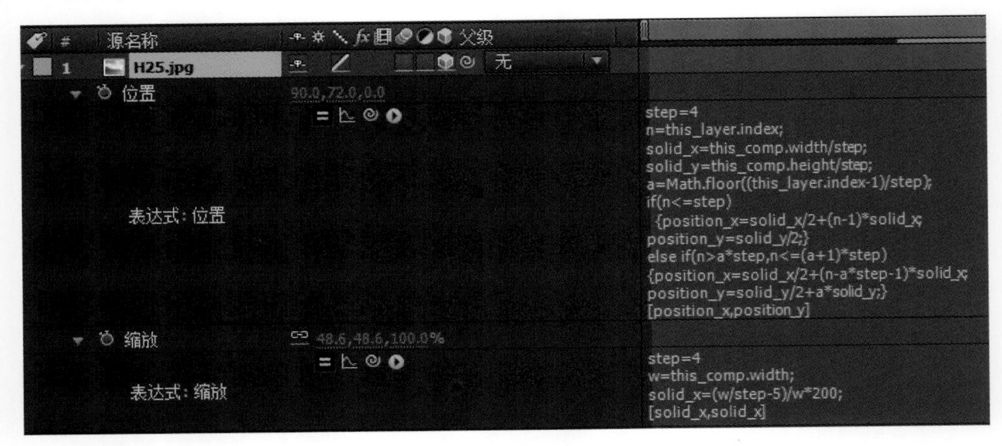

图4-250　位置与缩放表达式设置

“位置”属性表达式的含义为：

```
step=4          //设置电视墙的行列数
n=this_layer.index;          //n为本图层的层次序号
solid_x=this_comp.width/step;     //窗口的宽度等分值
solid_y=this_comp.height/step;     //窗口的高度等分值
a=Math.floor（（this_layer.index-1）/step）;     //取整运算
if（n<=step）                    //如果图层序号小于和等于行列数
{position_x=solid_x/2+（n-1）*solid_x;     //图片的X位置值
position_y=solid_y/2;}                  //图片的Y位置值
else if（n>a*step,n<=（a+1）*step）          //否则，判断图层序号
{position_x=solid_x/2+（n-a*step-1）*solid_x;     //计算图片X位置
position_y=solid_y/2+a*solid_y;}             //计算图片Y位置
[position_x,position_y]                   //获得本图片的X，Y坐标位置
```

“缩放”属性表达式为：

```
step=4                    //设置电视墙的行列数
w=this_comp.width;             //为本合成项目窗口的总宽度
solid_x=（w/step-5）/w*200;     //计算每张图片的缩放值
[solid_x,solid_x]              //获得图片X，Y方向的缩放值
```

④将上面的表达式内容输入到全部花卉图层的“位置”属性栏和“缩放”属性栏目中。

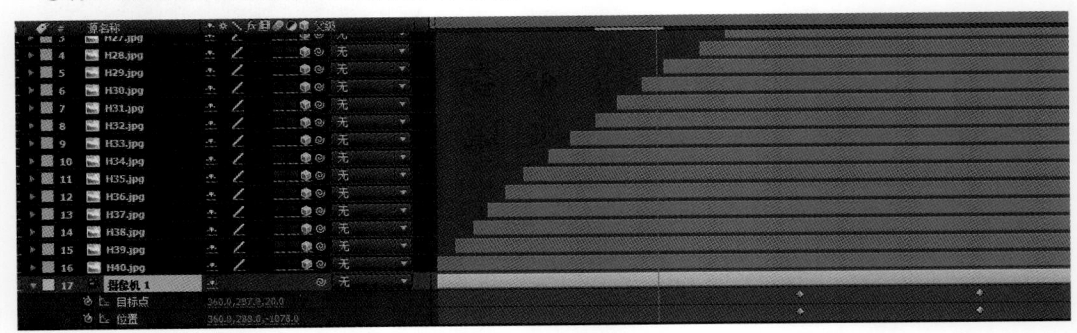

图4-251　错开图层起点位置

⑤打开所有图层的3D开关，并创建摄像机图层，调整摄像机使电视墙的图片在窗口产生一个透视角度将各图层的起点位置稍稍错开，为“目标兴趣点”和“位置”在4 s和6 s添加两个关键帧其值为[（360，287.9，20）（360，288，-1078）]和[（429，287.9，26.3）（1009.7，283.6，-1114.8）]，这样可使16张图片依次出现。此时，时间线上的显示如图4-251所示。

⑥按<0>键预览效果。合成项目窗口中16张花卉图片依次出现，而且自动显示到行列位置上，同时图片的大小也自动缩放到合适尺寸。当图片全部排列好后，窗口视角产生倾斜和移动，一个成透视角度的电视墙显示在窗口中，如图4-249所示。

4.5.3 扇开的图形

这个实例演示了应用多项表达式的关联设置，使5张3D图片逐步成扇形展开，形成位置、旋转、朝向等多属性移动动画，如图4-252所示。

图4-252　最终效果

程序的设计步骤如下。

①打开After Effects程序，执行菜单命令“图像合成”→“新建合成组”，创建一个新的合成项目，设置该合成项目窗口的大小为720×576，帧速为25，时间为4 s，并将其命名为“扇开图片”。

②导入“花1.jpg”—“花5.jpg”共5张花朵图片素材。

③按照顺序将5张花朵图片拖入时间线，按<S>键，将“缩放”设置为50%；按<A>键，将“定位点”设置为（240，635.3）；按<P>键，将“位置”设置为（360，422）。并且打开它们的3D开关，使它们变为3D图层，然后设置它们的“方向”*Z*轴均为300。此时，5张图片是压在一堆的。时间线上的显示如图4-253所示，效果如图4-254所示。

图4-253　时间线上的排列

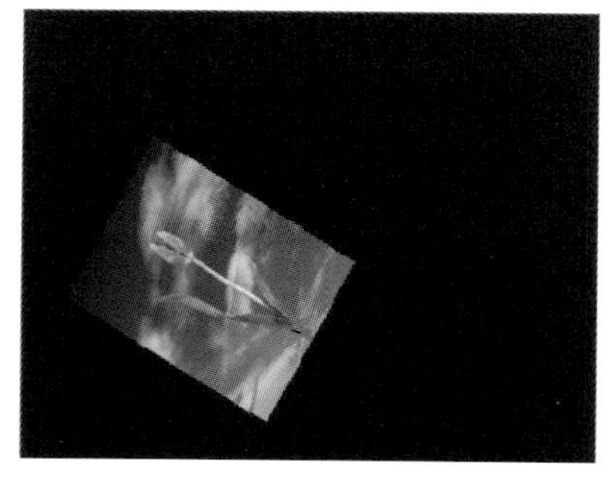

图4-254　图片排列效果

④选中“花1.jpg”图层，按R键，展开“旋转”属性。为“*Z*轴旋转”属性在0 s和2 s处添加两个关键帧，其值分别为0和30，即让图片在*Z*方向产生30°的旋转，如图4-255所示。

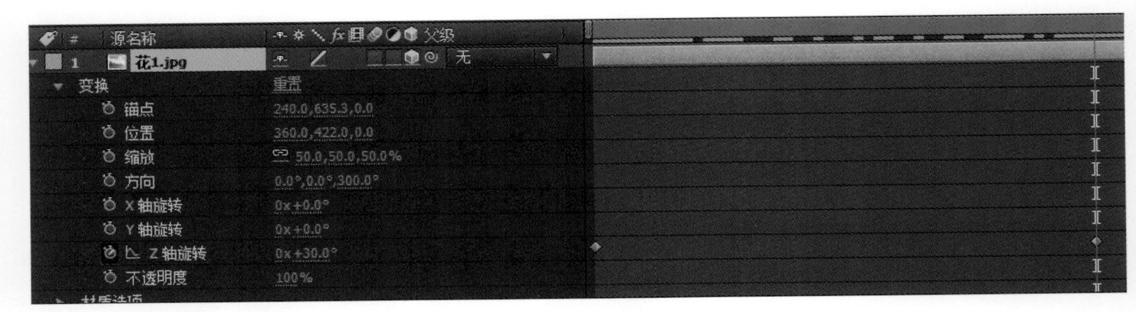

图4-255 “花1.jpg”图层各项属性设置

⑤选中“花2.jpg”图层，打开其属性设置面板，在按下Alt键的同时，点击其下面的“定位点”属性栏前面的小码表，为该属性添加表达式。将该图层的“定位点”属性与“花1.jpg”图层的“定位点”属性栏相关联。此时，“花2.jpg”图层的“定位点”属性栏将增加一个表达式：

thisComp.layer（"花1.jpg"）.anchorPoint

这表示“花2.jpg”图层轴心位置将与本合成项目的“花1.jpg”图层的轴心位置保持一致，如图4-256所示。

图4-256 设置图层轴心位置属性的关联表达式

继续分别设置“花2.jpg”图层的“位置”“方向”和“*Z*轴旋转”属性栏的关联表达式。

⑥“位置”属性栏的关联表达式为：

a=this_comp.layer（this_layer,-1）.position[0]+3;

b= this_comp.layer（this_layer,-1）.position[1];

c= this_comp.layer（this_layer,-1）.position[2]-0.1;

[a,b,c]

这表示本图层的*X*位置为其上一层图层的*X*位置加上3；*Y*位置与其上一层图层的*Y*位置相向；*Z*位置为其上一层图层的*Z*位置减去0.1。

⑦“方向”属性栏的关联表达式为：

this_comp.layer（this_layer,-1）.orientation

这表示本图层的朝向与其上一图层保持一致。

⑧“*Z*轴旋转”属性栏的关联表达式为：

this_comp.layer（"花1.jpg"）.rotation*index

这表示本图层在*Z*方向的旋转是其上一图层*Z*方向旋转角度的index倍。Index为图层的序号，因此图层在时间线上愈在下层，其*Z*方向的旋转则愈大。比如“花1.jpg”图层被设置在*Z*方向旋转30°，那么“.jpg”图层在第2层，就会在*Z*方向旋转2×30°。如图4-257所示。

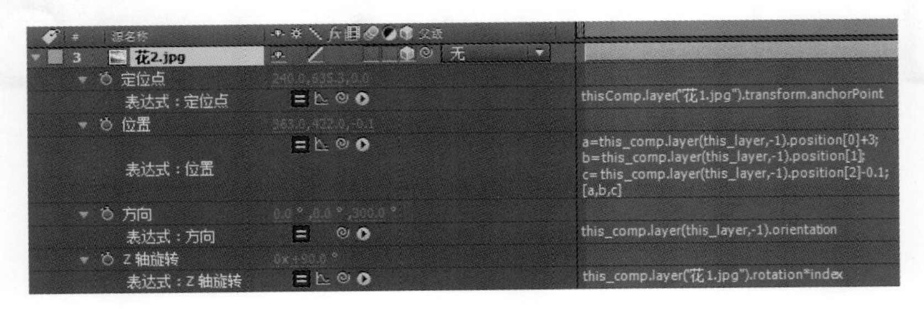

图4-257 “花2”图层表达式

⑨用上面相同的方法，分别设置好“花3.jpg”—“花5.jpg”图层的相关属性的关联表达式与“花2.jpg”图层的完全一样。

⑩在时间线上单击鼠标右键，从弹出的快捷菜单中选择“新建”→“摄像机”选项，创建一个摄像机图层，调整摄像机“目标兴趣点”为（382，288，0）、“位置”为（706，285，-1160.9），使窗口图形显示更为合适。

⑪按<0>键预览效果，此时，5张花朵图片从第1张到第5张逐步旋转开来，产生相互协调的扇形展开动画，最终效果如图4-252所示。

4.5.4 等分圆周

本实例应用表达式使图块旋转将圆周进行任意等分。这在制作时钟刻度或者花瓣时是很方便的，如图4-258所示。该实例程序的设计制作步骤如下。

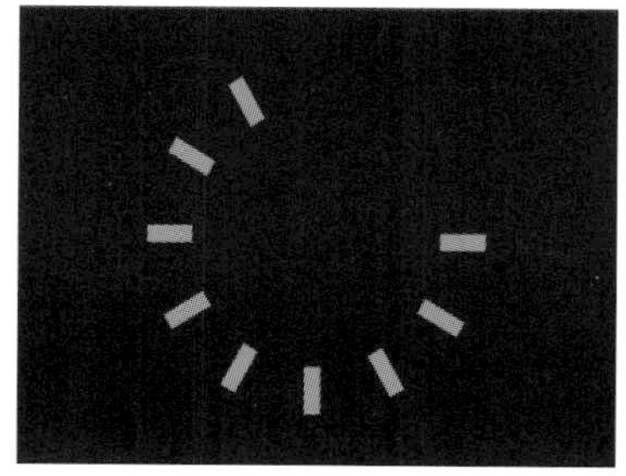

图4-258 最终效果

①打开After Effects程序，执行菜单命令“图像合成”→“新建合成组”，创建一个新的合成项目，设置该合成项目窗口的大小为720×576，帧速为25，时间为2 s，并将其命名为“等分圆周”。

②在时间线上单击鼠标右键创建一个大小为20×60的棕色固态层“固态层1”，并在合成项目窗口中移动色块到窗口上沿。由于轴心点是图层旋转的中心，而在后面的旋转中要求图层围绕窗口中心旋转，因此要注意将图层的轴心点移动到窗口的中心位置上，这一点要记住。色块与轴心点的位置如图4-259所示。

图4-259 轴心位置

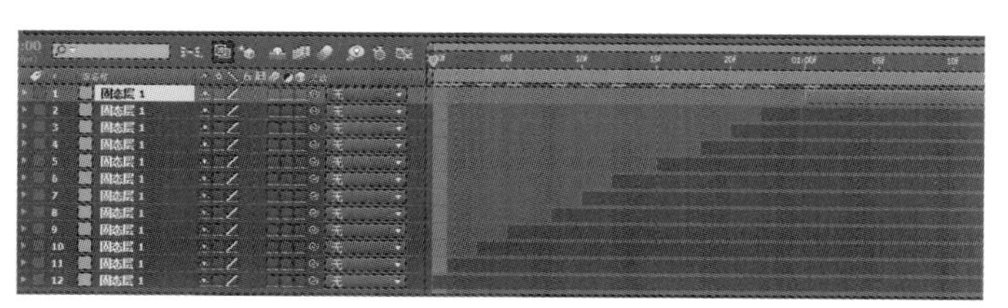

图4-260 复制图层并错开起点

③复制“固态层1”图层后，按下<Alt>键的同时用鼠标点击第二个“固态层1”图层的“旋转”属性栏前面的小码表，为该图层位置属性添加表达式，然后在表达式输入区输入以下表达式内容：

```
n=12
this_comp.layer（this_layer,-1）.rotation+360/n
```

这里，n的数值是圆周需要等分的数，比如需要将圆周等分为六等份，就设置n为6。我们这里设置n=12，表示要将圆周分为十二等份。

表达式的第二句含义是“本合成项目中本图层的旋转角度是其上一图层的旋转角度再加上360/n度”。由于本例设置n=12，所以，下一图层旋转角度是上一图层旋转角度再加上30°。

④复制第二图层（n−2）次。本例中为复制（12−2）=10次。

⑤将时间窗口中的所有图层的起点错开，以便等分圆周的色块会依次出现，如图4-260所示。

⑥按<0>键预览效果。合成项目窗口中12个棕色色块依次出现将圆周等分开来。

效果如图4-258所示。

4.5.5 滚动的球体

本实例应用表达式使图形及路径根据其在X方向的移动位置，而产生顺时针和逆时针的滚动旋转。最终效果如图4-261所示。该实例程序的设计制作步骤如下。

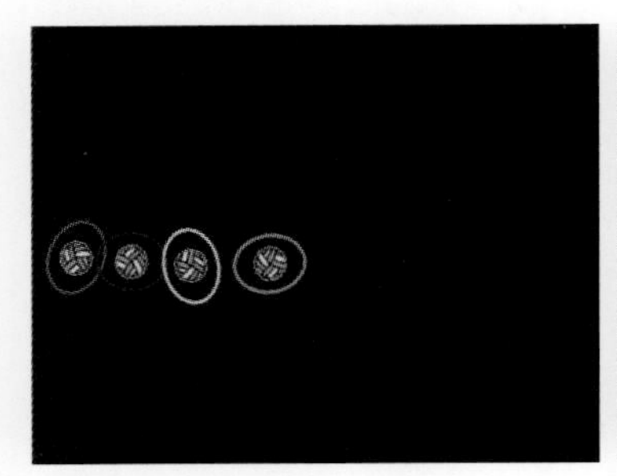

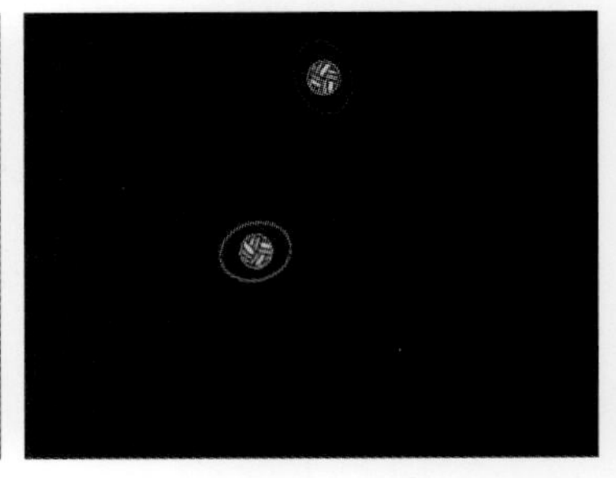

图4-261 最终效果

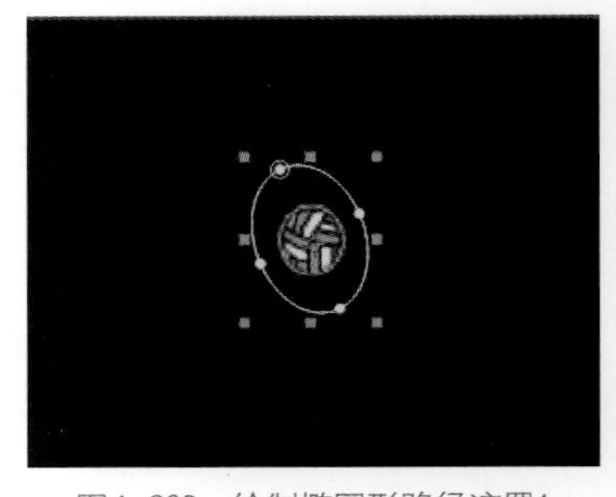

图4-262 绘制椭圆形路径遮罩1

①打开After Effects程序，执行菜单命令“图像合成”→“新建合成组”，创建一个新的合成项目，设置该合成项目窗口的大小为720×576，帧速为25，时间为6 s，并将其命名为“滚动的球体”。

②导入“球.psd”球体图形素材并拖入时间窗口，将其改名为“球体1”，应用路径工具在此图层上绘制一个椭圆形路径“遮罩1”包围着球体，如图4-262所示。

③为“球体1”图层添加“生成”→“描边”滤镜，设置“颜色”为红色，“画笔大小”为3。

④为“球体1”图层的“位置”属性在0 s、0.2 s、2.5 s、4 s和6 s处的5个关键帧，其值分别为（360，−50），（360，288），（−66，−288），（644，288）和（221，288），即让球体从屏幕上沿掉下再向左向右移动。

⑤按下<Alt>键的同时用鼠标点击“球体1”图层的“旋转”属性栏前面的小码表，为该图层旋转属性添加表达式，然后在表达式输入区输入以下表达式内容：

```
a=position[0];        //a为图层在X方向的位置坐标
b=width*Math.PI;  //计算图层的周长
a/b×360               //设置图层旋转的角度    .
```

这表示球体图形将根据其在X方向的坐标位置来决定其旋转的角度。

⑥复制图层3次，将4个图层重新命名为“球体1”—“球体4”。

⑦将时间窗口中的4个图层的起点错开12帧，以便使4个球体依次从上掉下来，如图4-263所示。

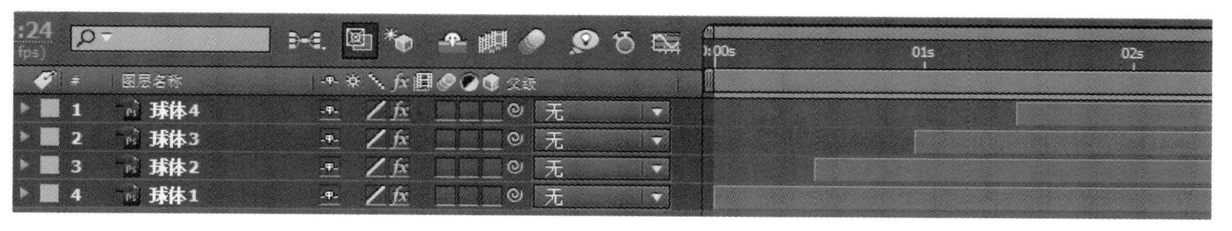

图4-263　复制图层并错开图层起点

⑧调整“球体2”—“球体4”的“描边”滤镜中的描边颜色分别为黄色、绿色和蓝色；调整“球体2”—“球体4”的“位置”属性的后面3个关键帧的位置与“球体2”的“位置”属性的后面3个关键帧的位置对齐，如图4-264所示。

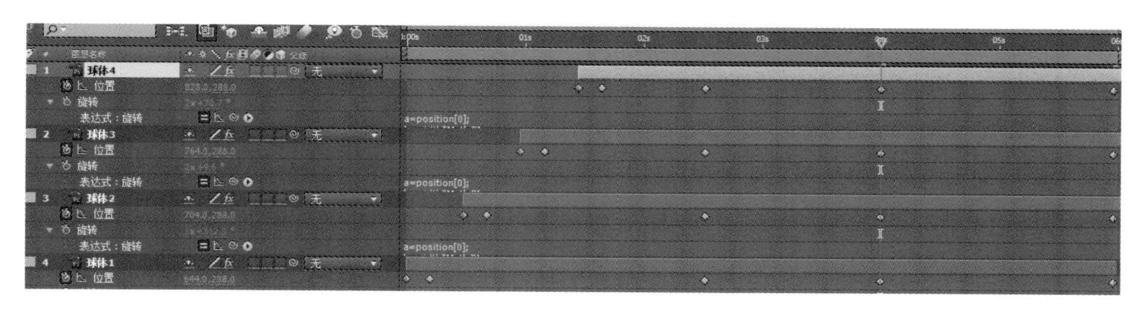

图4-264　调整“位置”关键帧的位置

⑨修改“球体2”的“位置”参数在2.5 s、4 s和6 s处的关键帧值分别为（-6，288），（704，288）和（275，288），修改“球体3”的“位置”参数在2.5 s、4 s和6 s处的关键帧值分别为（54，288），（764，288）和（333，288），修改“球体4”的“位置”参数在2.5 s、4 s和6 s处的关键帧值分别为（114，288），（824，288）和（390，288）。

⑩按<0>键预览效果。合成项目窗口中4个带有红黄绿蓝椭圆形外圈的球体依次从屏幕上沿掉下，然后向左向右移动；同时，在球体向左右移动时，球体产生逆时针和顺时针的旋转。效果如图4-261所示。

4.6 三维合成

三维空间中合成对象为我们提供了更广阔的想象空间，同时，也产生了更炫更酷的合成效果。在制作影视片头和广告特效时，三维空间的合成尤其有用。现在，大部分比较高端的合成软件都已经引入了三维空间的合成概念。

首先我们需要对三维空间有一个概念上的认识。现实世界是由*X*、*Y*、*Z*3个轴构成的三维立体空间。所有的物体都是三维对象，这是因为其具有质量。实际上，并没有真正的二维空间。我们所指的二维空间，只是由人类赋予的一个概念。例如，一张纸上的画，并不具有深度，无论怎样旋转、变换角度，对于纸上的画来说，都不会产生变化。所以说，画是存在于二维空间中的。

事实上，现实中的对象都是具有三维空间中的立体造型的，旋转它，或者改变观察视角时，所观察的内容将有所不同。

实际上在上面的例子中，纸上的画相对于纸来说，处于一个二维空间。但是，这张纸却仍然是处于三维空间中的，它也是一个三维物体，只不过它的厚度很薄而已。

三维空间中的对象会与其所处的空间互相发生影响，如，产生阴影、遮挡等，而且由于观察视角的关系，还会产生透视、聚焦等影响，即我们平常所说的近大远小、近实远虚等感觉。要想让自己的作品三维感强，也就是常说的有深度感、有空间感等，只要将上述三维特性强化、突出，甚至夸张，即可达到目的。

对于三维建模和动画软件，有相当一部分的读者都应该耳熟能详，如Maya或3ds max等。After Effects与这些软件有所不同，After Effects虽然具有三维空间的合成功能，但它只是一个特效合成软件，所以，After Effects并不具备三维建模能力。所有的层都像是我们上边例子中的画纸，可以改变其三维空间中的位置、角度等。

实例　蝴蝶展翅

我们将通过一个实例学习三维空间中的合成方法，用一张Photoshop做的图片来生成一只翩翩起舞的蝴蝶。最后的结果如图4-265所示。

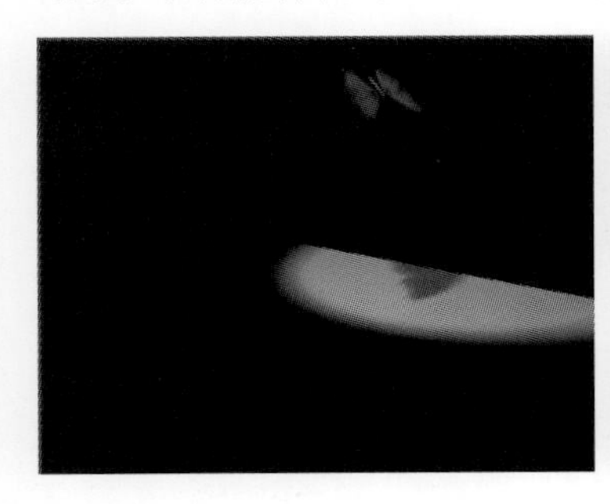
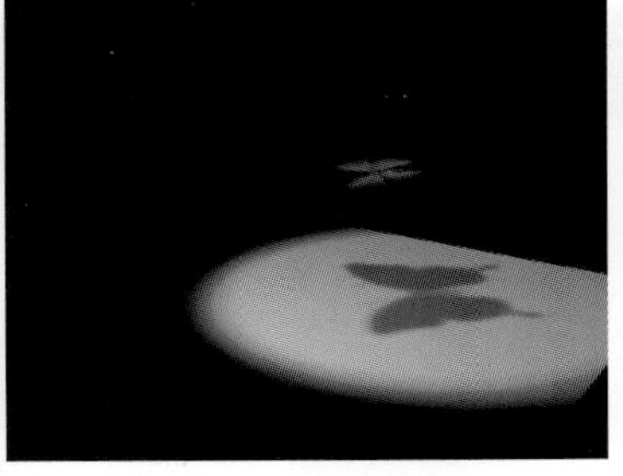

图4-265　最终效果

①选择菜单命令“图像合成”→“新建合成组”，大小为720×576，影片持续时间设为5 s，名称为

"蝴蝶飞舞"，其余参数不变，单击"确定"按钮。

②在项目面板中双击鼠标左键，打开"导入文件"对话框。在路径中选择"配套光盘\项目四\素材\Butterfly.psd"。在"导入为"中选择"合成"，单击"导入"按钮，打开"Butterfly.psd"对话框，如图4-266所示。单击"确定"按钮。

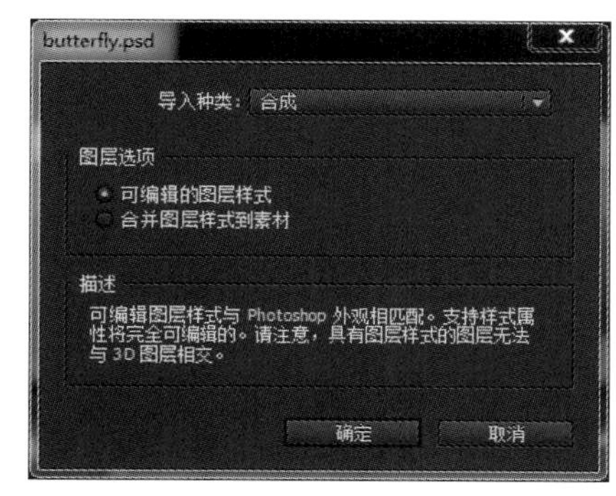

图4-266 "Butterfly.psd"对话框

图4-267 素材的排列

③在项目窗口中将butterfly图层文件，拖放到时间线窗口，可以看到PSD文件里的图层已经整齐有序地摆放在时间线窗口里了，如图4-267所示。

④右键单击时间线窗口空白区域，从弹出的菜单中选择菜单命令"新建"→"固态层"。将填充层尺寸设为与合成相同"名称"为背景，在"颜色"栏中将其颜色设为橙色（FF8040）。

⑤在时间线面板开关栏中，单击 开关，将所有层转换为三维对象。

⑥从时间线窗口中可以看到蝴蝶被分为了3个层，分别是左右两边的翅膀和中间的身体，为了让蝴蝶在动画的时候作为一个整体，使用亲子关系为它们建立关联。在父级窗口中按住层"RIGHT"的按钮，将其拖动到层"CENTER"上，松开鼠标左键。可以看到，在 按钮旁边的下拉列表中显示层"CENTER"，现在已经将层"CENTER"设为层"RIGHT"的父对象。按照相同的方法将层"CENTER"指定为层"LEFT"的父对象，如图4-268所示。

图4-268 素材在时间线窗口的排列

⑦选择层"背景"图层，按R展开层的旋转属性。将X轴旋转设置为90°。再将其位置沿Y轴向下移动，参数约为322，如图4-269所示。

图4-269 效果图

图4-270 旋转摄像机效果

⑧在时间线窗口空白区域单击鼠标右键，从弹出的菜单中选择“新建”→“摄像机”选项，打开“摄像机设置”窗口。单击“确定”按钮，建立摄像机。

⑨在工具箱中选择“合并摄像机工具”，按住鼠标左键，旋转摄像机到如图4-270所示位置。

⑩选择层“CENTER”。可见，系统自动在对象上显示三维坐标。红色坐标代表*X*轴，即水平方向的操作。绿色坐标代表Y轴，即垂直方向的操作。蓝色坐标代表Z轴，即三维空间中的深度操作。

⑪在合成窗口下边区域单击“1视图”右边的三角形，从弹出的快捷菜单中选择“4视图”选项。这样可以同时打开4个合成视图，从顶、前、右和摄像机视图观察三维合成效果，便于后面的操作，如图4-271所示。

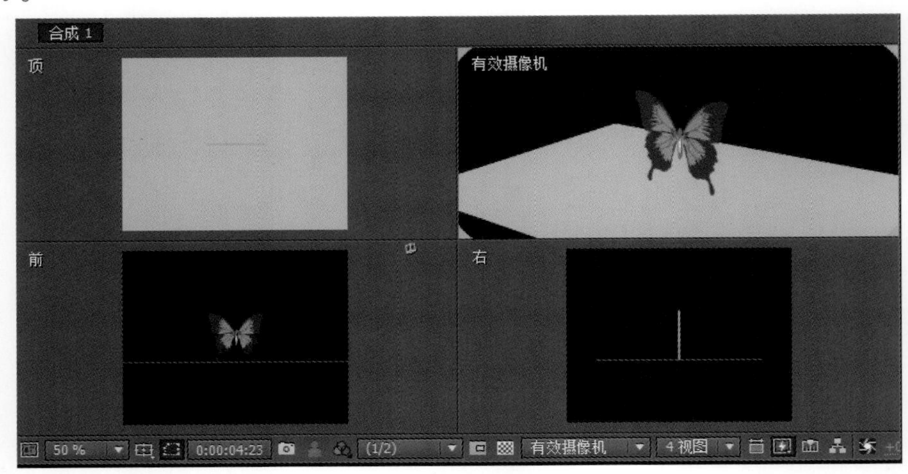

图4-271　4视图

⑫选择 “CENTER图层”，设置位置为（404，219，-183），使蝴蝶距离橙色背景有一定的距离。

⑬设置“CENTER”图层X轴旋转为90°，使其与橙色背景平行，如图4-272所示。

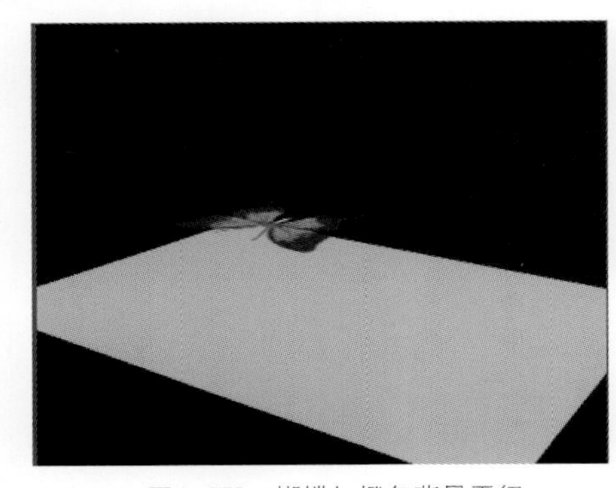

图4-272　蝴蝶与橙色背景平行

图4-273　翅膀拍动

⑭切换到有效摄像机视图，选择图层“RIGNT”，按R展开层的旋转属性。在0 s和10帧位置为*Y*旋转添加两个关键帧，其值为70°和-70°，可看到动画正常了。

⑮选择图层“LEFT”，按R展开层的旋转属性。在0 s和10帧位置为Y旋转添加两个关键帧，其值为-70°和70°，如图4-273所示。

⑯播放动画，可看到蝴蝶翅膀上下拍动的效果。但现在只是拍动一下就停止动作，需要让蝴蝶翅膀不停进行拍动。选择图层“RIGHT”的*Y*旋转属性。按住<Alt>键的同时单击Y旋转属性栏前面的小码表,为*Y*旋转属性添加表达式，在表达式栏中键入下面的表达式：loop_out（type="pingpong", num_keyframes=0），如图4-274所示。

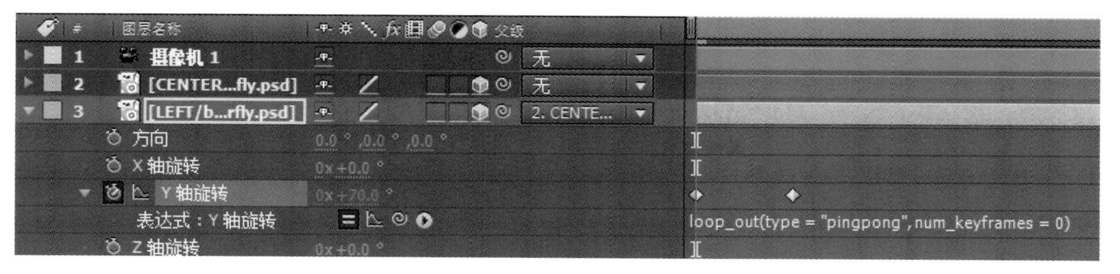

图4-274　添加表达式

⑰下面我们来解释一下这个表达式，Loop_out的语句定义我们循环当前的关键帧，Pingpong则定义了循环的方式。Pingpong方式好像打乒乓球一样，来回来去周而复始进行循环。根据上面设定的表达式，系统控制动画，产生循环的振翅效果。

⑱用相同的方法为层“LEFT”建立表达式。

⑲为“CENTER”图层的位置属性在0 s、1 s、2 s、3 s、4 s和4：24 s添加关键帧。其值分别为（248，-70，223）、（384，87，128）、（564，173，118）、（436，215，20）、（294，216，-113）和（581，253，-260）移动蝴蝶，从影片左上飞进、盘旋飞舞。建立如图4-275所示的运动路径。

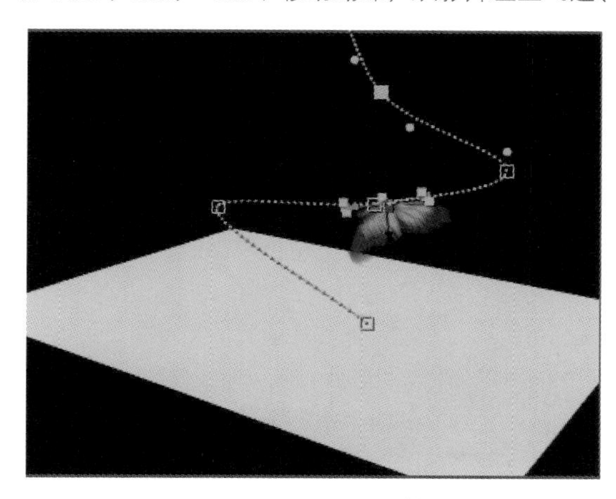

图4-275　建立路径

图4-276　放大背景

⑳当为3D层记录了位移动画后，系统会自动产生位移路径。同二维合成时不同，此时产生的路径是三维空间中的位移路径，它具有X、Y、Z 3个轴。

㉑当为3D层建立位移动画后，可以发现，层在路径上移动时，总是朝着一个方向。执行菜单命令“图层”→“变换”→“自动定向”，打开“自动定向”对话框，选择“沿路径方向设置”单选按钮，使对象自动定向到路径。可以看到，运动对象会自动随着运动路径的变化而改变方向。如果蝴蝶背对路径，可以选“CENTER”图层将Z旋转设置为180°。

㉒下面为摄像机设置动画。选择“摄像机1”图层，展开“摄像机选项”栏为“缩放”在3 s和4：24 s添加两个关键帧，其值为1 000和1 500，效果如图4-276所示。

㉓在时间线窗口空白区域单击右键，选择菜单命令“新建”→“照明”，从弹出的“照明设置”对话框。在“照明类型”下拉列表中选择聚光灯。将“强度”设为150％，“锥角度”设为50，“锥形羽化”设为30。

㉔打开“投影阴影”，可以在场景中产生投影。“投影暗度”设为60％。“投影扩散”参数可以根据层与层间的距离产生柔和的漫反射投影。较低的值产生的投影边缘较硬，这里使用10值。按“确定”按钮。

㉕移动聚光灯到如图4-277所示位置，使其照亮蝴蝶。

图4-277　聚光灯位置

图4-278　效果图

㉖可以看到，在建立了灯光并打开投影设置后，场景中仍然没有产生投影效果。这是因为投影不但由灯光决定，而且要受到对象材质的影响。打开 “LEFT”图层、“CENTER”图层和 “CENTER” 图层材质属性的“投影阴影”选项，产生投影。

㉗由于蝴蝶的翅膀是半透明的，所以光线穿过时，投影也不该是一片黑色，而是产生彩色透明的阴影。在层“RIGHT” “LEFT” “CENTER”的材质属性中，分别将“照明传输”参数设为50％。可以看到，阴影呈现彩色透明效果。该参数用于调节阴影传输模式，数值越高，则透明效果越强。效果如图4-278所示。

㉘由于蝴蝶是不停运动的，所以必须让光线跟着蝴蝶运动。可以通过移动聚光灯的目标点，设置关键帧，使其尾随蝴蝶运动。但是，可以用更简单的办法来设置动画。下面用表达式来尾随蝴蝶运动。

㉙选择层“CENTER”，按<P>键展开其位置属性。选择层“照明1”展开并选择其“目标兴趣点”属性。按住Alt键的同时单击“目标兴趣点”前面的小码表为“目标兴趣点”添加表达式。

㉚这次不用输入语句，单击 图标，按住鼠标左键，移动游标，可以看到，拖出一条直线。将该直线指向层“CENTER”的位置属性。松开鼠标左键，即建立链接，如图4-279所示。我们让灯光的目标兴趣点与蝴蝶的位置运动进行了关联。

表达式：目标兴趣点　thisComp.layer("CENTER/butterfly.psd").transform.position
位置　311.6,-309.4,-144.6
方向　0.0°,0.0°,0.0°
X 轴旋转　0x+0.0°
Y 轴旋转　0x+0.0°
Z 轴旋转　0x+0.0°
照明选项　聚光灯
摄像机 1　无
[CENTER...fly.psd]　无

图4-279　灯光的目标兴趣点与蝴蝶的位置运动进行关联

㉛现在可以看到，光线始终尾随蝴蝶行动。接下来，在场景中添加一个环境光，提高场景的亮度。在时间线窗口空白区域单击，从弹出的快捷菜单中选择“新建”→“照明”选项，新建一盏“环境”光源。将强度设为30%，颜色设为红色。

㉜动画基本设置完毕，可是蝴蝶振翅时的效果不是很逼真。这是因为，运动中的物体一般都会根据视觉残留产生运动模糊的现象。在开关面板中，分别激活层“RIGHT” “LEFT” “CENTER”的“运动模糊”开关，再在时间线面板按下按钮，启动运动模糊效果。为了增强运动模糊效果，还可以单击合成窗口右上方小三角，选择菜单命令“图像合成设置”，在对话框中切换到“高级” 设置栏下，将“快门角度”设为360。该参数控制运动模糊的强弱，数值越高，则效果越强。

㉝动画设置完毕，输出观察效果。最终效果如前图4-265所示。

项目实训4

实训4.1 新闻片头制作

使用“快速模糊”特效制作动态光晕，使用Light Factory EZ插件制作多铺洒的光芒、标志产生的辉光；使用“方向模糊”特效制作光环动感效果；使用“时间重置”命令制作定版效果。最终效果如图4-280所示。

图4-280 最终效果

项目操作步骤4.1

实训4.2 宣传栏目片头制作

本片头主要讲解使用钢笔工具绘制线条，使用3D Sroke命令、辉光命令制作出光线效果；使用Particular命令、Shine命令、快速模糊命令制作出动态光效；使用贝塞尔弯曲命令制作出变形效果；使用粒子运动命令制作粒子效果；使用Light Factory EZ命令制作光晕效果。其效果如图4-281所示。

图4-281 最终效果

项目操作步骤4.2

拓展练习4

题目：制作一个电视纪录片头。

规格：合成比例为720×576，时间为15 s。

要求：运用After Effects CS4软件本身的特效及外挂插件、粒子、分形噪波、3D描边及发光等效果制作电视纪录片头。

习题及答案

参考文献

[1] 江永春.数字音频与视频编辑技术[M].北京：电子工业出版社，2011.

[2] 朱成仁.Photoshop CS3图像处理百例[M].北京：电子工业出版社，2008.

[3] 阚宝朋. Photoshop CS5图像处理案例教程[M].北京：机械工业出版社，2014.

[4] 尹功勋.After Effects 7.0实用技术讲解[M].北京：电子工业出版社，2006.

[5] 杨廷贵.After Effects CS3影视特效合成入门提高与技巧[M].北京：兵器工业出版社，2008.

[6] 思维数码. After Effects CS4影视后期特效实例精讲[M].北京：北京希望电子出版社，2009.